U0413455

本书得到国家自然科学基金面上项目（批准号：71273114）和暨南大学经济学院高水平大学建设
专项经费应用经济与产业转型升级（批准号：88015002002）资助

Coordination and Optimization of
Enterprise Low Carbon Supply Chain in
Decision Making and Emission Reduction

企业低碳供应链经营决策与减排协调

杨仕辉 付 菊 ◎等著

图书在版编目（CIP）数据

企业低碳供应链经营决策与减排协调/杨仕辉等著．—北京：经济管理出版社，2016.10
ISBN 978－7－5096－4635－9

Ⅰ.①企…　Ⅱ.①杨…　Ⅲ.①企业管理—供应链管理—节能—研究　Ⅳ.①F274②TK01

中国版本图书馆 CIP 数据核字(2016)第 237854 号

组稿编辑：杨雅琳
责任编辑：杨雅琳
责任印制：司东翔
责任校对：超　凡

出版发行：经济管理出版社
（北京市海淀区北蜂窝 8 号中雅大厦 A 座 11 层　100038）
网　　址：www. E－mp. com. cn
电　　话：（010）51915602
印　　刷：北京九州迅驰传媒文化有限公司
经　　销：新华书店
开　　本：720mm×1000mm/16
印　　张：13.75
字　　数：262 千字
版　　次：2016 年 10 月第 1 版　　2016 年 10 月第 1 次印刷
书　　号：ISBN 978－7－5096－4635－9
定　　价：48.00 元

序

气候问题在近二十年来不断升温，全球气候变化问题日益引起人们的重视，并逐渐成为全球关注的主要议题之一。联合国组织多次的气候大会为推进碳减排做出的制度安排不断具体化，并进而引发各国政府相继制定不同的碳减排政策，例如，美国等提出碳边境措施，欧盟建立碳排放交易体系，加拿大、丹麦等设立碳税政策，中国政府也在尝试多种政策以降低碳排放。此外，各国政府还不断应用财政政策来推进低碳经济的发展，宣传低碳环保以促进企业生产低碳产品、引导消费者消费低碳环保产品。

为了计算产品碳足迹，国际标准化组织推出 ISO14067，通过产品生命周期过程中的碳排放和碳减除的量化，来评估产品的碳排放量。不少享誉全球的跨国企业（特别是发达国家的跨国企业）已将“低碳经济”和“碳足迹”作为衡量企业社会责任（CRS）的指标。一些国际采购商也将其纳入自己的全球供应链管理战略。美国、英国和日本等已建立多种低碳认证制度及标签，许多发达国家的企业也通过在其产品上标注碳排放或节能信息，迎合消费者的环保意识。美国、英国和加拿大的碳标识市场发展比较迅速，法国、德国、日本、韩国等国家近年来也加快了碳标识的发展。中国企业也开始尝试碳足迹评估，如制浆造纸行业的 APP 集团。此外，拜耳中国在子公司和其生产基地实施了拜耳中国碳足迹评估项目，项目目的是分析检测其生产和商务过程中所产生的碳排放量。

确定产品碳足迹是减少企业碳排放行为的第一步，有助于企业真正了解产品对气候变化的影响，并由此采取可行的措施，减少供应链中的碳排放。此外，碳足迹标识是引导消费者环保消费行为的有效措施之一。企业通过碳足迹分析，通过产品企业和服务提供商的网站在线销售目录和在线服务广告产品手册等向消费者提供产品碳足迹信息，让消费者对产品生产的环境影响有一个量化认识，继而引导其消费决策。生产低碳产品，优化生产流程、降低成本、增强市场竞争力，并作为一项营销策略帮助企业获得竞争优势，以提升企业声誉、巩固产品品牌，已成为跨国企业差异化产品和品牌战略的重要策略。显然，发达国家跨国公司在低碳供应链战略管理中具有先发优势，因此说，这个规则更有利于供应链核心企业（多由发达国家跨国企业担当），从某种程度上讲，现在的竞争与其说是竞争力的较量，不如说是竞争规则制定权的争夺。对此，我们必须保持清醒的认识。

现今中国已经成为“世界工厂”，碳排放量也跃居世界第一，中国政府宣布到2020年，单位GDP温室气体排放比2005年下降40%～45%，中国政府和企业面临的碳减排压力非常大，在当今发达国家主导竞争规则和我国碳排放压力下，中国想获得竞争的主动，一方面要积极参与制定和修改规则，另一方面熟悉规则也是当务之急。本书主要从低碳供应链构建和协调优化角度进行研究，具体安排如下：

第一章到第四章分别对碳税政策、碳补贴政策、碳配额机制、碳配额及碳交易机制下供应链排优化问题进行理论分析和数值模拟，提出相应供应链成员企业的决策建议。这部分主要是分析不同碳减排政策对供应链成员企业的影响，政府以此作为政策设计的理论依据。

第五章到第七章则基于不同的碳减排政策，分析供应链成员企业合作伙伴选择、定价与提前期决策等问题，这主要是就供应链战略管理中的几个关键问题进行分析，提出相应建议。

第八章到第十二章侧重分析低碳供应链协调优化的契约策略，主要是针对低碳供应链中的收益共享契约、合作减排契约（包括成本分担契约和成本分担+收益共享契约）、转移支付契约和成本分担契约等。其中，第十章特别针对目前电商日益发达的现状而设计了混合契约策略。契约设计始终是传统供应链和低碳供应链协调优化的重点研究内容，本书对此进行了相应的研究。

值得一提的是，三年前，拙作《气候政策博弈及其效应分析》出版后，得到许多同仁的肯定，当然也有许多中肯的、建设性的建议，但由于《气候政策博弈及其效应分析》主要是从国家宏观层面上分析并探讨了全球气候政策下国家间的博弈策略，有些同行和企业家则更关心企业低碳化供应链构建和协调优化策略，希望我就此进行研究，这也是促成本书写作的动机之一，如果本书能对中国企业低碳供应链建设有所裨益，则是为幸。

本书主要从微观角度来分析和研究低碳供应链构架与协调优化，选取的角度和模型设计等还有待完善和提高，事实上，对于低碳供应链，我国学者所做的研究还不多，因此，本书只是抛砖引玉，希望有更多的同仁共同进行更深入的研究。

是为序。

杨仕辉

2016年9月

目 录

第一章　碳税政策下低碳供应链博弈分析

第一节　文献综述

一、关于碳税政策和消费者低碳偏好的研究

由于中国现阶段所实施的环境规制水平较低，一些制造商可以以低于社会边际成本的私人边际成本进行产品的生产，这会给整个社会带来负的外部性。针对这一问题，主要有两种解决方法：其一是科斯定理；其二是庇古的税收理论。魏一鸣、米志付和张皓（2013）将减少温室气体排放的方法归纳为行政管制、数量机制和价格机制三种方法。由于行政管制的方法往往会带来效率损失，所以国内外学者大多研究后两种方法。数量机制在实践中主要表现为二氧化碳排放权的交易（以下简称碳交易）政策，如欧盟排放交易体系（European Union Emission Trading Scheme，EU－ETS）的限量和交易（Cap and Trade）计划。价格机制在实践中多体现在碳税政策，如芬兰、丹麦、瑞典、爱尔兰、挪威、瑞士等国家，加拿大的一些省以及美国的一些地方政府就已经开始征收碳税[①]。乔晗、宋楠和高红伟（2014）研究了关于欧盟征收的航空碳税的四种应对策略，即不抵制、拒绝缴纳、反制征税和可置信威胁，得到第二种策略比第三种策略效果好，从理论层面验证了就当前的情形而言，中国目前所采取的策略是最优的应对策略。一些学者就数量机制和价格机制的有效性进行了研究，Pizer（2002）和 Nordhaus（2006）发现，从成本和效益等经济角度来看，价格机制比数量机制更有效，这

---

① 资料来源：新华网（www. xinhuanet. com）。

也是本章选取碳税政策进行研究的重要原因之一。Pizer（2002）还提出了一种比单用价格机制或单用数量机制更有效的混合机制。魏庆坡（2015）就碳交易政策和碳税政策的兼容性进行分析，得出了中国中短期减排和长期减排的路径选择。中国政府可以参考国际上实施碳税政策国家的相关经验，结合自身实际，制定适合中国国情的碳税政策，进而有效地减少工业生产中的碳排放，改善环境质量。

随着中国人均收入的不断提高，人们的生活水平有了很大提高，对于环境问题所投入的关注也越来越多，在消费商品时会产生一定的低碳偏好，如比较偏好碳排放量较低，即对环境造成污染较小的商品。李桂陵和蔡菊珍（2015）提到消费者低碳偏好行为本质上是一种低碳消费行为和生态环境保护行为的结合，其目标为减少碳排放和节约能源，他们利用四维价值（功能价值、感知价值、社会价值和情感价值）理论，同时考虑环境态度，研究了低碳产品价值对消费者低碳偏好的影响。

二、关于供应链和供应链管理的研究

随着经济全球化进程的加快，企业间的竞争不断加剧，“纵向一体化”战略逐渐不能满足企业所想要达到的目标，一些企业转而采用“横向一体化”战略，即专注于本企业所擅长的核心业务，将其他业务通过外包等方式转给其他具有优势的企业进行，通过“强强合作”的方式，提高自身产品的竞争力。由此可以看出，如今的竞争已不再是存在于企业与企业之间，更多是存在于供应链与供应链之间。处于同一供应链上的各个企业，应当互相合作，发挥自身优势，使自己所处供应链生产出的产品更具竞争力。Stevens（1989）和 Harrison（2001）认为，供应链的始点是供应，终点是消费，可以将其看作一个功能网链。陈国权（1999）从扩大的生产的概念出发，将供应链定义为通过计划、获得、存储、分销、服务等一些活动而在供应商与顾客之间所形成的一种衔接，从而使企业能满足内外部顾客的需求。马士华和林勇（2014）综合前人的研究成果，将供应链定义为围绕核心企业，通过对信息流、物流、资金流等的控制，由采购原材料开始，制成中间产品以及最终产品，最后通过销售网络把产品送到消费者手中的将供应商、制造商、分销商、零售商，直到最终用户连成一个整体的功能网链结构。

邵平（2013）指出，中国目前仍处于供应链管理的初级阶段。Lee 和 Billington（1992）对供应链管理的概念进行了一些研究。随着人们对环境问题重视程度的提高，逐渐形成了闭环供应链管理（Closed - loop Supply Chain Management）、绿色供应链管理（Green Supply Chain Management）、生态供应链管理（Ecological Supply Chain Management）、低碳供应链管理（Low - carbon Supply

Chain Management）和可持续供应链管理（Sustainable Supply Chain Management）等理论。王文宾、赵学娟和周敏等（2015）分别从考虑竞争问题的闭环供应链管理研究、考虑定价问题的闭环供应链管理研究、考虑政府引导因素的闭环供应链管理研究和考虑信息不对称的闭环供应链管理研究等方面对当前国内外学者关于闭环供应链管理方面的研究进行综述。Van Hoek（1999）针对工业发展过程中所产生的环境问题和资源问题，指出为了减小供应链对环境的不良影响、降低环境风险和提高资源利用率，企业应当采取绿色供应链管理的方法。白春光（2013）提出了供应商选择、供应商成长和供应商绩效评价分析三个绿色供应商管理中比较关键的问题，并对其进行了深入而系统的研究，为管理者在管理供应商方面提供了整体的战略思路。曹柬（2013）探讨了核心企业在构建绿色供应链时的决策机制问题、在运营绿色供应链过程中与成员企业之间的协调和激励机制设计问题及运营外部环境的决策行为问题，为中国制造业绿色供应链的现实运作提供了一定的指导作用。计国君和张茹秀（2010）基于演化博弈论，建立了一个由制造商和供应商组成的关于生态供应链采购管理方面的合作博弈模型，并得到企业采取生态策略所需的条件。陈剑（2012）对当前低碳供应链管理方面的研究进行了综述，并提出了六个值得关注的研究方向，如低碳供应链上的不同利益主体之间运作的协调与优化等。杨红娟（2013）总结了这些新形成的理论的异同，主要对低碳供应链管理方面进行了研究。白春光（2015）进一步研究了可持续供应商选择、供应商可持续成长和可持续供应商绩效评价分析等问题。张荣杰和张健（2012）分别从概念、发展过程和所存在的问题等方面对可持续供应链管理方面的研究进行了综述。许建和田宇（2014）在可持续发展、供应链管理和企业社会责任等理论的基础上，提出了基于可持续供应链视角下企业社会责任风险的评价指标，通过层次分析和模拟评分的方法得到该项指标的权重和分数，之后对企业社会责任风险进行评价，并以汽车行业中上汽大众、上汽通用和广汽本田等企业为例进行计算后，得到与社会责任高、中、低风险企业的合作方式。

三、关于制造商和零售商策略选择和优化的研究

1. 关于制造商与零售商博弈模型的研究

按照所研究供应链的成员构成来看，主要集中在由单个制造商和单个零售商所组成的供应链上。其中，多数研究的是制造商为领导者、零售商为跟随者的模型。谢鑫鹏和赵道致（2013）在碳交易政策下，研究一个上游制造商和一个下游制造商（可看作一个具有生产能力的零售商）所组成的供应链，发现当双方在定价和减排两方面都合作时，供应链整体可以达到最优。李友东、赵道致和谢鑫鹏（2013）在碳交易政策下，考虑了消费者低碳偏好，发现合作博弈和非合作博

弈情形下的碳减排量是相同的，而在合作博弈下的零售商订货量和供应链整体利润均高于非合作博弈情形下的水平。李媛和赵道致（2014）在碳交易政策下，考虑了环境效用，发现制造商可以通过将批发价格定在高于边际成本的水平上来协调供应链。除此之外，研究零售商占主导地位的文献相对较少。李友东和赵道致（2014）在考虑消费者低碳偏好的前提下，分别分析了在两种分散决策情形下双方的均衡策略。李媛和赵道致（2014）在碳交易政策下，考虑了公平偏好，发现当仅有制造商具有公平偏好时，实行两部定价契约可以实现供应链协调；当制造商和供应商都具有公平偏好时，在和谐型渠道中仍能实现供应链的协调，但在竞争型渠道（特定参数下）中无法协调供应链。还有一些学者研究了多种情形下的博弈。基于碳税政策，熊中楷、张盼和郭年（2014）分别研究了由单个制造商和两个零售商组成的供应链、由两个制造商和单个零售商所组成的供应链，研究发现，随着政府所征收的碳税税率的增加和消费者环境意识的提高，低碳（清洁）制造商的碳排放量和利润会出现不同程度的减少，零售商利润会增加；高碳（污染）制造商的碳排放量和利润则会增加，零售商利润会减少。Aust 和 Buscher（2012）在建模过程中引入了零售商的边际利润变量，分析了四种情形下博弈双方的均衡策略，发现当博弈双方采取合作决策时可以达到最优。Ma、Wang 和 Shang（2013）假设市场需求受到零售价格、制造商改善产品质量的努力程度和零售商对产品进行市场营销的努力水平的影响。Zhang、Chiang 和 Liang（2014）假设消费者需求会受参考价格的影响，研究发现，无论是集中决策下或是分散决策下，供应链上的制造商和零售商都希望消费者可以有一个更高的最初参考价格水平、对于参考价格的敏感度更高和对于产品更加忠诚。Aust 和 Buscher（2014）回顾了此前关于促销合作的文献，对文献中模型的假设进行深入解剖。另外，一些学者还研究了关于供应商与制造商的供应链。He、Zhao 和 Xia（2015）研究了由单个供应商和单个制造商组成的供应链，发现供应链上的企业会出于更好地为对碳足迹敏感（消费者低碳偏好较强）的消费者服务的目的，而双双采取降低产品排放的措施。甘秋明和赵道致（2015）基于外生的碳税政策，研究了供应链上供应商与制造商的减排研发合作，发现进行减排研发合作不仅可以让供应商获得更多的利润，还可以让政府获得更佳的环境改善成果。

2. 关于碳税政策对碳减排量的影响方面的研究

考虑政府的碳税政策，Chen 和 Hao（2015）研究了生产产品相同但运营效率不同的两个相互竞争的企业的可持续定价和生产政策激励，研究发现，碳税税率越高，企业的减排力度就会越大；同样金额的碳税对高效率企业的影响要低于对低效率企业的影响；故为了达到某一确定的碳减排量比例，应当对运营效率较高的企业相应地征收较高的碳税，对运营效率较低的企业则相应地征收较低的碳税。Zakeri、Dehghanian 和 Fahimnia 等（2015）分别基于碳税政策和碳交易政策，采用供应链计划模型，研究了运营计划层面供应链企业的表现。Fahimnia、Sarkis 和 Choudhary 等（2015）基于碳税政策，结合企业的经济目标与碳排放目标，对供应链上企业的策略选择进行研究。张汉江、张佳雨和赖明勇（2015）研究发现，实施合理的碳税政策可以最大化供应链碳减排量，也对供应链上企业的合作研发减排有益。程永宏和熊中楷（2015）研究发现，在征收碳税的情形下，企业单位产品的碳减排量不仅取决于政府所征收的碳税税率，还取决于单位产品的初始碳排放量和供应链上企业的策略选择。李剑和苏秦（2015）研究认为，碳税政策的实施对于供应链上企业的成本和碳排放量的影响是明显的。

3. 关于制造商与零售商供应链模型及协调的研究

国内外学者主要研究的是由单个制造商和单个零售商组成的供应链模型。王芹鹏和赵道致（2014）在全球气候变暖的背景下，提出只有当合作价值存在的情况下，供应链在合作契约下的总体价值才最大，并且在此结论的基础上，应用罗宾斯坦议价模型来协调供应链。李媛和赵道致（2013）基于碳交易政策，研究了供应链在批发价格契约和期权契约下的均衡。一些学者研究了由两个制造商和一个零售商组成的供应链，例如，徐春秋、赵道致和原白云（2014）研究了由一个低碳产品制造商、一个普通产品制造商和一个零售商所组成的两级供应链，发现有政府补贴时进行差别定价能够使低碳产品制造商、零售商和供应链整体实现利润的帕累托改善，但无法达到供应链整体利润最优，后利用 Shapley 值法进行供应链的协调。Yue、Austin 和 Huang 等（2013）提出了两种通过制造商和零售商双方的议价能力来分配利润的方法，一种是基于绝对值的分配，另一种是基于增加值的分配。还有学者研究了由一个制造商和两个零售商组成的供应链，如 Giri 和 Sharma（2014）。

综上所述，已有的关于供应链管理方面的文献大多仅考虑供应链双方的博弈模型，未考虑低碳政策和消费者低碳偏好；而考虑到低碳政策的文献大多研究的是碳交易政策或政府补贴，基于碳税政策的研究比较少，且同时考虑消费者低碳偏好的研究也比较少。

本章在已有文献的基础上，基于碳税政策，考虑消费者低碳偏好，研究由单个制造商和单个零售商所组成的供应链，分别分析在集中决策和三种分散决策（制造商先进行决策的斯坦克尔伯格博弈、双方同时进行决策的纳什博弈和零售商先进行决策的斯坦克尔伯格博弈）等博弈情形下博弈双方的均衡策略选择，并分析相关参数对双方均衡策略的影响，利用纳什议价模型对三种分散决策下双方的决策进行优化，并根据所得到的结论，提出一些建议。

第二节　模型构建

一、问题描述

基于碳税政策，考虑由单个制造商和单个零售商所组成的两级供应链，其结构如图 1-1 所示。制造商在生产产品的过程中，会产生一定量的碳排放，造成环境污染，对环境产生负外部性，可以通过使用更加先进的技术和设备、提高产品的生产效率等方式，来达到提高减排率的目的，进而降低对环境所产生的外部性。零售商在经济活动中，也会由于商品运输和存储过程而产生一定的碳排放，可以通过增加广告投入等方式来达到产品促销的目的。政府对于制造商在产品生产过程中所产生的碳排放量征收一定比例的碳税，以激励其进行减排，本章暂不考虑政府对零售商征收碳税的情形，即政府只对制造商征收一定比例的碳税。此外，本章也考虑消费者在购买商品时所具有的低碳偏好，即偏好对环境污染较小的商品，随着人们对于生态环境保护方面的重视程度不断提高，人们在进行消费时的低碳偏好会随之增强。

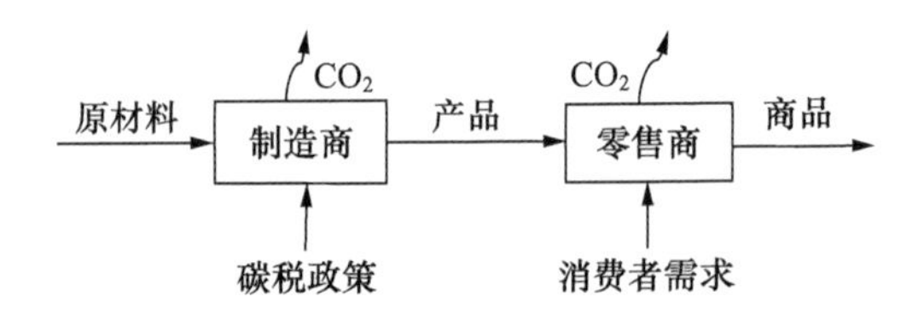

图 1-1　供应链结构示意

本章分别分析集中决策（用 C 来表示，如 x^{C*} 表示集中决策下制造商的最优减排率），制造商先进行决策的斯坦克尔伯格博弈（用 SM 来表示，如 y^{SM*} 表示制造商先进行决策的分散决策下零售商的最优促销率）、制造商与零售商同时进行决策的纳什博弈（用 N 来表示，如 x^{N*} 表示制造商和零售商双方同时进行决策的分散决策下制造商的最优减排率）、零售商先进行决策的斯坦克尔伯格博弈（用 SR 来表示，如 y^{SR*} 表示零售商先进行决策的分散决策下零售商的最优促销率）等分散决策情形下博弈双方在定价、减排和促销等方面的均衡策略选择。相关符号说明详见表 1-1。

表 1-1　相关符号说明

变量名称	制造商	零售商
决策变量	w：单位产品的批发价格	m：单位产品的边际利润
	x：减排率	y：促销率
	p：单位产品的零售价格	
非决策变量	e：未减排前制造商生产单位产品所产生的碳排放量	
	t：政府对单位碳排放量所征收的碳税税率	
	Q：消费者需求	
	C_M：制造商的减排成本	
	C_R：零售商的促销成本	
	π_M：制造商利润	
	π_R：零售商利润	
	π_{SC}：供应链整体利润	

二、模型假设

为了便于模型求解，本章做以下假设：

（1）考虑消费者低碳偏好和广告等零售商可能采取的促销方式对消费者消费行为的影响，消费者的需求会随制造商的减排率 x 和零售商的促销率 y 的提高而增加，随单位商品零售价格 p 的增加而减少，故参考 Ma、Wang 和 Shang（2013），Zhang、Chiang 和 Liang（2014），Aust 和 Buscher（2014）及 Yang 和 Yu（2016）所做的研究，设 $Q=a-bp+\alpha x+\beta y$，其中 a、b、α、$\beta>0$。a 和 b 分别代表商品的市场容量和消费者需求对单位商品零售价格 p 的敏感系数，α、β 分别代表消费者需求对制造商的减排率 x、零售商的促销率 y 的敏感系数。

（2）制造商通过采取减排措施，如采用高效的减排技术、使用对环境污染较小的生产设备等方式，来提高减排率 x。若制造商要达到减排率 x，其需要付出 $C_M(x)$ 的减排成本。这一成本随 x 的提高而增加，即 $\partial C_M/\partial x>0$，表示要想达到更高的减排率，则需要付出更多的减排成本；且 $C_M(x)$ 增加的幅度呈现出加快的趋势，即 $\partial^2 C_M/\partial x^2>0$。借鉴 Ma、Wang 和 Shang（2013），假设 $C_M(x)=hx^2/2$，其中 $h>0$，为制造商的减排成本系数。

（3）零售商通过增加广告投入等方式来进行促销，与制造商的减排成本类似，本章假设零售商的促销成本 $C_R(y)=ny^2/2$，其中 $n>0$，为零售商的促销成本系数。

（4）单一销售周期内不考虑产品可能产生的库存成本和缺货成本。

（5）制造商和零售商具有完全信息，双方均为理性博弈方。

（6）假设制造商的生产成本为零。

综上所述，有 $p=w+m$，且制造商利润、零售商利润和供应链整体利润分别如式（1-1）所示：

$$\begin{cases}\pi_M=[w-e(1-x)t][a-b(w+m)+\alpha x+\beta y]-hx^2/2\\ \pi_R=m[a-b(w+m)+\alpha x+\beta y]-ny^2/2\\ \pi_{SC}=[w+m-e(1-x)t][a-b(w+m)+\alpha x+\beta y]-hx^2/2-ny^2/2\end{cases}\tag{1-1}$$

第三节 模型求解

一、集中决策下供应链低碳化决策模型

假设在市场中，制造商与零售商之间相互信任，双方共同以供应链整体利润最大化为目标进行减排、定价和促销策略决策，即双方共同决定 x、p 和 y 的大小。这种情形下的优化问题和一阶条件为式（1-2）和式（1-3）：

$$\begin{cases}\max\limits_{x,p,y}\pi_{SC}=[p-e(1-x)t](a-bp+\alpha x+\beta y)-hx^2/2-ny^2/2\\ \text{s. t.}\qquad 0<p<a/b,\ 0<x<1,\ 0<y<1\end{cases}\tag{1-2}$$

$$\begin{cases}\partial\pi_{SC}/\partial x=(2\alpha et-h)x+(\alpha-bet)p+\beta ety+et(a-\alpha)=0\\ \partial\pi_{SC}/\partial p=(\alpha-bet)x-2bp+\beta y+a+bet=0\\ \partial\pi_{SC}/\partial y=\beta etx+\beta p-ny-\beta et=0\end{cases}\tag{1-3}$$

海塞矩阵为：

$$H_1=\begin{pmatrix}\partial^2\pi_{SC}/\partial x^2 & \partial^2\pi_{SC}/\partial x\partial p & \partial^2\pi_{SC}/\partial x\partial y\\ \partial^2\pi_{SC}/\partial p\partial x & \partial^2\pi_{SC}/\partial p^2 & \partial^2\pi_{SC}/\partial p\partial y\\ \partial^2\pi_{SC}/\partial y\partial x & \partial^2\pi_{SC}/\partial y\partial p & \partial^2\pi_{SC}/\partial y^2\end{pmatrix}=\begin{pmatrix}2\alpha et-h & \alpha-bet & \beta et\\ \alpha-bet & -2b & \beta\\ \beta et & \beta & -n\end{pmatrix}$$

故当 $2\alpha et-h<0$，$\Omega_1=2bh-(\alpha+bet)^2>0$，$\Omega_2=h(\beta^2-2bn)+n(\alpha+bet)^2<0$ 时，海塞矩阵为负定的，即存在最优的 x、p、y。记 $\Omega_3=\alpha+bet$，求解式（1-3）中的一阶条件可以得到如式（1-4）所示：

$$\begin{cases}x^{C*}=n\Omega_3(bet-a)/\Omega_2\\ p^{C*}=\{an[et\Omega_3-h]+et[h(\beta^2-bn)+\alpha n\Omega_3]\}/\Omega_2\\ y^{C*}=\beta h(bet-a)/\Omega_2\end{cases}\tag{1-4}$$

为保证式（1-4）具有经济意义，需假设 $a>bet$，才能使 x^{C*}，$y^{C*}>0$。

将式（1-4）的结果代入式（1-1），可以得到此时供应链的整体最优利润如式（1-5）所示：

$$\pi_{SC}^{C*}=-hn(a-bet)^2/(2\Omega_2) \tag{1-5}$$

二、分散决策下供应链低碳化决策模型

在分散决策情形中，分别分析制造商先进行决策的斯坦克尔伯格博弈、双方同时进行决策的纳什博弈和零售商先进行决策的斯坦克尔伯格博弈三种情形下制造商和零售商双方在定价、减排和促销方面的均衡策略选择，得到在供应链的主导地位由制造商处转移到零售商处的过程中制造商和零售商双方在定价、减排和促销策略选择方面所发生的变化。

1. 制造商先进行决策的斯坦克尔伯格博弈

此种情形下，制造商和零售商的博弈过程可以分为两个阶段：首先，制造商决定单位产品的批发价格 w 和减排率 x；其次，由零售商在已知（w，x）的情况下，决定自己在单位商品上的边际利润 m 和促销率 y。根据逆推归纳法的相关原理，先对最后一个阶段的博弈方，即零售商的利润最优化问题进行求解，如式（1-6）所示：

$$\begin{cases}\max\limits_{m,y}\pi_R=m[a-b(w+m)+\alpha x+\beta y]-ny^2/2\\ \text{s.t.}\quad 0<m<a/b-w,\ 0<y<1\end{cases} \tag{1-6}$$

一阶条件如式（1-7）所示：

$$\begin{cases}\partial\pi_R/\partial m=-bw+\alpha x-2bm+\beta y+a=0\\ \partial\pi_R/\partial y=\beta m-ny=0\end{cases} \tag{1-7}$$

海塞矩阵为：

$$H_2=\begin{pmatrix}\partial^2\pi_R/\partial m^2 & \partial^2\pi_R/\partial m\partial y\\ \partial^2\pi_R/\partial y\partial m & \partial^2\pi_R/\partial y^2\end{pmatrix}=\begin{pmatrix}-2b & \beta\\ \beta & -n\end{pmatrix}$$

当 $\Omega_4=\beta^2-2bn<0$ 时，海塞矩阵为负定的，即存在最优的 m 和 y，故有结果如式（1-8）所示：

$$\begin{cases}m=-n(a-bw+\alpha x)/\Omega_4\\ y=-\beta(a-bw+\alpha x)/\Omega_4\end{cases} \tag{1-8}$$

此时，制造商的利润最优化问题和一阶条件分别如式（1-9）和式（1-10）所示：

$$\begin{cases}\max\limits_{w,x}\pi_M=[w-e(1-x)t][a-b(w+m)+\alpha x+\beta y]-hx^2/2\\ \text{s. t.}\ \ m=n(a-bw+\alpha x)/(2bn-\beta^2)\\ \qquad y=\beta(a-bw+\alpha x)/(2bn-\beta^2)\\ \qquad 0<w<a/b-m,\ 0<x<1\end{cases} \tag{1-9}$$

$$\begin{cases}\partial\pi_M/\partial w=-bn[(\alpha-bet)x-2bw+a+bet]/\Omega_4=0\\ \partial\pi_M/\partial x=-\{bn(\alpha-bet)w+[h(\beta^2-2bn)+2\alpha betn]x+(a-\alpha)betn\}/\Omega_4=0\end{cases} \tag{1-10}$$

海塞矩阵为：

$$H_3=\begin{pmatrix}\partial^2\pi_M/\partial w^2 & \partial^2\pi_M/\partial w\partial x\\ \partial^2\pi_M/\partial x\partial w & \partial^2\pi_M/\partial x^2\end{pmatrix}=\begin{pmatrix}2b^2n/\Omega_4 & bn(bet-\alpha)/\Omega_4\\ bn(bet-\alpha)/\Omega_4 & [2bn(h-\alpha et)-\beta^2h]/\Omega_4\end{pmatrix}$$

当 $\Omega_5=2h(\beta^2-2bn)+n(\alpha+bet)^2<0$ 时，海塞矩阵为负定的，即存在最优的 w 和 x。

求解式（1-10）中的一阶条件可以得到 w^{SM*}、x^{SM*}，将其代入式（1-8）可以求得 m^{SM*}、y^{SM*}，再由 $p^{SM*}=w^{SM*}+m^{SM*}$ 可得最优解如式（1-11）所示：

$$\begin{cases}w^{SM*}=[bet(h\Omega_4+\alpha n\Omega_3)+a(h\Omega_4+betn\Omega_3)]/(b\Omega_5)\\ x^{SM*}=n\Omega_3(bet-a)/\Omega_5\\ m^{SM*}=hn(bet-a)/\Omega_5\\ y^{SM*}=h\beta(bet-a)/\Omega_5\\ p^{SM*}=[bet(h\Omega_4+\alpha n\Omega_3)+a(h\Omega_4+betn\Omega_3)+bhn(bet-a)]/(b\Omega_5)\end{cases} \tag{1-11}$$

将式（1-11）中的结果分别代入式（1-1），可以得到此时的制造商最优利润、零售商最优利润和供应链整体最优利润分别如式（1-12）所示：

$$\begin{cases}\pi_M^{SM*}=-hn(a-bet)^2/(2\Omega_5)\\ \pi_R^{SM*}=-h^2n\Omega_4(a-bet)^2/(2\Omega_5^2)\\ \pi_{SC}^{SM*}=-hn(a-bet)^2(3h\Omega_4+n\Omega_3^2)/(2\Omega_5^2)\end{cases} \tag{1-12}$$

2. 制造商、零售商同时进行决策的纳什博弈

在制造商与零售商同时进行决策的分散决策情形下，制造商和零售商分别同时决定单位产品的批发价格 w、减排率 x 和零售商在单位商品上的边际利润 m、促销率 y。

此时，制造商利润最大化问题如式（1-13）所示：

$$\begin{cases}\max\limits_{w,x}\pi_M=[w-e(1-x)t][a-b(w+m)+\alpha x+\beta y]-hx^2/2\\ \text{s. t.}\qquad 0<w<a/b-m,\ 0<x<1\end{cases} \tag{1-13}$$

同理，零售商利润最大化问题如式（1-14）所示：

$$\begin{cases}\max\limits_{m,y}\pi_R = m[a - b(w+m) + \alpha x + \beta y] - ny^2/2 \\ \text{s. t.} \quad 0 < m < a/b - w,\ 0 < y < 1\end{cases} \tag{1-14}$$

分别对式（1－13）和式（1－14）求解一阶条件，可以得到如式（1－15）所示：

$$\begin{cases}\partial\pi_M/\partial w = -2bw + (\alpha - bet)x - bm + \beta y + a + bet = 0 \\ \partial\pi_M/\partial x = (\alpha - bet)w + (2\alpha et - h)x + et(a - \alpha - bm + \beta y) = 0 \\ \partial\pi_R/\partial m = -bw + \alpha x - 2bm + \beta y + a = 0 \\ \partial\pi_R/\partial y = \beta m - ny = 0\end{cases} \tag{1-15}$$

此时，制造商的海塞矩阵为：

$$H_4 = \begin{pmatrix}\partial^2\pi_M/\partial w^2 & \partial^2\pi_M/\partial w\partial x \\ \partial^2\pi_M/\partial x\partial w & \partial^2\pi_M/\partial x^2\end{pmatrix} = \begin{pmatrix}-2b & \alpha - bet \\ \alpha - bet & 2\alpha et - h\end{pmatrix}$$

故当 $\Omega_1 = 2bh - (\alpha + bet)^2 > 0$ 时，海塞矩阵为负定的。

零售商的海塞矩阵为：

$$H_5 = \begin{pmatrix}\partial^2\pi_R/\partial m^2 & \partial^2\pi_R/\partial m\partial y \\ \partial^2\pi_R/\partial y\partial m & \partial^2\pi_R/\partial y^2\end{pmatrix} = \begin{pmatrix}-2b & \beta \\ \beta & -n\end{pmatrix}$$

故当 $\Omega_4 = \beta^2 - 2bn < 0$ 时，海塞矩阵为负定的。

记 $\Omega_6 = h(\beta^2 - 3bn) + n(\alpha + bet)^2 < 0$，由一阶条件和 $p^{N*} = w^{N*} + m^{N*}$，可求得均衡解如式（1－16）所示：

$$\begin{cases}w^{N*} = [et(h\Omega_4 + \alpha n\Omega_3) + an(et\Omega_3 - h)]/\Omega_6 \\ x^{N*} = n(bet - a)\Omega_3/\Omega_6 \\ m^{N*} = hn(bet - a)/\Omega_6 \\ y^{N*} = h\beta(bet - a)/\Omega_6 \\ p^{N*} = [et(h\Omega_4 + \alpha n\Omega_3) + an(et\Omega_3 - h) + hn(bet - a)]/\Omega_6\end{cases} \tag{1-16}$$

将式（1－16）分别代入式（1－1），可以得到此时的制造商最优利润、零售商最优利润和供应链整体最优利润分别如式（1－17）所示：

$$\begin{cases}\pi_M^{N*} = -hn^2(a - bet)^2(\Omega_3^2 - 2bh)/(2\Omega_6) \\ \pi_R^{N*} = -h^2n(a - bet)^2\Omega_4/(2\Omega_6^2) \\ \pi_{SC}^{N*} = -hn(a - bet)^2[h(\beta^2 - 4bn) + n\Omega_3^2]/(2\Omega_6^2)\end{cases} \tag{1-17}$$

3. 零售商先进行决策的斯坦克尔伯格博弈

此时的博弈过程可以分为两个阶段：首先，零售商决定自己在单位商品上的边际利润 m 和促销率 y；其次，在已知（m，y）的情况下，由制造商决定单位产品的批发价格 w 和减排率 x。由逆推归纳法的相关原理，先对最后一个阶段的博弈方，即制造商的利润最优化问题进行求解，如式（1－18）所示：

$$\begin{cases}\max\limits_{w,x}\pi_M=[w-e(1-x)t][a-b(w+m)+\alpha x+\beta y]-hx^2/2\\ \text{s. t.}\quad 0<w<a/b-m,\ 0<x<1\end{cases}\tag{1-18}$$

一阶条件如式（1－19）所示：

$$\begin{cases}\partial\pi_M/\partial w=-2bw+(\alpha-bet)x-bm+\beta y+(a+bet)=0\\ \partial\pi_M/\partial x=(\alpha-bet)w+(2\alpha et-h)x-betm+\beta ety+et(a-\alpha)=0\end{cases}\tag{1-19}$$

海塞矩阵为：

$$H_6=\begin{pmatrix}\partial^2\pi_M/\partial w^2 & \partial^2\pi_M/\partial w\partial x\\ \partial^2\pi_M/\partial x\partial w & \partial^2\pi_M/\partial x^2\end{pmatrix}=\begin{pmatrix}-2b & \alpha-bet\\ \alpha-bet & 2\alpha et-h\end{pmatrix}$$

当 $\Omega_1>0$ 时，海塞矩阵为负定的，即存在最优的 w 和 x，故有结果如式（1－20）所示：

$$\begin{cases}w=\dfrac{et(\alpha^2-b^2etm)+a[et\Omega_3-h]+\beta y(\alpha et-h)+b[h(m-et)+et(\alpha et+\beta ety-\alpha m)]}{\Omega_3^2-2bh}\\ x=\dfrac{(\alpha+bet)[b(m+et)-a-\beta y]}{\Omega_3^2-2bh}\end{cases}\tag{1-20}$$

此时，零售商利润最优化问题和一阶条件分别如式（1－21）和式（1－22）所示：

$$\begin{cases}\max\limits_{m,y}\pi_R=m[a-b(w+m)+\alpha x+\beta y]-1/2ny^2\\ \text{s. t.}\quad w=\dfrac{et(\alpha^2-b^2etm)+a[et(\alpha+bet)-h]+\beta y(\alpha et-h)+b[h(m-et)+et(\alpha et+\beta ety-\alpha m)]}{(\alpha+bet)^2-2bh}\\ \qquad x=\dfrac{(\alpha+bet)[b(m+et)-a-\beta y]}{(\alpha+bet)^2-2bh}\\ \qquad 0<m<a/b-w,\ 0<y<1\end{cases}\tag{1-21}$$

$$\begin{cases}\partial\pi_R/\partial m=-bh(2bm-\beta y+bet-a)/\Omega_1=0\\ \partial\pi_R/\partial y=[\beta bhm+(\Omega_3^2-2bh)ny]/\Omega_1=0\end{cases}\tag{1-22}$$

海塞矩阵为：

$$H_7=\begin{pmatrix}\partial^2\pi_R/\partial m^2 & \partial^2\pi_R/\partial m\partial y\\ \partial^2\pi_R/\partial y\partial m & \partial^2\pi_R/\partial y^2\end{pmatrix}=\begin{pmatrix}2b^2h/\Omega_1 & -\beta bh/\Omega_1\\ -\beta bh/\Omega_1 & -n\end{pmatrix}$$

当 $\Omega_7=h(\beta^2-4bn)+2n(\alpha+bet)^2<0$ 时，海塞矩阵为负定的，即存在最优的 m 和 y。

由式（1－22）一阶条件可得 m^{SR*}、y^{SR*}，代入式（1－20）可得 w^{SR*}、

x^{SR*}，再由 $p^{SR*}=m^{SR*}+w^{SR*}$ 可得如式（1-23）所示：

$$\begin{cases} m^{SR*}=n(a-bet)(\Omega_3^2-2bh)/(b\Omega_7) \\ y^{SR*}=\beta h(bet-a)/(\Omega_7) \\ w^{SR*}=[an(2et\Omega_3-h)+et\Omega_6]/(\Omega_7) \\ x^{SR*}=n\Omega_3(bet-a)/\Omega_7 \\ p^{SR*}=[n(a-bet)(\Omega_3^2-2bh)+an(2et\Omega_3-h)+et\Omega_6]/(b\Omega_7) \end{cases} \tag{1-23}$$

将式（1-23）代入式（1-1）可得制造商最优利润、零售商最优利润和供应链整体最优利润分别如式（1-24）所示：

$$\begin{cases} \pi_M^{SR*}=\Omega_1 hn^2(a-bet)^2/(2\Omega_7^2) \\ \pi_R^{SR*}=-hn(a-bet)^2/(2\Omega_7) \\ \pi_{SC}^{SR*}=-hn(a-bet)^2[h(\beta^2-6bn)+3n\Omega_3^2]/(2\Omega_7^2) \end{cases} \tag{1-24}$$

第四节　结果分析

先来综合讨论本章模型解存在的条件。解存在的条件共包括：

$$2\alpha et-h<0,\ a>bet$$

$$\Omega_1=2bh-(\alpha+bet)^2>0,\ \Omega_2=h(\beta^2-2bn)+n(\alpha+bet)^2<0$$

$$\Omega_4=\beta^2-2bn<0,\ \Omega_5=2h(\beta^2-2bn)+n(\alpha+bet)^2<0$$

$$\Omega_7=h(\beta^2-4bn)+2n(\alpha+bet)^2<0 \text{ 和 } \Omega_6=h(\beta^2-3bn)+n(\alpha+bet)^2<0$$

如果 Ω_2，$\Omega_4<0$，则一定有 $\Omega_5=2h\Omega_4+\Omega_2<0$，$\Omega_6=\Omega_2-bhn<0$，$\Omega_7=2\Omega_2-h\beta^2<0$。因此解存在的条件如式（1-25）所示：

$$h>\max\{2\alpha et,\ (\alpha+bet)^2/(2b),\ -n(\alpha+bet)^2/(\beta^2-2bn)\} \text{ 且 } a>bet,\ \beta^2<2bn \tag{1-25}$$

一、最优减排率与利润比较

通过比较式（1-5）和式（1-11），可以得到：

$$x^{SM*}-x^{C*}=-hn\Omega_3\Omega_4(bet-a)/(\Omega_2\Omega_5)<0，\text{即 } x^{SM*}<x^{C*}。$$

同理可得，$x^{C*}>x^{N*}>x^{SM*}$、$x^{C*}>x^{SR*}$，$p^{C*}<p^{N*}<p^{SM*}$、$p^{C*}<p^{SR*}$，$y^{C*}>y^{N*}>y^{SM*}$，$y^{C*}>y^{SR*}$，$\pi_{SC}^{C*}>\pi_{SC}^{N*}>\pi_{SC}^{SM*}$、$\pi_{SC}^{C*}>\pi_{SC}^{SR*}$。

命题 1-1　如果 $h>\max\{2\alpha et,\ (\alpha+bet)^2/(2b),\ -n(\alpha+bet)^2/(\beta^2-2bn)\}$

且 $a > bet$，$\beta^2 < 2bn$，有 $x^{C*} > x^{N*} > x^{SM*}$、$x^{C*} > x^{SR*}$，$p^{C*} < p^{N*} < p^{SM*}$、$p^{C*} < p^{SR*}$，$y^{C*} > y^{N*} > y^{SM*}$，$y^{C*} > y^{SR*}$，$\pi_{SC}^{C*} > \pi_{SC}^{N*} > \pi_{SC}^{SM*}$，$\pi_{SC}^{C*} > \pi_{SC}^{SR*}$，$x^{SM*} < x^{C*}$。

命题 1－1 表明，在集中决策情形下，制造商的最优减排率、零售商的最优促销率和供应链整体的最优利润均高于三种分散决策情形，而单位商品的零售价格则低于三种分散决策情形，即集中决策对于供应链整体和消费者而言均为最优情形。也就是说，制造商与零售商可以通过合作的方式，达到共赢的效果，从而使得双方的利润较分散决策情形有所提升。

通过比较式（1－11）和式（1－24），可得：$x^{SM*} - x^{SR*} = n(bet - a)\Omega_3[n\Omega_3^2 - \beta^2 h]/(\Omega_5\Omega_7)$；通过比较式（1－17）和式（1－24），可得：$x^{N*} - x^{SR*} = n^2(bet - a)\Omega_3(\Omega_3^2 - bh)/(\Omega_6\Omega_7)$。故当满足 $n(\alpha + bet)^2 - \beta^2 h > 0$ 和 $\Omega_3^2 - bh < 0$ 时，有 $x^{C*} > x^{N*} > x^{SR*} > x^{SM*}$，$p^{C*} < p^{N*} < p^{SR*} < p^{SM*}$，$y^{C*} > y^{N*} > y^{SR*} > y^{SM*}$，$\pi_{SC}^{C*} > \pi_{SC}^{N*} > \pi_{SC}^{SR*} > \pi_{SC}^{SM*}$。

命题 1－2　如果 $n(\alpha + bet)^2/\beta^2 > h > \max\{2\alpha et,\ (\alpha + bet)^2/b,\ -n(\alpha + bet)^2/(\beta^2 - 2bn)\}$ 且 $a > bet$，$\beta^2 < 2bn$ 时，有 $x^{C*} > x^{N*} > x^{SR*} > x^{SM*}$，$p^{C*} < p^{N*} < p^{SR*} < p^{SM*}$，$y^{C*} > y^{N*} > y^{SR*} > y^{SM*}$，$\pi_{SC}^{C*} > \pi_{SC}^{N*} > \pi_{SC}^{SR*} > \pi_{SC}^{SM*}$。

命题 1－2 说明，当满足上述条件时，供应链上主导地位的归属对于制造商、零售商和最终消费者有比较明显的优劣之分，即集中决策情形最优；在分散决策中，制造商、零售商拥有平等地位的分散决策情形最优，零售商占据主导地位的分散决策情形次之，最后是制造商占据主导地位的分散决策情形，即在供应链上主导地位由制造商处逐渐转移到零售商处的过程中，制造商和零售商的最优利润总体上呈现出倒 U 型变化趋势，即先逐渐增加后逐渐减少，单位商品的零售价格则在整体上呈现出 U 型变化趋势，即先逐渐减少后逐渐增加。这一命题的得出与李友东和赵道致(2014)的研究结论有一定的不同之处。

综上所述，上述四种博弈情形中，集中决策情形为最优；当满足 $a > bet$，$\beta^2 < 2bn$ 且 $n(\alpha + bet)^2/\beta^2 > h > \max\{2\alpha et,\ (\alpha + bet)^2/b,\ -n(\alpha + bet)^2/(\beta^2 - 2bn)\}$ 时，分散决策情形中制造商和零售商双方同时进行决策的纳什博弈最优，零售商先进行决策的斯坦克尔伯格博弈情形次之，制造商先进行决策的斯坦克尔伯格博弈情形再次之。

二、灵敏度分析

1. 制造商最优减排率 x^* 的灵敏度分析

由式（1－4）得：$\partial x^{C*}/\partial h = n\Omega_3\Omega_4(a - bet)/\Omega_2^2 < 0$，$\partial x^{C*}/\partial n < 0$，$\partial x^{C*}/\partial a > 0$，$\partial x^{C*}/\partial \alpha > 0$，$\partial x^{C*}/\partial \beta > 0$；对于分散决策也可得到相同结果，综上有 $\partial x^*/\partial h$

<0，$\partial x^*/\partial n<0$，$\partial x^*/\partial a>0$，$\partial x^*/\partial \alpha>0$，$\partial x^*/\partial \beta>0$。此外还有 $\partial y^*/\partial h<0$，$\partial y^*/\partial n<0$，$\partial y^*/\partial a>0$，$\partial y^*/\partial \alpha>0$，$\partial y^*/\partial \beta>0$，$\partial \pi_{SC}^*/\partial h<0$，$\partial \pi_{SC}^*/\partial n<0$，$\partial \pi_{SC}^*/\partial a>0$，$\partial \pi_{SC}^*/\partial \alpha>0$，$\partial \pi_{SC}^*/\partial \beta>0$。其中，集中决策下有，$\partial \pi_{SC}^{C*}/\partial b<0$，$\partial \pi_{SC}^{C*}/\partial t<0$。

命题 1－3 $\partial x^*/\partial h<0$，$\partial x^*/\partial n<0$，$\partial x^*/\partial a>0$，$\partial x^*/\partial \alpha>0$，$\partial x^*/\partial \beta>0$。

命题 1－3 的含义是：在集中决策情形和分散决策情形下，制造商的最优减排率 x^* 会随着制造商减排成本系数 h、零售商促销成本系数 n 的增加而减小，随着市场容量 a 的增加而增加，随着消费者需求对制造商减排率的敏感系数 α、对零售商促销率的敏感系数 β 的增加而增加。即可以通过降低制造商减排成本系数（如制造商采用最新的减排技术以提高减排效率，再如政府可以为积极减排的企业提供适当的优惠政策以激励其继续积极进行减排工作）、降低零售商促销成本系数（零售商采用更有效的广告策略或采取其他积极的促销方式）的方式，或者通过大力提倡低碳、生态环境保护等概念来增强消费者低碳偏好的方式，进而激励制造商增加减排投入，从而达到提高减排率、保护环境的目的。

2. 零售商最优促销率 y^* 的灵敏度分析

命题 1－4 $\partial y^*/\partial h<0$，$\partial y^*/\partial n<0$，$\partial y^*/\partial a>0$，$\partial y^*/\partial \alpha>0$，$\partial y^*/\partial \beta>0$。

命题 1－4 的含义是：在集中决策情形和三种分散决策情形下，制造商的减排成本系数 h、零售商的促销成本系数 n 的降低和消费者需求对制造商减排率、对零售商促销率的敏感系数 α、β 的增加会使得零售商的最优促销率 y^* 增加，此外，市场容量 a 的增加也会使零售商的最优促销率 y^* 增加。可见，通过降低制造商减排成本系数和降低零售商促销成本系数，或提高全社会对低碳、环保等概念的认同程度等方式，进而激励零售商增加促销投入，提高低碳商品的受关注度。

3. 供应链整体最优利润 π_{SC}^* 的灵敏度分析

命题 1－5 $\partial \pi_{SC}^*/\partial h<0$，$\partial \pi_{SC}^*/\partial n<0$，$\partial \pi_{SC}^*/\partial a>0$，$\partial \pi_{SC}^*/\partial \alpha>0$，$\partial \pi_{SC}^*/\partial \beta>0$，集中决策下有 $\partial \pi_{SC}^{C*}/\partial b<0$，$\partial \pi_{SC}^{C*}/\partial t<0$。

命题 1－5 的含义是：在集中决策情形和分散决策情形下，制造商减排成本系数 h 和零售商促销成本系数 n 对供应链整体最优利润 π_{SC}^* 有负向作用，即随着 h、n 的升高，π_{SC}^* 会减小；消费者需求对制造商减排率的敏感系数 α 和对零售商促销率的敏感系数 β 对供应链整体最优利润 π_{SC}^* 有正向作用，即随着 α 和 β 的增大，π_{SC}^* 会增加；随着市场容量 a 的增加，供应链整体最优利润 π_{SC}^* 也会增加。其中，在集中决策情形下，随着消费者需求对单位商品零售价格的敏感系数 b 的增加，供应链整体最优利润 π_{SC}^{C*} 会降低；政府所征收的碳税税率 t 对供应链整体最优利润 π_{SC}^{C*} 也存在负向作用，即随着 t 的升高，π_{SC}^{C*} 会减小。

命题1－5表明，当其他参数不变时，制造商减排成本系数h和零售商促销成本系数n的增加，会使得制造商的减排成本和零售商的促销成本增加，进而影响供应链整体的最优利润π_{SC}^*出现下降；在其他参数不变的情况下，消费者需求对制造商减排率的敏感系数α、对零售商促销率的敏感系数β和市场容量a的增加，使得消费者对商品的需求Q有所增长，从而会提高供应链整体的最优利润π_{SC}^*。另外，在集中决策情形下，当其他参数不变时，消费者需求对单位商品零售价格的敏感系数b的增加会使得消费者对商品的需求Q有所下降，进而导致供应链整体的最优利润π_{SC}^{C*}出现下降；在其他参数不变的情形下，政府所征收的碳税税率t的增加会在一定程度上增加厂商的总成本，从而使得供应链整体的最优利润π_{SC}^{C*}有所减少。

三、集中决策纳什议价模型分析

从之前的分析可以看出，集中决策情形下可以达到供应链整体利润π_{SC}^*的最优。下面通过纳什议价模型，对于通过实行集中决策而获得的新增利润在制造商和零售商之间的分配情况进行求解，希望可以得到一组可行的解，来使得制造商和零售商双方的处境都有所优化。假设制造商和零售商的议价能力分别为δ_M和$\delta_R(\delta_M+\delta_R=1)$，双方的风险偏好系数分别为$\theta_M$和$\theta_R$。

1. 制造商先进行决策时实行集中决策纳什议价模型分析

在制造商先进行决策的斯坦克尔伯格博弈中，谈判破裂点为：

$$\left(-\frac{hn(a-bet)^2}{2\Omega_5},\ -\frac{h^2n(\beta^2-2bn)(a-bet)^2}{2\Omega_5^2}\right)。$$

即求解以下最优化模型如式（1－26）所示：

$$\begin{cases}\max\limits_{\pi_M,\pi_R}\left(\pi_M+\dfrac{hn(a-bet)^2}{2\Omega_5}\right)^{\theta_M\delta_M}\left(\pi_R+\dfrac{h^2n(\beta^2-2bn)(a-bet)^2}{2\Omega_5^2}\right)^{\theta_R\delta_R}\\ \text{s.t.}\qquad \pi_M+\pi_R=\pi_{SC}^{C*}=-\dfrac{hn(a-bet)^2}{2[h(\beta^2-2bn)+n(\alpha+bet)^2]}\end{cases}\tag{1-26}$$

解得式（1－27）：

$$\begin{cases}\pi_M=\Delta_1\{n^2\Omega_3^4+3hn\Omega_3^2\Omega_4+3h^2\Omega_4^2\}\delta_M\theta_M+\Delta_1\{n^2\Omega_3^4+3hn\Omega_3^2\Omega_4+2h^2\Omega_4^2\}\delta_R\theta_R\\ \pi_R=\Delta_1h\Omega_2\Omega_4\delta_M\theta_M+h\Delta_1\Omega_4\Omega_5\delta_R\theta_R\end{cases}\tag{1-27}$$

其中，$\Delta_1=-hn(a-bet)^2/[2\Omega_2\Omega_5^2(\delta_M\theta_M+\delta_R\theta_R)]$。

2. 制造商和零售商同时行动时实行集中决策纳什议价模型分析

在制造商和零售商同时进行决策的纳什博弈中，谈判破裂点为：

$$\left(-\frac{hn^2(a-bet)^2[(\alpha+bet)^2-2bh]}{2[h(\beta^2-3bn)+n(\alpha+bet)^2]^2},\ -\frac{h^2n(a-bet)^2(\beta^2-2bn)}{2[h(\beta^2-3bn)+n(\alpha+bet)^2]^2}\right)。$$

求解以下最优化模型，如式（1－28）所示：

$$\begin{cases}\max\limits_{\pi_M,\pi_R}\left(\pi_M+\dfrac{hn^2(a-bet)^2[(\alpha+bet)^2-2bh]}{2\Omega_6^2}\right)^{\theta_M\delta_M}\left(\pi_R+\dfrac{h^2n(a-bet)^2(\beta^2-2bn)}{2\Omega_6^2}\right)^{\theta_R\delta_R}\\ \text{s. t.}\qquad \pi_M+\pi_R=\pi_{SC}^{C*}=-\dfrac{hn(a-bet)^2}{2[h(\beta^2-2bn)+n(\alpha+bet)^2]}\end{cases} \tag{1-28}$$

解得式（1－29）：

$$\begin{cases}\pi_M=n\Delta_2[n\Omega_3^4+h(\beta^2-4bn)\Omega_3^2-bh^2(2\beta^2-5bn)]\delta_M\theta_M+\\ \qquad n\Delta_2[n\Omega_3^4+h(\beta^2-4bn)\Omega_3^2-2bh^2\Omega_4]\delta_R\theta_R\\ \pi_R=h\Delta_2\Omega_2\Omega_4\delta_M\theta_M+h\Delta_2[-2bn^2\Omega_3^2+\beta^2n\Omega_3^2+h(\Omega_4^2-9b^2n^2)]\delta_R\theta_R\end{cases} \tag{1-29}$$

其中，$\Delta_2=-hn(a-bet)^2/[2\Omega_2\Omega_6^2(\delta_M\theta_M+\delta_R\theta_R)]$。

3. 零售商先进行决策时实行集中决策纳什议价模型分析

在零售商先进行决策的斯坦克尔伯格博弈中，谈判破裂点为：

$\left(-\dfrac{hn^2(a-bet)^2[(\alpha+bet)^2-2bh]}{2[h(\beta^2-4bn)+2n(\alpha+bet)^2]^2},\ -\dfrac{hn(a-bet)^2}{2[h(\beta^2-4bn)+2n(\alpha+bet)^2]}\right)$。

求解以下最优化模型，如式（1－30）所示：

$$\begin{cases}\max\limits_{\pi_M,\pi_R}\left(\pi_M+\dfrac{hn^2(a-bet)^2[(\alpha+bet)^2-2bh]}{2[h(\beta^2-4bn)+2n(\alpha+bet)^2]^2}\right)^{\theta_M\delta_M}\left(\pi_R+\dfrac{hn(a-bet)^2}{2[h(\beta^2-4bn)+2n(\alpha+bet)^2]}\right)^{\theta_R\delta_R}\\ \text{s. t.}\qquad \pi_M+\pi_R=\pi_{SC}^{C*}=-\dfrac{hn(a-bet)^2}{2[h(\beta^2-2bn)+n(\alpha+bet)^2]}\end{cases} \tag{1-30}$$

解得式（1－31）：

$$\begin{cases}\pi_M=\Delta_3n(\beta^2-4bh)[\Omega_2-2bhn]\delta_M\theta_M+-\Delta_3n(\beta^2-4bh)\Omega_2\delta_R\theta_R\\ \pi_R=\Delta_3[2n^2\Omega_3^4+hn\Omega_3^2(3\beta^2-8bn)+h^2\Omega_4(\beta^2-4bh)]\delta_M\theta_M+\\ \qquad \Delta_3[3n^2\Omega_3^4+3hn\Omega_3^2(\beta^2-4bh)+h^2(\beta^2-3bn)(\beta^2-4bh)+h^2\beta^2bn]\delta_R\theta_R\end{cases} \tag{1-31}$$

其中，$\Delta_3=-hn(a-bet)^2/[2\Omega_7^2\Omega_2(\delta_M\theta_M+\delta_R\theta_R)]$。

由式（1－27）、式（1－29）和式（1－31）可以看出，制造商和零售商的利润与其各自的议价能力和风险偏好系数有关，但由于这一部分所求得的模型的解的形式较为复杂，不容易观察出其中的规律，后文通过数值模拟的方法就这一部分的分析所得到的结论的经济意义进行进一步的阐述。

第五节 数值模拟

一、最优减排率与利润比较

取 $a=80$，$b=10$，$\alpha=8$，$\beta=2$，$h=300$，$n=15$，$e=0.02$，$t=50$，对比四种不同决策情形下的最优减排率 x^*、最优促销率 y^*、最优零售价格 p^* 和供应链整体最优利润 π_{SC}^*，如表 1－2 所示。

表 1－2 不同博弈情形下的均衡解情况

博弈类型	x^*	p^*	y^*	π_{SC}^*
集中决策（C）	0.225161	4.52752	0.500357	131.344
制造商主导的斯坦克尔伯格博弈（SM）	0.109413	6.31261	0.243140	96.634
双方力量均等的纳什博弈（N）	0.146580	5.73941	0.325733	115.346
零售商主导的斯坦克尔伯格博弈（SR）	0.111781	6.27608	0.248403	98.040

由表 1－2 可知，四种不同博弈情形的优劣次序分别为：集中决策最优；供应商与零售商同时进行决策的纳什博弈次之；零售商先进行决策的斯坦克尔伯格博弈再次之；最后是制造商先进行决策的斯坦克尔伯格博弈。根据之前的分析可知，其中零售商先进行决策的斯坦克尔伯格博弈的优劣位置可能会随相关参数的变化而发生一定的改变，但总的来说还是劣于集中决策情形的。

如表 1－3 所示，在三种分散决策下，制造商和零售商的利润随着各自所占有的市场地位的降低而减少，例如，当市场的主导地位逐渐从制造商处转移到零售商处时，制造商利润占供应链整体利润的比例从 0.660 降至 0.335；在此过程中，零售商利润占供应链整体利润的比例从 0.340 上升至 0.665。值得注意的是，当制造商和零售商的市场地位相同，即制造商和零售商同时进行决策时，双方并不是平分供应链的整体利润，而是制造商的利润比零售商的利润低近 2.2 个百分点，其原因可能是政府碳税政策的实施对制造商利润产生了一定的影响。

表 1－3　三种分散决策下供应链的利润分配情况

博弈类型	π_{SC}^*	π_M^*	π_M^*/π_{SC}^*	π_R^*	π_R^*/π_{SC}^*	π_M^*/π_R^*
制造商主导的斯坦克尔伯格博弈（SM）	96.634	63.824	0.660	32.810	0.340	1.945
双方力量均等的纳什博弈（N）	115.346	56.460	0.489	58.887	0.511	0.959
零售商主导的斯坦克尔伯格博弈（SR）	98.040	32.834	0.335	65.206	0.665	0.504

注：由于表中数据经过四舍五入后保留三位小数的结果，故个别类型中可能会出现$\pi_{SC}^* \neq \pi_M^* + \pi_R^*$的情形。

二、集中决策纳什议价模型数值模拟

1. 制造商先进行决策时集中决策纳什议价模型模拟

根据相关参数的具体取值，可得式（1－32）：

$$\begin{cases} \pi_M = \dfrac{98.534\delta_M\theta_M + 63.824\delta_R\theta_R}{\delta_M\theta_M + \delta_R\theta_R} = 63.824 + \dfrac{34.710\delta_M\theta_M}{\delta_M\theta_M + \delta_R\theta_R} \\ \pi_R = \dfrac{32.810\delta_M\theta_M + 67.520\delta_R\theta_R}{\delta_M\theta_M + \delta_R\theta_R} = 32.810 + \dfrac{34.710\delta_R\theta_R}{\delta_M\theta_M + \delta_R\theta_R} \end{cases} \tag{1-32}$$

在制造商先进行决策的情形下，若制造商和零售商实行集中决策，则可以达到供应链整体最优利润，由式（1－32）可以看出，新增利润的分配情况取决于制造商和零售商各自的风险偏好系数和议价能力。

例如，当$\delta_M = 0.6$，$\delta_R = 0.4$，$\theta_M = \theta_R = 1$（制造商在市场中占据主导地位，制造商和零售商均为风险中性）时，未实行集中决策前$\pi_M = 63.824$，$\pi_R = 32.810$；实行集中决策后，$\pi_M = 84.650$，$\pi_R = 46.694$。由此可见，集中决策的实施，会使得制造商和零售商各自所获得的利润增加，对双方都是有利的。

如表 1－4 所示，当制造商先进行决策且零售商为风险中性（即$\theta_R = 1$）时，随着制造商的议价能力和风险偏好系数δ_M和θ_M的变化，制造商和零售商各自所获得的利润π_M、π_R也随之发生变化。其中，当制造商的风险偏好系数θ_M不变时，随着制造商议价能力δ_M的不断增强（即零售商议价能力δ_R不断减弱），制造商所分得的利润会增加，相应地，零售商所分得的利润会减少；当制造商议价能力δ_M不变时，随着其风险偏好系数θ_M的减少，即越来越厌恶风险，其所分得的利润会减少，相应地，零售商所分得的利润会增加。

表 1-4　制造商议价能力、风险偏好系数的不同对于双方新增利润分配的影响

δ_M \ θ_M	0.8	0.9	1.0	1.1	1.2
0.55	(80.984，50.360)	(82.006，49.338)	(82.915，48.429)	(83.729，47.615)	(84.462，46.881)
0.65	(84.570，46.774)	(85.541，45.803)	(86.386，44.958)	(87.127，44.217)	(87.783，43.561)
0.75	(88.325，43.019)	(89.153，42.191)	(89.857，41.487)	(90.462，40.882)	(90.988，40.356)
0.85	(92.261，39.083)	(92.844，38.500)	(93.327，38.016)	(93.735，37.609)	(94.084，37.260)
0.95	(96.391，34.953)	(96.616，34.728)	(96.798，34.545)	(96.949，34.395)	(97.076，34.268)

注：由于表中数据经过四舍五入后保留三位小数的结果，故可能会出现$\pi_M+\pi_R\neq\pi_{SC}^{C*}=131.344$的情形。

2. 制造商和零售商同时行动时集中决策纳什议价模型模拟

同理，可得此时制造商和零售商利润分别如式（1-33）所示：

$$\begin{cases}\pi_M=\dfrac{72.457\delta_M\theta_M+56.460\delta_R\theta_R}{\delta_M\theta_M+\delta_R\theta_R}=56.460+\dfrac{15.997\delta_M\theta_M}{\delta_M\theta_M+\delta_R\theta_R}\\ \pi_R=\dfrac{58.887\delta_M\theta_M+74.884\delta_R\theta_R}{\delta_M\theta_M+\delta_R\theta_R}=58.887+\dfrac{15.997\delta_R\theta_R}{\delta_M\theta_M+\delta_R\theta_R}\end{cases}\tag{1-33}$$

当双方同时进行决策时，制造商和零售商采取集中决策，可以达到供应链整体最优利润，由式（1-33）可以看出，新增利润的分配同样取决于制造商和零售商各自的风险偏好系数和议价能力。

例如，当$\delta_M=0.5$，$\theta_M=1$，$\delta_R=0.5$，$\theta_R=1$（即制造商与零售商的市场地位相同，且同为风险中性）时，未实行集中决策前$\pi_M=56.460$，$\pi_R=58.887$；实行集中决策后，$\pi_M=64.458$，$\pi_R=66.885$。由此可见，集中决策的实施，使制造商和零售商各自所获得的利润增加，对双方都是比较有利的。

如表1-5所示，当双方同时进行决策（即$\delta_M=0.5$，$\delta_R=0.5$）且零售商为风险中性即$\theta_R=1$时，随着θ_M的变化，制造商和零售商各自所获得的利润π_M、π_R也会随之发生变化。可以看出，随着制造商风险偏好系数的减少，即随着制造商越来越厌恶风险，其所分得的利润π_M会减少，相应地，零售商所分得的利润π_R会增加。

表 1-5　制造商议价能力、风险偏好系数的不同对于双方新增利润分配的影响

δ_M \ θ_M	0.8	0.9	1.0	1.1	1.2
0.5	(63.570，67.774)	(64.037，67.306)	(64.458，66.885)	(64.839，66.505)	(65.186，66.158)

注：由于表中数据经过四舍五入后保留三位小数的结果，故可能会出现$\pi_M+\pi_R\neq\pi_{SC}^{C*}=131.344$的情形。

3. 零售商先进行决策时集中决策纳什议价模型模拟

同理，可得此时制造商和零售商所获得的利润分别如式（1－34）所示：

$$\begin{cases}\pi_M=\dfrac{66.138\delta_M\theta_M+32.834\delta_R\theta_R}{\delta_M\theta_M+\delta_R\theta_R}=32.834+\dfrac{33.304\delta_M\theta_M}{\delta_M\theta_M+\delta_R\theta_R}\\ \pi_R=\dfrac{65.206\delta_M\theta_M+98.510\delta_R\theta_R}{\delta_M\theta_M+\delta_R\theta_R}=65.206+\dfrac{33.304\delta_R\theta_R}{\delta_M\theta_M+\delta_R\theta_R}\end{cases}\tag{1-34}$$

在零售商先进行决策的情形下，制造商和零售商采取集中决策，可以达到供应链整体最优利润，由式（1－34）可以看出，新增利润的分配取决于双方各自的风险偏好系数和议价能力。

例如，当 $\delta_M=0.4$，$\theta_M=1$，$\delta_R=0.6$，$\theta_R=1$（即零售商在市场上占据主导地位，且制造商和零售商均为风险中性）时，未实行集中决策前 $\pi_M=32.834$，$\pi_R=65.206$；实行集中后，$\pi_M=46.156$，$\pi_R=85.188$。可见，集中决策的实施，会使得制造商和零售商所获得的利润增加，对双方都较有利。

如表1－6所示，当零售商先进行决策且制造商为风险中性，即 $\theta_M=1$ 时，随着零售商的议价能力和风险偏好系数 δ_R 和 θ_R 的变化，制造商和零售商所获得的利润 π_M、π_R 也会随之发生变化。其中，当零售商的风险偏好系数 θ_R 不变时，随着零售商议价能力 δ_R 的不断增强（即制造商议价能力 δ_M 不断减弱），零售商所分得的利润 π_R 会增加，相应地，制造商所分得的利润 π_M 会减少；当零售商议价能力 δ_R 不变时，随着零售商风险偏好系数 θ_R 的增加，即越来越偏好风险，其所分得的利润 π_R 会增加，相应地，制造商所分得的利润 π_M 会减少。

表1－6　制造商议价能力、风险偏好系数的不同对于双方新增利润分配的影响

δ_R \ θ_R	0.8	0.9	1.0	1.1	1.2
0.55	(49.673, 81.671)	(48.693, 82.651)	(47.821, 83.523)	(47.040, 84.304)	(46.336, 85.008)
0.65	(46.232, 85.112)	(45.301, 86.043)	(44.491, 86.853)	(43.779, 87.565)	(43.150, 88.194)
0.75	(42.630, 88.714)	(41.835, 89.509)	(41.160, 90.184)	(40.579, 90.765)	(40.074, 91.270)
0.85	(38.853, 92.491)	(38.294, 93.050)	(37.830, 93.514)	(37.439, 93.905)	(37.104, 94.240)
0.95	(34.890, 96.454)	(34.674, 96.670)	(34.500, 96.844)	(34.355, 96.989)	(34.234, 97.110)

注：由于表中数据经过四舍五入后保留三位小数的结果，故可能会出现 $\pi_M+\pi_R\neq\pi_{SC}^{C*}=131.344$ 的情形。

综上所述，通过对以上三种分散决策情形下制造商和零售商双方实行集中决策纳什议价模型数值模拟，得到制造商和零售商可以通过实行集中决策来进行各自策略的优化。另外，在其他参数不变的情形下，制造商所获得的利润 π_M 随其

议价能力 δ_M 的增加而增加；当其他参数不变时，制造商所获得的利润π_M 随其风险偏好系数 θ_M 的降低（越来越厌恶风险）而减少。由于书中所设的目标函数对于制造商和零售商而言是对称的，故在其他参数不变的情形下，零售商所获得的利润π_R 随其议价能力 δ_R 的降低而降低；当其他参数不变时，零售商所获得的利润π_R 随其风险偏好系数 θ_R 的增大（越来越偏好风险）而增加。

第六节　结论与政策建议

一、结论

本章主要贡献在于以征收碳税为政策前提，分别分析由单个制造商和单个零售商所组成的供应链在集中决策情形下、制造商先进行决策的斯坦克尔伯格博弈、双方同时进行决策的纳什博弈、零售商先进行决策的斯坦克尔伯格博弈等分散决策情形下博弈双方的定价、减排和促销策略选择。进行比较后，结果显示，集中决策为最优情形，并确定了不同参数范围下三种分散决策情形的优劣顺序。

分别就各参数对决策变量的影响进行了比较细致的分析，随着市场容量 a 的增加，制造商的最优减排率 x^*、零售商的最优促销率 y^*、单位商品最优零售价格 p^* 和供应链整体最优利润π_{SC}^*会增加；随着消费者需求对单位商品零售价格的敏感系数 b 的增加，制造商的最优减排率 x^*、零售商的最优促销率 y^*、单位商品最优零售价格 p^* 和供应链整体最优利润π_{SC}^*会减少；随着消费者需求对制造商减排率的敏感系数 α 和对零售商促销率 β 的增加，制造商的最优减排率 x^*、零售商的最优促销率 y^*、单位商品最优零售价格 p^* 和供应链整体最优利润π_{SC}^*也会增加；随着制造商的减排成本系数 h 的增加，制造商的最优减排率 x^*、零售商的最优促销率 y^* 和供应链整体最优利润π_{SC}^*会降低；随着零售商的促销成本系数 n 的增加，制造商的最优减排率 x^*、零售商的最优促销率 y^*、单位商品最优零售价格 p^* 和供应链整体最优利润π_{SC}^*也会降低；随着政府征收碳税税率 t 的增加，制造商的最优减排率 x^* 和单位商品最优零售价格 p^* 会增加，零售商的最优促销率 y^* 和供应链整体最优利润π_{SC}^*会降低。即发现政府征收一定量的碳税会激励制造商提高减排率、消费者低碳偏好的增强有助于制造商提高减排率等，这为中国碳税政策的实施提供了一定的理论依据，另外，提供了一种促使制造商提高减排率的方法，即从增强消费者低碳偏好的角度出发，当大多消费者都希望购买对环境污染较小的商品时，制造商更有加大减排投入、生产低碳产品的激励。

利用纳什议价模型，对于双方实行集中决策时的新增利润的分配情况进行分析，以此达到协调供应链的目的，其中制造商和零售商所获得的利润π_M、π_R分别与各自的议价能力δ_M、δ_R成正比，即一方议价能力越强，其所获得的利润就越多；供应链双方所获得的利润π_M、π_R分别与各自的风险偏好系数θ_M、θ_R成反比，即越厌恶风险，所获得的利润越少，越偏好风险，所获得的利润就越多。

综上所述，研究发现，政府征收一定量的碳税会导致制造商和零售商的利润发生一些变化，这为中国通过实施碳税政策来引导供应链上的企业采取减排行动提供了一定的支持，同时也对企业的策略选择提供了一些帮助。而且，制造商和零售商可以通过实施集中决策方式，来使得各自的利润得到一定的优化。

二、政策建议

本章的研究成果有助于企业的策略选择和商品国际竞争力的提高，进而可以对中国的出口贸易发挥一定的带动作用。根据本章所得到的结论，提出以下建议：首先，借鉴国际上实施碳税政策国家或地区的经验，从某些高污染的行业（如纺织业、化工行业、钢铁行业等）开始征收一定比例的碳税，通过大幅增加其排放污染物的成本的方式，促使制造商进行大量的减排投入，如投入减排研发或使用新能源和清洁能源等，以减少碳排放量，降低所需缴纳的碳税数额，进而达到降低成本的目标。其次，通过增强消费者的低碳偏好的方式，如在消费者中普及环保知识、提高人们的低碳发展意识等，让人们在消费时更倾向于购买对环境污染较小的商品，从而为制造商进行减排投入提供更大的激励，以达到保护环境和绿色发展的目标。再次，可以引导行业中较大的企业发挥带头作用，成立低碳产品认证协会，对符合相关环境标准的企业所生产的产品发放低碳产品认证标志，这样可以帮助消费者更好地进行判断，明确其所购买的商品是否为低碳商品，进一步减少高碳商品的销售量。最后，制造商可以与零售商进行合作，通过采取集中决策方式，提高双方所处供应链的整体利润，使各自的情况都得到改善。

三、展望

为了简化模型，本章假设制造商的生产成本为零，在以后的研究中可以对这一点进行改进。本章假设只有制造商进行减排，但在生产实际中，由于零售商也会产生一定的碳排放而有被政府征收碳税的可能，故零售商也会通过一些方式来减少自身的碳排放，从而达到减少所缴纳的碳税数额和增强自身商品对消费者的吸引力的目的，未来可在模型中假设零售商也有减排成本。同样地，本章假设只有零售商进行促销，如投放广告、打折优惠等，但在实际中一些制造商也会采取促销手段，使得自己的产品对消费者更有吸引力，未来可在模型中假设制造商也有促销成本。故可在本章的基础上，研究制造商和零售商之间的减排合作和促销合作，使得文章的模型设计更加符合经济运行的实际。另外，本章仅研究实施碳税政策（价格机制）下供应链成员的博弈情形，未来可考虑 Pizer（2002）所提出的混合机制下制造商与零售商的博弈情形，或者考虑在对碳排放量较多的厂商征收碳税的同时，又对减排成果显著的厂商提供一定的补贴的综合政策下的博弈情形。另外，对于减排量的具体测量也是值得研究的方向之一，因为它关乎低碳政策，如碳税的征收、碳排放配额的交易或碳补贴的发放等。

第二章　碳补贴政策下低碳供应链减排决策

第一节　文献综述

一、关于补贴企业的研究

国内外将政府补贴政策与供应链的低碳化相结合的研究中，绝大部分偏重于从对企业补贴的角度出发，分析政企博弈及研发、创新等补贴政策对企业绩效和行为决策的影响。

Petrakis（2002）认为，当排放税率为外生变量时，若生产同质产品的双寡头企业间存在研发外溢效应，以社会福利最大化为判断标准，则研发补贴的政策优于鼓励企业研发合作的政策。Mitraa 和 Websterb（2008）建立了一个两阶段博弈模型，研究三种补贴发放形式对再制造产品的推广效果差异。他们发现，政府的补贴扩大了再制造产品生产商的产量，同时新产品制造商的企业利润会降低，并在此基础上提出了新产品制造商和再制造产品生产商之间的补贴分享机制。孟卫军（2010）考虑研发溢出率的存在，构建了征收排放税背景下的补贴—研发三阶段博弈模型，从比较补贴效果的角度，研究在企业减排研发竞争与合作两种情形下政府的最优补贴政策问题。方海燕、达庆利和朱长宁（2012）分析了政府对企业实行研发补贴政策和产品创新补贴政策下，企业研发投入和社会福利水平状况。Wang 和 Zhao（2012）根据消费者对以旧换新的不同偏好程度进行市场细分，并在此基础上研究补贴零售商时的产品差别定价问题。结果表明，当旧产品有较高的可用性时，偏好程度低对消费者更有利，相反则对供应链系统中的所有成员企业更有利；补贴能够激励零售商参与以旧换新，是扩大需求的有效政策。

李媛和赵道致（2013）探讨了碳税税率和消费者的低碳偏好对企业减排率和产品定价的影响。研究发现，政府征收碳税能够有效地激励制造商减排，减排率随税率提高的幅度非常明显，消费者的低碳偏好对制造商的减排激励呈递减趋势。Xu 和 Zhou（2014）将政府、家电生产企业和消费者三方参与者纳入政府补贴与家电产业绿色供应链发展的博弈分析之中，他们发现，无论是对生产企业还是消费者的补贴，均能提高二者参与绿色供应链管理的积极性。同时，他们还设计了针对不参与绿色供应链管理企业的有效惩罚机制。Li. Du 和 Yang 等（2014）分析了碳补贴对三种类型供应链的利润和碳排放量的影响，并基于再制造供应链的视角，讨论了政府实施碳补贴政策的时间和方式。研究发现，只有当回收价格在一定区间内时，政府才应该实行碳补贴政策，且该补贴应该在一个合理的范围内。李友东、赵道致和夏良杰（2014）在两种博弈关系下，基于研发的投入—产出角度构建了政府对制造商和零售商合作减排投入进行补贴的博弈模型，研究了企业的最优减排成本投入和政府的最优补贴率问题。在政府选择减排补贴策略且供应链上下游企业选择合作行为的博弈中，减排补贴的效果与供应链企业合作程度相关，合作程度越高，减排补贴的效果越好。

二、关于补贴消费者的研究

处于供应链终端的消费者，他们的生活习惯、消费观念、行为偏好等会直接影响企业的生产方式和运营决策，对低碳供应链的运作和协调发挥着不可忽视的作用，逐步引起国内外学者的关注。

Ferguson 和 Toktay（2006）根据环保意识的强弱，把消费者分为不同的群体，设立产品回收函数，研究了制造商实行差异化定价和第三方进入再制造产品的生产这两种情况下，新产品和再制造产品的定价问题。熊中楷、张盼和郭年（2014）在两种供应链结构中分析了碳税税率和消费者的环保意识对单位产品碳排放量、企业利润的不同影响。研究结果表明，对于清洁型制造商，碳税和消费者环保意识的提高可以使其最优单位碳排放量降低，利润减少，而零售商的利润增加；对于污染型制造商，碳税和消费者环保意识的提高则会使其最优单位碳排放量增加，制造商和零售商的利润均减少。Zhang（2014）研究了市场中绿色产品和非绿色产品并存且互相替代时的单一周期绿色供应链的定价与协调问题，比较了只生产绿色产品和混合生产这两种生产模式下企业合作与非合作的均衡解。研究认为，在消费者对产品的评价不同时，不同的生产成本会影响制造商生产模式的选择，且合作时的整体绩效优于非合作；合作的策略选择与罗宾斯坦议价模型的结合，能实现不同生产模式下供应链成员企业利润和总利润的帕累托改进。

然而，经过文献搜索发现，国内外关于补贴消费者政策的研究较少，而与产

品供应链低碳化相结合的消费者补贴政策的文献则更为少见。杨家威（2010）分析了在新能源汽车行业中政府、企业和消费者的博弈关系，根据对厦门市该行业的调研数据展开实证研究，认为政府的低碳创新补贴应该偏向消费者。柳键和邱国斌（2011）根据设立的制造商和零售商的合作及非合作博弈模型，分析政府将补贴直接发放给消费者的政策效果。研究结果显示，无论企业间合作与否，产品的批发价格、零售价格、需求量、销售额、企业利润均随政府补贴的增加而增加，在合作情形下的增速更大。虽然是补贴消费者，但是企业通过提高产品价格也能间接地从政府补贴中获利。然而他们的研究并没有涉及供应链的减排和协调问题。Ma、Zhao 和 Ke（2013）分别从消费者和企业两个维度比较了政府实行消费补贴政策前后双渠道闭环供应链的境况发现，当政府的消费补贴在一定范围时，有利于扩展闭环供应链，制造商和零售商以及所有购买新产品的消费者均能从补贴政策中受益。马秋卓、宋海清和陈功玉（2014）在碳配额交易和补贴消费者的双重政策背景下，研究了单个企业低碳产品最优定价及碳排放策略问题。结论表明，低碳产品的最优价格是关于政府补贴力度、产品低碳度、消费者低碳意识的函数，受三者的综合影响，当企业实际碳排放量增大时，最优价格会降低。

就目前掌握的文献来看，鲜有关于补贴对象选择的比较研究。仅发现邱国斌（2013）比较了补贴制造商政策和补贴消费者政策分别对制造商和零售商的企业决策及利润的影响差异，从消费者、供应链企业、政府三个博弈参与者的角度，提出补贴对象的选择建议。但是，他关注的仅仅是价格、产量和利润，不涉及生产企业碳减排问题的研究，更没有深入到对供应链成员企业合作基础上的碳补贴政策效应的探讨，也就无从得到两种低碳补贴政策究竟如何抉择和制定的结论。

三、关于力量不对等的供应链研究

由于市场势力的不同，企业在博弈中的地位也会受到相应的影响，因此国内外有较多关于节点企业力量不对等各级供应链的研究。

韩敬稳（2012）关注供应商与零售商的交易过程中，强势零售商压低批发价格的行为对交易双方和供应链整体的影响，认为不对等的市场地位是使得供应链无效率的原因，只有公平的交易状态才能实现供应链的帕累托改进。夏良杰、赵道致和李友东（2013）针对力量不对等的三种博弈结构形式，研究上下游企业间的研发投资与广告行为。结果证明，主导力量的差异确实会对企业和供应链整体运营绩效产生影响。谢鑫鹏和赵道致（2013）在碳交易政策下，构建制造商和零售商的利润函数，分别求解分散决策、集中决策博弈模型，认为最优的单位减排成本应在靠近碳交易价格区域内波动。Wei、Zhao 和 Li（2013）将市场中的消费者分为 3 类，在考虑渠道成员间市场势力结构不同的基础上，建立了两个生产互补产品的上游制造商和一个共同的下游零售商在分散决策时的五种定价模型，通过不同模型中最大利润的比较，确定企业的最优定价决策。Yin、Nishi 和 Zhang（2013）在产品质量信息不对称及需求不确定的情况下，建立了单个制造商领导、多个原材料供应商追随的斯坦克尔伯格博弈模型，深入分析企业的产量、定价、原材料采购量等经营决策问题。James（2013）建立了多个供应商领导、一个制造商追随的交付频率竞争模型，在一般情形下用变分不等式验证了纳什均衡的存在性和唯一性，在供应商提供的中间产品价格相同的特殊情况下，得到了纳什均衡解的直接表达式，并证明了其局部唯一性。Xie、Yue 和 Wang（2014）研究了在主导力量不同的斯坦克尔伯格博弈模型中制造商与供应商合作决策、制造商参与质量改善的决策分别对产品质量和价格的不同影响，并认为质量改善的策略能够实现供应链绩效的帕累托改进。Liu 和 Xu（2014）在制造商的成本和产品需求均是模糊变量的情况下，建立预期价值模型，分析了在双寡头零售商竞争与合作的两种行动策略下，各企业的定价决策问题。王芹鹏和赵道致（2014）用微分博弈模型在零售商主导的供应链中，比较三种契约形式下的促销水平和减排水平，在合作契约下，采用罗宾斯坦议价模型确定了各企业分割供应链总利润的比例。

有学者将研究对象扩展到对三级供应链、多节点企业的研究。李昊和赵道致（2013）基于多制造商、双零售商和随机数量的消费者等主体行为的动态仿真结果，找出了实现供应链整体绩效的帕累托改进路径——动态调整的定价机制。Shib、Jaime 和 Katherinne（2014）探讨多个原材料供应商、多个制造商和多个零售商所生产和销售的质量合格产品及有质量缺陷产品的补货量和生产批量问题。他们利用数值模拟的方法，比较各企业集中决策与制造商领导的斯坦克尔伯格博弈下的预期平均利润，认为合作是比斯坦克尔伯格更优的路径。

四、关于供应链协调的研究

关于供应链成员企业合作的文献，主要涉及生产、定价、减排等方面。Caro、Corbett 和 Tan 等（2011）将总的碳足迹分解为若干个受企业间合作影响的部分，建立了供应链联合生产模型，分析两种不同决策方式下的联合减排问题。他们认为，政策的制定者应该制定能使供应链成员企业联合对其碳排放负责的激励机制，而不是依赖供应链中的强势领导企业。Benjaafar、Li 和 Daskin（2013）在四种低碳博弈模型中创新地引入碳排放参数，分析了企业合作对成本和碳排放的影响。研究结果表明，供应链成员企业间的合作，能够有效地降低碳减排的成本；采购、生产、库存管理等运营决策的调整能在不显著增加减排成本的情况下，改善减排效果。

关于供应链运作和协调的研究也取得了一些进展。何慧（2006）对 11 种常

见的供应链协调契约进行了简要的总结说明。Yao、Leung 和 Lai（2008）认为，当产品需求随机时，处于领导者地位的两个竞争性制造商向零售商提供收益共享契约对供应链的协调效果优于单纯的价格契约。Li、Zhu 和 Huang（2009）针对一种生产和销售均在单一周期里的产品，根据纳什议价方法建立了一个合作博弈模型来实现制造商和零售商之间的利润分配，在满足双方企业参与及激励约束的条件下达成合作。Shi 和 Bian（2011）在政府补贴政策下，分别建立了基于收益共享契约和数量折扣契约的供应链协调模型，发现这两种契约都能消除双重边际化效应，实现供应链协调。Oliveira、Carlos 和 Conejo（2013）将期货与现货市场间的关系纳入多个发电厂与零售商间的博弈模型加以考虑，比较不同的市场结构对供应链协调和成员企业利润的影响，发现两部收费制度能够有效地降低双重边际化效应并且提高供应链管理的效率。Ma、Zhao 和 Ke（2013）探讨了制造商和零售商在改善产品质量及促销方面的合作方案，发现两部收费制与成本分摊相结合的契约，能够最终实现供应链的协调，并得到了最优的促销和质量改善努力程度的策略。严帅、李四杰和卞亦文（2013）在由不同企业提供产品质保服务的情形下，发现收益共享和质保服务成本分摊契约、回购契约，能够实现供应链的协调。Xiao、Shi 和 Chen（2014）认为，在消费者对产品的零售价格和交付时间敏感的前提下，面向订单生产的两级供应链在面对外部竞争者时，制造商和零售商之间的价格及交货时间合作是应对竞争者的更优策略选择，并进一步在交货时间优先和批发价格优先的情形下设计了契约机制协调供应链。Zhao、Lin 和 Ye（2014）建立并求解了物流服务两级供应链的微分博弈模型，他们发现，成本分摊契约能够明显地提高供应链成员企业利润和总利润，是一种协调成员间长期关系的有效机制。李友东和赵道致（2014）在政府对合作减排行为提供补贴的背景下，分析制造商和零售商各自的最优减排投入及最终收益，发现政府可以通过制定相应的补贴政策来调整利益在企业间的分配格局，从而督促企业减排。赵道致、原白云和徐春明（2014）就供应商和制造商长期减排合作的动态优化问题进行分析，通过构建微分博弈模型，发现了单位产品碳排放量的最优轨迹。徐春秋、赵道致和原白云（2014）在低碳产品和普通产品共存的市场中，探讨双寡头制造商与单一零售商之间的产品差别定价问题，利用 Shapley 值法设计企业利润分配机制，实现了协调供应链的目的。

可见，供应链成员企业之间有效的合作策略和协调契约，是低碳供应链发展的有力保证。但由于主体与目标具有多样性，因而研究如何设计契约来协调成员间的利益是非常有必要的。

综合以上四个方面的研究并结合实际可知，政府在低碳供应链管理中扮演着重要的角色，关于政府如何制定补贴政策的研究是一项重要而复杂的课题。这些研究成果为政府实施补贴政策提供了科学依据，但是，这些研究没有回答究竟是将补贴给企业好，还是补贴给消费者更好这个问题。到目前为止，也没有发现相关成果。在政府的补贴政策之下，面对供应链中成员企业力量不对等的情况，如何进行契约设计以达到供应链的协调；在企业合作的基础上，政府如何选择补贴对象、将补贴力度限定在一个怎样的水平，才能减少供应链总体碳排放量或实现既定的减排目标，是值得深入探讨的问题。本章建立了一个分析框架，从低碳供应链角度，分析比较不同的低碳补贴政策效果，为政府低碳补贴政策提供理论依据。

本章的贡献在于以下两点：一是将补贴对象分别为低碳产品制造商和消费者的两种碳补贴政策同时纳入本章的论证框架之中，力求更加全面地剖析和比较补贴对象的不同给低碳供应链带来的影响，克服了现有文献中补贴对象分析的片面性；二是基于总量控制、减排目标两个视角，分别以供应链碳排放总量最小化、碳减排量最大化来确定政府补贴对象的选择，为政府的行为决策提供了依据，而非直接认定政府对某一对象进行补贴。

第二节　无补贴的分散决策模型

一、问题描述

本章中所研究的低碳产品，是指在生产过程中，其碳排放量值符合相关低碳产品评价标准或者技术规范要求的产品。考虑一条由上游制造商主导的制造商—零售商组成的两级供应链。为了减少供应链的碳排放总量，政府可以选择将制造商或消费者作为补贴对象，对其实施碳补贴，以此给低碳产品供应链以外部激励，发挥政策导向作用，发展低碳经济。本章首先分析在没有政府补贴时，供应链成员企业的定价和减排决策、供应链系统的绩效和碳排放情况，作为后文分析的基础。

二、模型假设

（1）两个供应链成员企业均是经济理性人，以自身的利润最大化为追求目标。上游制造商是供应链的主导者，它以批发价格 w 向下游零售商提供最终产品，零售商则以零售价格 p 将产品出售给消费者。

（2）市场对低碳产品的需求是确定性的，制造商实行的是 MTO（面向订单）

式的生产。假设低碳产品的需求是价格的线性函数：$Q=a-bp$，其中 a，$b>0$ 且为常数，a 为低碳产品的市场容量，b 为需求量对零售价格的敏感系数。

（3）制造商和零售商具有相同的市场需求，不考虑缺货和产品库存积压问题。

（4）生产低碳产品的制造商提高碳减排量 ξ，相应的碳减排成本为 $C(\xi)$，满足 $C'(\xi)>0$，$C''(\xi)>0$。表明减排成本是关于减排量的增函数，边际减排成本递增。根据 Molt、Georgantis 和 Orts（2005）及胡军、张镓和芮明杰（2013）的设定，不妨令 $C(\xi)=\beta\xi^2/2$。

（5）制造商的边际成本、零售商的运营成本均为0。

（6）在没有补贴政策时，单位产品的碳排放量为单位1。

（7）政府、制造商、零售商之间的信息是完全的，即企业可以观察到政府的减排补贴政策，且政府知道供应链成员企业的减排投入和定价。

（8）均衡状态下，供应链成员企业都有正的需求和利润。

三、符号说明

本书中的符号及其含义如表2-1所示。

表2-1　符号及含义

变量	含义	变量	含义
w	单位低碳产品的批发价格	p	单位低碳产品的零售价格
p_0	消费者实际支付的单位低碳产品价格	Q	低碳产品的市场需求量
β	减排难度系数	ξ	单位低碳产品碳减排量
μ	单位低碳产品补贴额	s	单位减排量补贴额
π_m	制造商的利润	π_r	零售商的利润
π_{sc}	低碳供应链总利润	N	无政府补贴
B_1	补贴制造商的分散决策	C_1	补贴制造商的集中决策
B_2	补贴消费者的分散决策	C_2	补贴消费者的集中决策
TE	低碳供应链碳排放总量	ΔTE	低碳供应链碳排放量差额

四、模型建立及求解

在无政府补贴时，制造商与零售商构成一个两阶段的斯坦克尔伯格博弈：第一阶段，制造商首先确定产品的批发价格 w 和减排量 ξ；第二阶段，在（w，ξ）给定时，零售商确定产品的零售价格 p。采用逆向归纳法来求解子博弈完美纳什均衡。此时，低碳产品制造商的利润包含了两部分：出售产品给零售商而得到的批发收益及减排成本。两个企业均以自身利润最大化为目标进行决策，则无政府补贴时制造商和零售商最优化问题如式（2-1）所示：

$$\begin{cases}\max\limits_{p} & \pi_r^N(p\mid w,\ \xi)=(p-w)Q=(p-w)(a-bp)\\ \max\limits_{w,\xi} & \pi_m^N(w,\ \xi)=wQ-\beta\xi^2/2=w(a-bp)-\beta\xi^2/2\end{cases}\tag{2-1}$$

分别求一阶条件并联立求解，得到无政府补贴的分散决策模型的均衡结果如下：

（1）制造商确定的最优单位低碳产品批发价格和减排量分别为：$w^{N*}=0.5a/b$，$\xi^{N*}=0$。

（2）零售商确定的最优单位产品零售价格为：$p^{N*}=0.75a/b$。

（3）消费者实际支付的产品价格等于零售价格：$p_0^{N*}=p^{N*}=0.75a/b$。

（4）低碳产品的市场需求量为：$Q^{N*}=0.25a$。

（5）制造商、零售商利润和供应链总利润分别为：$\pi_m^{N*}=a^2/(8b)$，$\pi_r^{N*}=a^2/(16b)$，$\pi_{sc}^{N*}=3a^2/(16b)$。

（6）供应链的碳排放总量 TE^N 为：$TE^N=Q^{N*}=0.25a$。

可知，在无政府补贴时，该低碳产品市场需求量为常数，制造商和零售商均只获得固定利润。碳减排对于制造商来说，意味着生产成本的增加，在无其他外部收益来抵消部分减排成本或其利润状况无改善的情形下，制造商没有减排的动机，所以单位低碳产品减排量 ξ^{N*} 为 0，供应链碳排放总量不会降低。因此，基于这样的现实，要推进生产领域的节能减排工作，政府须采取一定的措施。下面将在政府补贴低碳产品制造商、消费者的分散和集中决策模式下，来分析补贴政策和决策方式对低碳产品定价、企业减排决策及供应链总体的影响，并尝试做出两种补贴政策的效应比较和选择。

第三节　补贴制造商的最优决策模型

在消费者环保意识逐步提升和政府监管日益严格的双重压力之下，企业逐渐重视经营绩效与环境的协调。低碳产品的制造商在其生产过程中采用减排技术和设备，降低碳排放量，获得在低碳产品市场中的竞争优势。政府为了推动低碳供应链发展和生产领域的节能减排，对生产低碳产品的制造商实施补贴政策。本章旨在分析政府补贴制造商的政策给企业的产品定价、减排决策等方面带来的影

响，并在供应链成员企业采取集中决策时研究供应链的协调问题。为不失一般性，将单位低碳产品补贴额与单位产品的碳减排量间的关系设定为$\mu = s\xi$。

一、分散决策模型

在政府补贴低碳产品制造商的分散决策时，政府、制造商、零售商构成了一个三阶段斯坦克尔伯格博弈：第一阶段，政府确定单位减排量补贴额s；第二阶段，在给定s时，主导者制造商确定单位低碳产品的批发价格w和减排量ξ；第三阶段，在（s，w，ξ）给定时，追随者零售商确定产品的零售价格p。此时，制造商和零售商的最优化问题如式（2-2）所示：

$$\begin{cases}\max\limits_{p} & \pi_r^{B_1}(p \mid s, w, \xi) = (p-w)(a-bp) \\ \max\limits_{w,\xi} & \pi_m^{B_1}(w, \xi) = (w+s\xi)(a-bp) - \beta\xi^2/2\end{cases} \tag{2-2}$$

上游制造商的目标函数$\max\limits_{w,\xi}\pi_m^{B_1}(w, \xi)$，其海塞矩阵为$H^{B_1} = \begin{pmatrix} \frac{\partial^2 \pi_m^{B_1}}{\partial w^2} & \frac{\partial^2 \pi_m^{B_1}}{\partial w \partial \xi} \\ \frac{\partial^2 \pi_m^{B_1}}{\partial \xi \partial w} & \frac{\partial^2 \pi_m^{B_1}}{\partial \xi^2}\end{pmatrix} = \begin{pmatrix} -b & -\frac{bs}{2} \\ -\frac{bs}{2} & -\beta \end{pmatrix}$。当$4\beta > bs^2$即$\Delta_1 = 4\beta - bs^2 > 0$时，存在海塞矩阵$H^{B_1}$的一阶顺序主子式$|H_1^{B_1}| = -b < 0$，二阶顺序主子式$|H_2^{B_1}| = b\Delta_1/4 > 0$，所以$H^{B_1}$是负定的，故$\pi_m^{B_1}$（$w$，$\xi$）存在最大值，是关于（$w$，$\xi$）的联合凹函数。求解式（2-2）的一阶条件方程组，可得补贴低碳产品制造商的分散决策模型的均衡结果如下：

（1）制造商确定的单位低碳产品最优批发价格和减排量分别为：$w^{B_1*} = a\Delta_2/(b\Delta_1)$，$\xi^{B_1*} = as/\Delta_1$，其中，$\Delta_2 = 2\beta - bs^2$。

（2）零售商确定的最优单位产品零售价格为：$p^{B_1*} = a(3\beta - bs^2)/(b\Delta_1)$。

（3）消费者实际支付的产品价格等于零售价格：$p_0^{B_1*} = p^{B_1*} = a(3\beta - bs^2)/(b\Delta_1)$。

（4）低碳产品的市场需求量为：$Q^{B_1*} = a\beta/\Delta_1$。

（5）低碳产品制造商利润、零售商利润和供应链总利润分别为：$\pi_m^{B_1*} = a^2\beta/(2b\Delta_1)$，$\pi_r^{B_1*} = a^2\beta^2/(b\Delta_1^2)$，$\pi_{sc}^{B_1*} = a^2\beta(6\beta - bs^2)/(2b\Delta_1^2)$。

（6）低碳供应链的碳排放总量为：$TE^{B_1} = (1 - \xi^{B_1*})Q^{B_1*} = a\beta(4\beta - bs^2 - as)/\Delta_1^2$。

二、集中决策模型

在政府补贴低碳产品制造商的集中决策模式下，假设存在一个以供应链总利润最大化为目标的中心决策者，其决策变量为（p，ξ），单位产品减排量、批发价格及零售价格的确定均服从供应链总利润最大化这一目标，则此时的最优化问题如式（2-3）所示：

$$\max_{p,\xi} \quad \pi_{sc}^{C_1}(p,\ \xi)=(p+s\xi)(a-bp)-\beta\xi^2/2 \tag{2-3}$$

目标函数 $\max\limits_{p,\xi}\pi_{sc}^{C_1}(p,\ \xi)$ 的海塞矩阵为 $H^{C_1}=\begin{pmatrix}\dfrac{\partial^2\pi_{sc}^{C_1}}{\partial p^2} & \dfrac{\partial^2\pi_{sc}^{C_1}}{\partial p\partial\xi}\\ \dfrac{\partial^2\pi_{sc}^{C_1}}{\partial\xi\partial p} & \dfrac{\partial^2\pi_{sc}^{C_1}}{\partial\xi^2}\end{pmatrix}=\begin{pmatrix}-2b & -bs\\ -bs & -\beta\end{pmatrix}$。当 $2\beta>bs^2$ 即 $\Delta_2=2\beta-bs^2>0$ 时，H^{C_1} 的一阶顺序主子式 $|H_1^{C_1}|=-2b<0$，二阶顺序主子式 $|H_2^{C_1}|=b\Delta_2>0$，故 H^{C_1} 是负定的，$\pi_{sc}^{C_1}(p,\ \xi)$ 存在最大值，是关于 $(p,\ \xi)$ 的联合凹函数，令其一阶条件为零，可求解得到补贴制造商的集中决策模型的均衡结果如下：

（1）制造商确定的最优单位低碳产品减排量为：$\xi^{C_1*}=as/\Delta_2$。

（2）零售商确定的最优单位产品零售价格为：$p^{C_1*}=a(\beta-bs^2)/(b\Delta_2)$。

（3）消费者实际支付的产品价格等于零售价格：$p_0^{C_1*}=p^{C_1*}=a(\beta-bs^2)/(b\Delta_2)$。

（4）低碳产品的市场需求量为：$Q^{C_1*}=a\beta/\Delta_2$。

（5）低碳供应链总利润为：$\pi_{sc}^{C_1*}=a^2\beta/(2b\Delta_2)$。

（6）供应链的碳排放总量为：$TE^{C_1}=(1-\xi^{C_1*})Q^{C_1*}=a\beta(2\beta-bs^2-as)/\Delta_2^2$。

供应链成员企业都有自己的经营目标，虽然存在着减排的压力，但它们不会让企业利润因此而受到损害，所以，单个企业的利益和协作收益是在保持集中决策的稳定性中所必须要保证的。换言之，要达到集中决策的效果，必须满足各企业的参与约束，如式（2-4）所示：

$$\begin{cases}\pi_m^{C_1^*}>\pi_m^{B_1^*}\\ \pi_r^{C_1^*}>\pi_r^{B_1^*}\end{cases} \tag{2-4}$$

求解式（2-4），得到补贴制造商集中决策时单位产品最优批发价格 w^{C_1*} 为：$w^{C_1^*}\in(w_{\min}^{C_1},w_{\max}^{C_1})$。其中，$w_{\min}^{C_1}=\dfrac{a(2\beta^2-4b\beta s^2+b^2s^4)}{b\Delta_1\Delta_2}$，$w_{\max}^{C_1}=\dfrac{a(12\beta^3-20b\beta^2s^2+8b^2\beta s^4-b^3s^6)}{b\Delta_1^2\Delta_2}$。

供应链节点企业的竞争冲突、利益分配，一直是供应链管理的核心问题。收益的合理分配是各企业积极合作的保证，本章中制造商与零售商之间协作的关键在于低碳产品批发价格的确定。出于各自企业利润的考虑，供应链中的主导者制造商会尽可能使 $w^{C_1^*}$ 逼近 $w_{\max}^{C_1}$，而零售商则希望 $w^{C_2^*}$ 更接近 $w_{\min}^{C_1}$。在此情况下，

本章参考 Liu 和 Ding（2013）采用罗宾斯坦议价模型来确定低碳产品的最优批发价格 $w^{C_1^*}$，以此来分配供应链总利润，从而得到制造商和零售商各自的企业利润。

根据假设，制造商占据主导地位，令两个企业具有不对称的耐心程度，分别用贴现因子 δ_1 和 δ_2 表示，且满足 $0 \leqslant \delta_i \leqslant 1$，$i=1$，2。根据胡本勇和彭其渊（2008）的研究可知，企业的耐心程度是其风险厌恶程度、谈判成本、谈判能力、竞争优势的综合体现。企业在谈判时的耐心程度越高，贴现因子就越大，说明该企业的风险厌恶程度越小，谈判成本越低，谈判能力越强，优势也更为明显。令 $\theta^* = (1-\delta_2)/(1-\delta_1\delta_2)$，且满足 $0 \leqslant \theta^* \leqslant 1$，$\theta^*$ 代表议价之后，在补贴制造商的集中决策下，制造商利润占供应链总利润的比例，此时零售商利润所占比例为 $1-\theta^*$。罗宾斯坦议价博弈有唯一的子博弈完美均衡，如果 δ_1 和 δ_2 已知，则单位低碳产品的最优批发价格 $w^{C_1^*}$ 应满足式（2-5）：

$$\frac{w_{\max}^{C_1} - w^{C_1^*}}{w^{C_1^*} - w_{\min}^{C_1}} = \frac{\theta^*}{1-\theta^*} = \frac{1-\delta_2}{(1-\delta_1)\delta_2} \tag{2-5}$$

求解式（2-5），可以得到在补贴制造商的集中决策模型中的单位低碳产品最优批发价格：

$$w^{C_1*} = \frac{(1-\delta_2)w_{\min}^{C_1} + (1-\delta_1)\delta_2 w_{\max}^{C_1}}{1-\delta_1\delta_2}$$

根据上述均衡解，可计算得到在补贴制造商的集中决策模型中的低碳产品制造商和零售商的企业利润分别为：

$$\pi_m^{C_1^*} = \frac{a\beta(as^2 + 4\beta w^{C_1^*} - 2bs^2 w^{C_1^*})}{2\Delta_2^2}, \quad \pi_r^{C_1^*} = \frac{a\beta[a(\beta - bs^2) - b(2\beta - bs^2)w^{C_1^*}]}{b\Delta_2^2}$$

三、比较分析

根据前文的分析，对比本章中无政府补贴的分散决策模型以及本章中补贴低碳产品制造商的分散、集中决策模型的均衡解，可得到如下命题：

命题 2-1　当 $0 < s < (\sqrt{a^2+8b\beta} - a)/(2b)$ 时，$\partial\xi^{i_1*}/\partial s > 0(i_1 = B_1, C_1)$，且 $\xi^{C_1*} > \xi^{B_1*} > \xi^{N*}$。

证明：因为 $\xi^{B_1*} = as/\Delta_1$，$\xi^{C_1*} = as/\Delta_2$，$\xi^{N*} = 0$，此外，无论是分散决策还是集中决策，制造商确定的单位产品最优减排量 ξ^{i_1*} $(i_1 = B_1, C_1)$ 均需满足 $0 < \xi^{i_1*} \leqslant 1$，因此得到补贴制造商的分散决策时，单位产品减排量为分段函数，即 $\xi^{B_1*} = \begin{cases} as/\Delta_1, & 0 < s < (\sqrt{a^2+16b\beta} - a)/(2b) \\ 1, & s \geqslant (\sqrt{a^2+16b\beta} - a)/(2b) \end{cases}$；集中决策时，$\xi^{C_1*} =$

$\begin{cases} as/\Delta_2, & 0 < s < (\sqrt{a^2+8b\beta}-a)/(2b) \\ 1, & s \geq (\sqrt{a^2+8b\beta}-a)/(2b) \end{cases}$。为了保证式(2-2)和式(2-3)有解，需满足$\Delta_1$，$\Delta_2 > 0$，故$\xi^{C_1*} > \xi^{N*}$、$\xi^{B_1*} > \xi^{N*}$。由于$\xi^{C_1*} - \xi^{B_1*} = 2a\beta s/(\Delta_1\Delta_2) > 0$，故$\xi^{C_1*} > \xi^{B_1*}$，因此有$\xi^{C_1*} > \xi^{B_1*} > \xi^{N*}$。求解4个关于$s$的不等式组，比较各区间的临界值得到：$\dfrac{\sqrt{a^2+8b\beta}-a}{2b} < \sqrt{\dfrac{2\beta}{b}} < \dfrac{\sqrt{a^2+16b\beta}-a}{2b} < \sqrt{\dfrac{4\beta}{b}}$。所以，当$0 < s < (\sqrt{a^2+8b\beta}-a)/(2b)$时，则$\partial\xi^{B_1*}/\partial s = a(4\beta+bs^2)/\Delta_1^2 > 0$、$\partial\xi^{C_1*}/\partial s = a(2\beta+bs^2)/\Delta_2^2 > 0$，且$\xi^{C_1*} > \xi^{B_1*} > \xi^{N*}$，命题得证。

命题2-1的含义是：当$0 < s < (\sqrt{a^2+8b\beta}-a)/(2b)$时，在补贴制造商的分散决策和集中决策中，单位产品的碳减排量均与单位减排量补贴额正相关。与无政府补贴时的情形相比，政府补贴低碳产品制造商的政策，促使制造商提高了单位产品的减排量，起到了促进生产领域减排的作用；在集中决策时，单位产品的碳减排量最高。

命题2-2　当$0 < s < \sqrt{\beta/b}$时，$p^{C_1*} < p^{B_1*} < p^{N*}$。

证明：首先，产品的零售价格应为正，所以联立求解$p^{C_1*} > 0$、$p^{B_1*} > 0$，得到$0 < s < \sqrt{\beta/b}$。因此，$p^{N*} - p^{B_1*} = as^2/(4\Delta_1) > 0$，则$p^{N*} > p^{B_1*}$；$p^{N*} - p^{C_1*} = a(2\beta+bs^2)/(4b\Delta_2) > 0$，即$p^{N*} > p^{C_1*}$；$p^{B_1*} - p^{C_1*} = 2a\beta^2/(b\Delta_1\Delta_2) > 0$，$p^{B_1*} > p^{C_1*}$。故当$0 < s < \sqrt{\beta/b}$时，$p^{C_1*} < p^{B_1*} < p^{N*}$，命题得证。

命题2-2的含义是：当$0 < s < \sqrt{\beta/b}$时，与无政府补贴的情形相比，对低碳产品制造商的补贴政策使得零售商降低了低碳产品的零售价格，且集中决策时的零售价格最低。

命题2-3　当$0 < s < \sqrt{\beta/b}$时，$p_0^{C_1*} < p_0^{B_1*} < p_0^{N*}$，$Q^{C_1*} > Q^{B_1*} > Q^{N*}$。

证明：由命题2-2已知，当$0 < s < \sqrt{\beta/b}$时，$p^{C_1*} < p^{B_1*} < p^{N*}$，因为$p_0^{C_1*} = p^{C_1*}$、$p_0^{B_1*} = p^{B_1*}$、$p_0^{N*} = p^{N*}$，所以有$p_0^{C_1*} < p_0^{B_1*} < p_0^{N*}$。同理，若$0 < s < \sqrt{\beta/b}$，能确保产品的市场需求量为正，且$Q^{B_1*} - Q^{N*} = abs^2/(4\Delta_1) > 0$，$Q^{C_1*} - Q^{B_1*} = 2a\beta^2/(\Delta_1\Delta_2) > 0$，故$Q^{C_1*} > Q^{B_1*} > Q^{N*}$，命题得证。

命题2-3的含义是：当$0 < s < \sqrt{\beta/b}$时，若补贴低碳产品的制造商，消费者实际支付的低碳产品价格等于相应决策模式中的零售价格，随着补贴政策带来的零售价格的下降，消费者为购买同样低碳产品所支付的价格也随之减少，且在集中决策时最低。相应地，补贴制造商的政策，刺激了市场对低碳产品的需求，并在集中决策时需求量最大。由此说明，虽然低碳产品制造商是补贴政策的直接获益者，但是从产品的最终消费端来看，消费者也从该补贴政策中间接得到了实

惠，从而增加对低碳产品的需求，有利于制造商开拓产品市场，逐步推广低碳产品。

命题 2-4 当$0<s<\sqrt{\beta/b}$时，$\pi_{sc}^{C_1*}>\pi_{sc}^{B_1*}>\pi_{sc}^{N*}$。

证明：由于补贴制造商的分散、集中决策模型中满足目标函数的海塞矩阵为负定、零售价格为正，即满足$0<s<\sqrt{\beta/b}$。此时，能保证三种情形下相应的供应链利润均为正。$\pi_{sc}^{B_1*}-\pi_{sc}^{N*}=a^2s^2(16\beta-3bs^2)/(16\Delta_1^2)$，由于$3bs^2<3\beta$，所以，$16\beta-3bs^2>0$，$\pi_{sc}^{B_1*}>\pi_{sc}^{N*}$；$\pi_{sc}^{C_1*}-\pi_{sc}^{B_1*}=4a^2\beta^3/(2b\Delta_1^2\Delta_2)>0$，因此得到$\pi_{sc}^{C_1*}>\pi_{sc}^{B_1*}>\pi_{sc}^{N*}$，命题得证。

命题 2-4 的含义是：当$0<s<\sqrt{\beta/b}$时，与无政府补贴相比，补贴低碳产品制造商的政策为供应链整体提供了一个外部的激励，该政策对供应链整体绩效的影响直接体现为供应链总利润的提升。面对这样的补贴政策，相对于分散决策而言，供应链成员企业选择合作的集中决策模式，能改善低碳供应链总利润，同时，也进一步巩固了企业合作的基础，即更大的合作收益。

根据本章模型中的均衡结果和相关假定，可得到如下的推论：

推论 2-1 $s^{C_1}\subset s^{B_1}$；当$0<s<\sqrt{\beta/b}$时，$\mu^{B_1}<\mu^{C_1}$。

证明：根据命题 2-1 至命题 2-4，可知分散决策和集中决策时单位产品补贴额s的范围用集合表示分别为：$s^{B_1}=(0,\sqrt{2\beta/b})$、$s^{C_1}=(0,\sqrt{\beta/b})$，显然有$s^{C_1}\subset s^{B_1}$。政府给予制造商每单位低碳产品的补贴额$\mu^{i_1}=s\xi^{i_1*}(i_1=B_1,C_1)$，经计算可得，当$s\in s^{B_1}$时，$\mu^{B_1}=as^2/(4\beta-bs^2)$；同理，当$s\in s^{C_1}$时，$\mu^{C_1}=as^2/(2\beta-bs^2)$。由于$s^{C_1}\subset s^{B_1}$，所以当$0<s<\sqrt{\beta/b}$时，$\mu^{B_1}<\mu^{C_1}$成立，推论得证。

推论 2-1 的含义是：相对于补贴制造商的分散决策而言，供应链成员企业选择集中决策时，政府提供的单位减排量补贴额的范围更小；但是当$0<s<\sqrt{\beta/b}$时，企业获得的单位低碳产品补贴额反而更高。

推论 2-2 给定δ_1、δ_2，当$0<s<\sqrt{\beta/b}$时，在补贴制造商的集中决策模式中，制造商和零售商之间的最优合作策略为：$(w^{C_1*},\xi^{C_1*},p^{C_1*})=\left(\frac{(1-\delta_2)w_{\min}^{C_1}+(1-\delta_1)\delta_2w_{\max}^{C_1}}{1-\delta_1\delta_2},\frac{as}{2\beta-bs^2},\frac{a(\beta-bs^2)}{b(2\beta-bs^2)}\right)$，使得企业利润、供应链总利润高于无政府补贴和补贴制造商的分散决策。

推论 2-2 的含义是：在补贴制造商的集中决策时，按罗宾斯坦议价模型确定的供应链利润分配机制，满足了企业的参与约束，使得企业获得的利润高于无政府补贴和补贴制造商的分散决策，制造商和零售商依此进行产品定价、减排，能够实现低碳供应链的协调，实现更好的补贴效果。所以，如果在政府补贴低碳产品制造商时，对于供应链企业来说，合作是更优的策略选择。

在补贴制造商的政策下，单位产品的碳减排量得以提升，但是随着低碳产品产量的增加，供应链整体的碳排放量是否减少，推论 2 - 3 给出了判断的标准。

推论 2 - 3 针对补贴制造商的政策，为实现供应链碳排放总量的降低，s 需满足的条件分别如下：补贴制造商的分散决策时，$b^2s^3-4b\beta s+4a\beta>0$ 且 $s\in s^{B_1}$；补贴制造商的集中决策时，$b^2s^4+4a\beta s-4\beta^2>0$ 且 $s\in s^{C_1}$。

证明：无补贴时，供应链整体碳排放量 $TE^N=Q^{N*}$；补贴制造商的分散决策时，供应链整体碳排放量 $TE^{B_1}=(1-\xi^{B_1*})Q^{B_1*}$，故 $\Delta TE^{NB_1}=TE^N-TE^{B_1}=as(b^2s^3-4b\beta s+4a\beta)/(4\Delta_1^2)$，如果 $b^2s^3-4b\beta s+4a\beta>0$ 且 $s\in s^{B_1}$，则 $\Delta TE^{NB_1}>0$。同理，补贴制造商的集中决策时，供应链整体碳排放量 $TE^{C_1}=(1-\xi^{C_1*})Q^{C_1*}$，与无补贴时的碳排放量差额 $\Delta TE^{NC_1}=TE^N-TE^{C_1}=a(b^2s^4+4a\beta s-4\beta^2)/(4\Delta_2^2)$，若 $b^2s^4+4a\beta s-4\beta^2>0$ 且 $s\in s^{C_1}$，则 $\Delta TE^{NC_1}>0$，得证。

推论 2 - 3 的含义是：相对于无补贴的情形而言，当单位减排量补贴额 s 在一定的区间内时，补贴制造商的分散决策和集中决策均能实现供应链的碳减排，相应的减排量分别为：$\Delta TE^{NB_1}=as(b^2s^3-4b\beta s+4a\beta)/(4\Delta_1^2)$、$\Delta TE^{NC_1}=a(b^2s^4+4a\beta s-4\beta^2)/(4\Delta_2^2)$。

推论 2 - 4 在补贴制造商的政策背景下，若集中决策相较分散决策在供应链协调和碳减排两个方面均保持优势，则 s 需满足：$b^2s^4+2abs^3-6b\beta s^2-6a\beta s+8\beta^2<0$ 且 $s\in s^{C_1}$。

证明：在补贴低碳产品制造商时，根据命题 2 - 1 至命题 2 - 4、推论 2 - 1、推论 2 - 2 可知，若 $s\in s^{C_1}$，集中决策时的单位产品减排量、零售价格均更低，需求量、供应链利润更高，在区间 s^{C_1} 是协调供应链的占优策略。但能否实现供应链的减排优化，则需比较两种决策模式中的碳排放总量 $\Delta TE^{B_1C_1}=TE^{B_1}-TE^{C_1}=-2a\beta^2(b^2s^4+2abs^3-6b\beta s^2-6a\beta s+8\beta^2)/(8\beta^2-6b\beta s^2+b^2s^4)^2$，当 $b^2s^4+2abs^3-6b\beta s^2-6a\beta s+8\beta^2<0$ 且 $s\in s^{C_1}$ 时，$\Delta TE^{B_1C_1}>0$，$TE^{C_1}<TE^{B_1}$，集中决策时的碳排放总量比分散决策时更低。因此，综合上述两个方面的论证分析，推论得证。

鉴于上述均衡解、命题、推论表达式的复杂性，将在下文给出数值分析进行验证，并以更为直观的形式加以呈现。

四、算例分析

通过算例来验证上述命题和结论的准确性，根据书中的模型设定及相关假设条件，将书中的参数设置为：$a=300$，$b=10$，$\beta=400$，$\delta_1=0.7$，$\delta_2=0.5$。

根据上述参数设置，可得到补贴制造商的分散决策模型、集中决策模型对 s 的限定区间分别为：$s^{B_1}=(0,\ 8.94427)$，$s^{C_1}=(0,\ 6.32456)$。显然 $s^{C_1}\subset s^{B_1}$，即验证了推论 2 - 1。

此时，无补贴的分散决策模型中各均衡解的值分别为：$w^{N*}=15$，$\xi^{N*}=0$，$p_0^{N*}=p^{N*}=22.5$，$Q^{N*}=75$。

保持其他参数设定值不变，基于补贴制造商的分散决策模型和集中决策模型，当单位减排量补贴额 s 在［0.3，2.46425］之间变动时，计算结果如表2-2所示。

表2-2　补贴制造商政策的数值分析

s	w^{B_1*}	w^{C_1*}	ξ^{B_1*}	ξ^{C_1*}	p^{B_1*}	p^{C_1*}	Q^{B_1*}
0.3	14.99	8.35	0.06	0.11	22.49	14.98	75.04
0.6	14.97	8.28	0.11	0.23	22.48	14.93	75.17
0.9	14.92	8.18	0.17	0.34	22.46	14.85	75.38
1.2	14.86	8.04	0.23	0.46	22.43	14.73	75.68
1.5	14.79	7.85	0.29	0.58	22.39	14.57	76.07
1.8	14.69	7.61	0.34	0.70	22.35	14.37	76.55
2.1	14.57	7.33	0.40	0.83	22.29	14.12	77.13
2.4	14.44	6.99	0.47	0.97	22.22	13.84	77.80
2.46425	14.41	6.91	0.48	1.00	22.20	13.77	77.96
s	Q^{C_1*}	$\pi_m^{B_1*}$	$\pi_m^{C_1*}$	$\pi_r^{B_1*}$	$\pi_r^{C_1*}$	$\pi_{sc}^{B_1*}$	$\pi_{sc}^{C_1*}$
0.3	150.17	1125.64	1255.73	563.13	996.80	1688.77	2252.53
0.6	150.68	1127.54	1258.52	565.04	1001.65	1692.58	2260.17
0.9	151.53	1130.73	1263.19	568.23	1009.82	1698.96	2273.01
1.2	152.75	1135.22	1269.81	572.76	1021.43	1707.98	2291.24
1.5	154.34	1141.05	1278.45	578.65	1036.66	1719.70	2315.11
1.8	156.33	1148.25	1289.19	585.99	1055.79	1734.24	2344.97
2.1	158.75	1156.88	1302.16	594.84	1079.10	1751.72	2381.27
2.4	161.64	1167.01	1317.53	605.30	1107.03	1772.31	2424.57
2.46425	162.32	1169.38	1321.15	607.76	1113.67	1777.14	2434.82

表2-2中的算例分析结果显示，在区间［0.3，2.46425］内有如下结论：

（1）随着单位减排量补贴额 s 的增大，单位产品的碳减排量 ξ^{B_1*} 和 ξ^{C_1*} 均上升，$\xi^{C_1*}>\xi^{B_1*}>\xi^{N*}$ 始终有，即验证了命题2-1。

（2）补贴制造商时，低碳产品的批发价格、零售价格、消费者实际支付的价格均比无补贴时更低，且在集中决策时最低；各价格均随 s 的增大而减少，在补贴力度越大时，价格降低的幅度越大，因此使得消费者对低碳产品的需求量有了大幅的提升。由此，命题2-2和命题2-3得以验证。

（3）相对无政府补贴的情形而言，补贴制造商的政策确实增加了企业利润、供应链总利润，且集中决策时的供应链利润高于分散决策，由此验证了命题2-4。

（4）集中决策时，利用罗宾斯坦议价方法分配供应链总利润的机制，能满足各企业的参与约束条件，改善了分散决策的无效率状态，实现低碳供应链协调，即验证了推论2-2。

（5）补贴制造商的集中决策时，博弈中耐心程度高的企业，得到的利润份额和收益也更多。

有无补贴制造商政策时的供应链碳排放量差异，如图2-1所示。

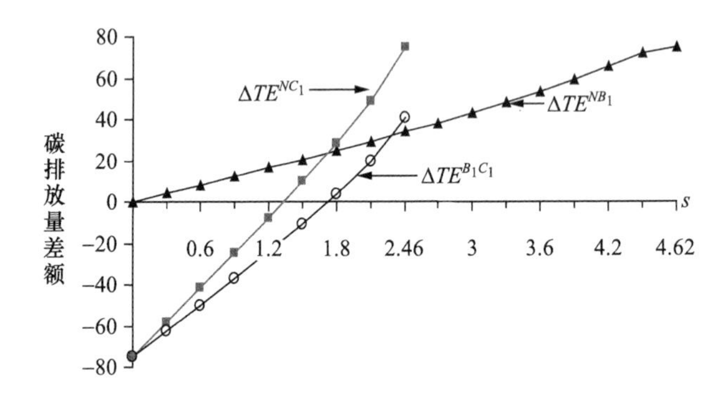

图2-1　补贴制造商的碳排放量差额

具体而言，有无补贴制造商政策时的供应链碳排放量差异如下：

（1）补贴制造商的分散决策时，在区间（0，4.62142］内，始终有$\Delta TE^{NB_1}>0$，即$TE^{B_1}<TE^{N}$，且ΔTE^{NB_1}随s递增，并在$s=4.62142$时达到最大值，在此之后更大的补贴力度并不会继续减少供应链整体碳排放量。表明在分散决策时，单位减排量补贴额的合理区间应为（0，4.62142］，能够实现比无补贴政策时更低的供应链整体碳排放量，且当$s=4.62142$时，达到零排放。

（2）集中决策时，求解$\Delta TE^{NC_1}=0$，可得在集中决策时补贴制造商的政策能否真正实现碳减排的临界值为：$s=1.33268$。当$s\in$（0，1.33268）时，$\Delta TE^{NC_1}<0$，说明在此区间内$TE^{C_1}>TE^{N}$，虽然单位产品的碳排放量降低了，但是随着生产量的增大，供应链整体碳排放总量反而比补贴之前更高，并未实现减少碳排放的初衷，反而适得其反。由此表明，政府制定碳补贴政策时，必须在科学合理的范围内谨慎确定补贴额度，否则不仅造成财政资金的浪费，还会使得碳排放状况恶化。当$s\in$（1.33268，2.46425］时，$\Delta TE^{NC_1}>0$即$TE^{C_1}<TE^{N}$，说明政府对

制造商的单位减排量补贴水平提升到此区间内时，由于补贴政策、供应链成员企业间合作的双重推动，实现了补贴政策的碳减排目的。同样，在 $s=2.46425$ 时，也能实现零排放。

因此，与无补贴时相比，补贴制造商政策的分散、集中决策，能降低供应链碳排放总量的 s 所在合理区间分别为 $(0,\ 4.62142]$、$(1.33268,\ 2.46425]$，由此验证了推论 2－3。

（3）求解 $\Delta TE^{NC_1}=\Delta TE^{NB_1}$ 或 $\Delta TE^{B_1C_1}=0$，可得补贴制造商的分散和集中决策碳排放量相等时单位碳减排量补贴额的临界值 $s=1.72268$。当 $s\in(0,\ 1.72268)$ 时，$\Delta TE^{B_1C_1}<0$，$TE^{B_1}<TE^{C_1}$，说明面对补贴制造商的政策，企业采取集中决策所带来的单位产品碳排放量降低的幅度不及销售量的增长幅度，导致供应链整体碳排放量比分散决策时更高，此区间内的补贴力度还不足以体现企业合作在供应链碳减排中的作用和优势。当 $s\in(1.72268,\ 2.46425]$ 时，$\Delta TE^{B_1C_1}>0$，$TE^{B_1}>TE^{C_1}$，表明若政府在该区间内确定单位减排量补贴额，则相对于分散决策而言，集中决策不仅能更好地在利润分配方面协调供应链，保证上下游企业的定价合作，还能达到低碳供应链的减排优化，实现更低的碳排放量，推论 2－4 得以验证。

第四节　补贴消费者的最优决策模型

现有研究成果搭建了低碳供应链领域的基本框架，然而在分析政府的补贴政策效应时，过度偏重于企业，缺乏对消费者层面的剖析。本章将考虑政府对购买低碳产品的消费者实施补贴政策，对上下游企业关于产品定价、减排的最优决策和供应链利润分配等问题进行深入探讨的同时，也注重分析补贴政策给消费者带来的切实影响，力求更全面地展现政府补贴政策的效果，为政府和企业的战略决策提供一定程度的理论参考。

一、分散决策模型

政府对购买低碳产品的消费者进行补贴时，产品的市场需求与零售价格负相关、与政府补贴正相关，则设定需求函数为：$Q=a-bp+c\mu$，其中，$\mu=s\xi$，c 为单位产品补贴额对需求的影响系数，假设 a，b，$c>0$，$b>c$。

在政府补贴消费者的分散决策时，政府、制造商、零售商构成了一个三阶段的斯坦克尔伯格博弈：第一阶段，政府确定单位减排量补贴额 s；第二阶段，占主导地位的制造商，根据已知的单位减排量补贴额 s 确定低碳产品的批发价格 w 和减排量 ξ；第三阶段，在（s，w，ξ）给定时，下游零售商作为追随者确定产品的零售价格 p。政府补贴低碳产品消费者的分散决策下，制造商和零售商的最优化问题如式（2-6）所示：

$$\begin{cases}\max\limits_{p} & \pi_r^{B_2}(p\mid s, w, \xi)=(p-w)Q=(p-w)(a-bp+cs\xi)\\ \max\limits_{w,\xi} & \pi_m^{B_2}(w, \xi)=wQ-\beta\xi^2/2=w(a-bp+cs\xi)-\beta\xi^2/2\end{cases} \tag{2-6}$$

制造商目标函数对应的海塞矩阵为 $H^{B_2}=\begin{pmatrix}\frac{\partial^2\pi_m^{B_2}}{\partial w^2} & \frac{\partial^2\pi_m^{B_2}}{\partial w\partial\xi}\\ \frac{\partial^2\pi_m^{B_2}}{\partial\xi\partial w} & \frac{\partial^2\pi_m^{B_2}}{\partial\xi^2}\end{pmatrix}=\begin{pmatrix}-b & \frac{cs}{2}\\ \frac{cs}{2} & -\beta\end{pmatrix}$。当 $4b\beta>c^2s^2$，即 $\Delta_3=4b\beta-c^2s^2>0$ 时，$|H_1^{B_2}|=-b<0$，$|H_2^{B_2}|=\Delta_3/4>0$，故 H^{B_2} 是负定的，因而 $\pi_m^{B_2}$（w，ξ）存在最大值，且制造商利润是关于（w，ξ）的联合凹函数。由式（2-6）的一阶条件得到政府补贴消费者的分散决策均衡结果如下：

（1）制造商最优批发价格和减排量分别为：$w^{B_2*}=2a\beta/\Delta_3$，$\xi^{B_2*}=acs/\Delta_3$。

（2）零售商确定的最优单位产品零售价格为：$p^{B_2*}=3a\beta/\Delta_3$。

（3）消费者实际支付的价格为：$p_0^{B_2*}=p^{B_2*}-s\xi^{B_2*}=a(3\beta-cs^2)/\Delta_3$。

（4）低碳产品的市场需求量为：$Q^{B_2*}=3a\beta/\Delta_3$。

（5）制造商、零售商利润和供应链总利润分别为：$\pi_m^{B_2*}=a^2\beta/(2\Delta_3)$，$\pi_r^{B_2*}=a^2b\beta^2/\Delta_3^2$，$\pi_{sc}^{B_2*}=a^2\beta(6b\beta-c^2s^2)/(2\Delta_3^2)$。

（6）低碳供应链的碳排放总量为：$TE^{B_2}=(1-\xi^{B_2*})Q^{B_2*}=ab\beta(4b\beta-c^2s^2-acs)/\Delta_3^2$。

二、集中决策模型

在政府补贴低碳产品消费者的集中决策模式下，同样假设存在一个以供应链总利润最大化为目标的中心决策者，其决策变量为（p，ξ）。同理，制造商的减排量、批发价格以及零售商的零售价格均须服从供应链整体利润最大化这一目标，因此该最优化问题可以描述为如式（2-7）所示：

$$\max_{p,\xi}\pi_{sc}^{C_2}(p, \xi)=p(a-bp+cs\xi)-\beta\xi^2/2 \tag{2-7}$$

式（2-7）的海塞矩阵 $H^{C_2}=\begin{pmatrix}\frac{\partial^2\pi_{sc}^{C_2}}{\partial p^2} & \frac{\partial^2\pi_{sc}^{C_2}}{\partial p\partial\xi}\\ \frac{\partial^2\pi_{sc}^{C_2}}{\partial\xi\partial p} & \frac{\partial^2\pi_{sc}^{C_2}}{\partial\xi^2}\end{pmatrix}=\begin{pmatrix}-2b & cs\\ cs & -\beta\end{pmatrix}$。当 $2b\beta>c^2s^2$

即 $\Delta_4 = 2b\beta - c^2s^2 > 0$ 时，$|H_1^{C_2}| = -2b < 0$，$|H_2^{C_2}| = 2b\beta - c^2s^2 > 0$，所以 H^{C_2} 是负定的，因而 $\pi_{sc}^{C_2}(p, \xi)$ 存在最大值，并且是关于 (p, ξ) 的联合凹函数。由式（2-7）的一阶条件得到补贴消费者的集中决策均衡结果如下：

（1）制造商确定的最优单位低碳产品减排量为：$\xi^{C_2*} = acs/\Delta_4$。

（2）零售商确定的最优单位产品零售价格为：$p^{C_2*} = a\beta/\Delta_4$。

（3）消费者实际支付的产品价格为：$p_0^{C_2*} = p^{C_2*} - s\xi^{C_2*} = a(\beta - cs^2)/\Delta_4$。

（4）低碳产品的市场需求量为：$Q^{C_2*} = ab\beta/\Delta_4$。

（5）低碳供应链总利润为：$\pi_{sc}^{C_2*} = a^2\beta/(2\Delta_4)$。

（6）供应链总体的碳排放量为：$TE^{C_2} = (1 - \xi^{C_2*})Q^{C_2*} = ab\beta(2b\beta - c^2s^2 - acs)/\Delta_4^2$。

同理，要保持集中决策的稳定性，必须满足制造商和零售商各自的参与约束，如式（2-8）所示：

$$\begin{cases} \pi_m^{C_2*} > \pi_m^{B_2*} \\ \pi_r^{C_2*} > \pi_r^{B_2*} \end{cases} \tag{2-8}$$

求解式（2-8），得到补贴消费者的集中决策时低碳产品最优批发价格区间为：$w^{C_2*} \in (w_{\min}^{C_2}, w_{\max}^{C_2})$。其中，$w_{\min}^{C_2} = 2ab\beta^2/(\Delta_3\Delta_4)$，$w_{\max}^{C_2} = 4ab\beta^2(3b\beta - c^2s^2)/(\Delta_3\Delta_4)$。

同样采用罗宾斯坦议价模型来确定低碳产品的最优批发价格，从而分配因企业合作而获得的供应链总利润。如果 δ_1 和 δ_2 已知，则补贴低碳产品消费者的集中决策时，最优批发价格 w^{C_2*} 应满足如式（2-9）所示条件：

$$\frac{w_{\max}^{C_2} - w^{C_2*}}{w^{C_2*} - w_{\min}^{C_2}} = \frac{\theta^*}{1 - \theta^*} = \frac{1 - \delta_2}{(1 - \delta_1)\delta_2} \tag{2-9}$$

求解式（2-9）得到结果如式（2-10）所示：

$$w^{C_2*} = \frac{(1 - \delta_2)w_{\min}^{C_2} + (1 - \delta_1)\delta_2 w_{\max}^{C_2}}{1 - \delta_1\delta_2} \tag{2-10}$$

同理，可计算得到补贴消费者的集中决策时低碳产品制造商和零售商的利润分别为：

$\pi_m^{C_2*} = a\beta[2b(2b\beta - c^2s^2)w^{C_2*} - ac^2s^2]/(2\Delta_4^2)$，$\pi_r^{C_2*} = ab\beta(a\beta - 2b\beta w^{C_2*} + c^2s^2w^{C_2*})/\Delta_4^2$。

三、比较分析

通过对比均衡解，可得到如下命题：

命题 2-5　当 $0 < s < (\sqrt{a^2 + 8b\beta} - a)/(2c)$ 时，$\partial\xi^{i_2*}/\partial s > 0 (i_2 = B_2, C_2)$，且

$\xi^{C_2*} > \xi^{B_2*} > \xi^{N*}$。

证明：因为 $\xi^{C_2*} = acs/\Delta_4$，$\xi^{B_2*} = acs/\Delta_3$，$\xi^{N*} = 0$，且制造商的最优减排量 $\xi^{i_2*}(i_2 = B_2, C_2)$ 均需满足 $0 < \xi^{i_2*} \leqslant 1$，因此，在政府补贴消费者的分散决策时，$\xi^{B_2*} = \begin{cases} acs/\Delta_3, & 0 < s < (\sqrt{a^2 + 16b\beta} - a)/(2c) \\ 1, & s \geqslant (\sqrt{a^2 + 16b\beta} - a)/(2c) \end{cases}$；在集中决策时，$\xi^{C_2*} = \begin{cases} acs/\Delta_4, & 0 < s < (\sqrt{a^2 + 16b\beta} - a)/(2c) \\ 1, & s \geqslant (\sqrt{a^2 + 16b\beta} - a)/(2c) \end{cases}$。为保证式(2-6)和式(2-7)有解，需满足：$\Delta_3$，$\Delta_4 > 0$，故 $\xi^{C_2*} > \xi^{N*}$，$\xi^{B_2*} > \xi^{N*}$，$\partial\xi^{B_2*}/\partial s = ac(4b\beta + c^2s^2)/\Delta_3^2 > 0$，$\partial\xi^{C_2*}/\partial s = ac(2b\beta + c^2s^2)/\Delta_4^2 > 0$，$\xi^{C_2*} - \xi^{B_2*} = 2abcs\beta/(\Delta_3\Delta_4) > 0$，所以 $\xi^{C_2*} > \xi^{B_2*}$，因此有 $\xi^{C_2*} > \xi^{B_2*} > \xi^{N*}$。求解参数限制不等式组，比较所得 s 各区间的临界值，可得 $\frac{\sqrt{a^2 + 8b\beta} - a}{2c} < \frac{\sqrt{2b\beta}}{c} < \frac{\sqrt{a^2 + 16b\beta} - a}{2c} < \frac{\sqrt{4b\beta}}{c}$，所以 $0 < s < (\sqrt{a^2 + 8b\beta} - a)/(2c)$，命题得证。

命题2-5的含义是：虽然制造商并不是补贴消费者政策的直接得益者，但当 $0 < s < (\sqrt{a^2 + 8b\beta} - a)/(2c)$ 时，随着政府提供的单位减排量补贴额的增大，生产企业也会相应地切实降低产品的碳排放量，补贴消费者的政策也部分实现了补贴制造商政策的减排效果。并且，在补贴消费者的政策之下，集中决策时单位产品的减排量相较分散决策有进一步的提升。

命题2-6 当 $0 < s < \sqrt{\beta/c}$ 时，有 $p_0^{B_2*} < p^{B_2*}$，$p_0^{C_2*} < p^{C_2*}$，$p_0^{C_2*} < p_0^{B_2*} < p_0^{N*}$，$Q^{C_2*} > Q^{B_2*} > Q^{N*}$。

证明：消费者购买低碳产品时实际支付的价格需为正，因此，求解 $p_0^{B_2*} > 0$，$p_0^{C_2*} > 0$，得到 $0 < s < \sqrt{\beta/c}$。$p_0^{B_2*} = p^{B_2*} - s\xi^{B_2*}$，由于 $s > 0$，$\xi^{B_2*} > 0$，所以有 $p_0^{B_2*} < p^{B_2*}$，同理，$p_0^{C_2*} < p^{C_2*}$。由于两个模型有最优解的条件为 Δ_3，$\Delta_4 > 0$，故：$p_0^{C_2*} - p_0^{B_2*} = 2a\beta[(c-b)cs^2 - b\beta]/(\Delta_3\Delta_4) < 0$，则 $p_0^{C_2*} < p_0^{B_2*}$。$p_0^{B_2*} - p_0^{N*} = acs^2(3c - 4b)/(4b\Delta_3)$，由于 $b > c$，因此，$p_0^{B_2*} < p_0^{N*}$，故 $p_0^{C_2*} < p_0^{B_2*} < p_0^{N*}$。同理，$Q^{B_2*} - Q^{N*} = ac^2s^2/(4\Delta_3) > 0$，$Q^{C_2*} - Q^{B_2*} = 2ab^2\beta^2/(\Delta_3\Delta_4) > 0$，故 $Q^{C_2*} > Q^{B_2*} > Q^{N*}$。求解参数限定不等式组，并比较各临界值可得 $0 < s < \sqrt{\beta/c}$，命题得证。

命题2-6的含义是：当 $0 < s < \sqrt{\beta/c}$ 时，政府的补贴使得消费者购买低碳产品所实际支付的价格降低，低于相应的零售价格，且在集中决策时达到最低。同时，补贴消费者的政策扩大了市场对低碳产品的需求，在集中决策时的低碳产品市场需求量高于分散决策和无消费者补贴的情形。虽然是补贴消费者，但对于制造商而言，仍是一项利好政策，相当于从政府层面帮助其打开产品市场，增加销

量，制造商可以从中获益。

命题 2-7　当 $0<s<\sqrt{2b\beta}/c$ 时，$\pi_{sc}^{C_2*}>\pi_{sc}^{B_2*}>\pi_{sc}^{N*}$。

证明：根据补贴消费者的分散、集中决策模型要求：Δ_3，$\Delta_4>0$，求解不等式组得 $0<s<\sqrt{2b\beta}/c$。$\pi_{sc}^{B_2*}-\pi_{sc}^{N*}=a^2c^2s^2(16b\beta-3c^2s^2)/(16b\Delta_3^2)$，由于 $3c^2s^2<6b\beta$，所以，$16b\beta-3c^2s^2>0$，$\pi_{sc}^{B_2*}>\pi_{sc}^{N*}$；$\pi_{sc}^{C_2*}-\pi_{sc}^{B_2*}=2a^2b^2\beta^3/(\Delta_3^2\Delta_4)>0$。因此，$\pi_{sc}^{C_2*}>\pi_{sc}^{B_2*}>\pi_{sc}^{N*}$，命题得证。

命题 2-7 的含义是：当 $0<s<\sqrt{2b\beta}/c$ 时，政府对低碳产品的最终消费者进行补贴，对于低碳供应链整体而言，相当于得到了额外的收益，补贴政策带来的整体销售收入增长超过了减排成本，供应链利润比补贴之前更高。面对消费者补贴政策，上下游企业采取定价合作的集中决策，能够实现企业利润和供应链利润的帕累托改进。

根据本章模型中的均衡结果和相关假定，可得到如下推论：

推论 2-5　$s^{C_2}\subset s^{B_2}$；当 $0<s<\sqrt{\beta/c}$ 时，$\mu^{B_2}<\mu^{C_2}$。

证明：根据本章中分散决策模型、集中决策模型的各均衡解对单位减排量补贴额 s 的约束条件，可知 $s^{B_2}=(0,\sqrt{3\beta/c})$、$s^{C_2}=(0,\sqrt{\beta/c})$，所以有 $s^{C_2}\subset s^{B_2}$。政府给予消费者每单位低碳产品的补贴额 $\mu^{i_2}=s\xi^{i_2*}$（$i_2=B_2$，C_2），当 $s\in s^{B_2}$ 时，$\mu^{B_2}=acs^2/(4b\beta-c^2s^2)$；当 $s\in s^{C_2}$ 时，$\mu^{C_2}=acs^2/(2b\beta-c^2s^2)$。所以当 $0<s<\sqrt{\beta/c}$ 时，显然 $\mu^{B_2}<\mu^{C_2}$，命题得证。

推论 2-5 的含义是：相对于补贴消费者的分散决策而言，集中决策时政府确定单位减排量补贴额的范围更小；但在 $0<s<\sqrt{\beta/c}$ 时，政府给予消费者的单位低碳产品补贴额更高。

推论 2-6　当 $b\geqslant 3c/2$ 时，若 $0<s<\sqrt{\beta/c}$，有 $p^{C_2*}<p^{N*}<p^{B_2*}$；当 $c<b<3c/2$ 时，若 $0<s<\frac{1}{c}\sqrt{\frac{2b\beta}{3}}$，有 $p^{C_2*}<p^{N*}<p^{B_2*}$，若 $\frac{1}{c}\sqrt{\frac{2b\beta}{3}}<s<\sqrt{\frac{\beta}{c}}$，有 $p^{N*}<p^{C_2*}<p^{B_2*}$。

证明：产品的零售价格应为正，所以联立求解 $p^{B_2*}>0$、$p^{C_2*}>0$，得到 $0<s<\sqrt{2b\beta}/c$。根据假设 Δ_3，$\Delta_4>0$，所以 $p^{B_2*}-p^{N*}=3ac^2s^2/(4b\Delta_3)>0$，则 $p^{N*}<p^{B_2*}$；$p^{C_2*}-p^{B_2*}=2a\beta(c^2s^2-b\beta)/(\Delta_3\Delta_4)$，当 $b\beta>c^2s^2$ 即 $0<s<\sqrt{\beta/c}$ 时，有 $p^{C_2*}<p^{B_2*}$；$p^{C_2*}-p^{N*}=a(3c^2s^2-2b\beta)/(4b\Delta_4)$，当 $2b\beta<3c^2s^2$ 即 $s>\frac{1}{c}\sqrt{\frac{2b\beta}{3}}$ 时，$p^{C_2*}>p^{N*}$，反之，$p^{C_2*}<p^{N*}$。根据推论 2-5 可知，$s^{C_2}=(0,\sqrt{\beta/c})$。比较以上 5 个约束条件，可得 $\sqrt{\frac{\beta}{c}}<\frac{\sqrt{b\beta}}{c}<\frac{\sqrt{2b\beta}}{c}<\frac{\sqrt{4b\beta}}{c}$。$\frac{1}{c}\sqrt{\frac{2b\beta}{3}}-\sqrt{\frac{\beta}{c}}=\frac{\sqrt{6b\beta}-\sqrt{9c\beta}}{3c}=$

$\frac{\beta(2b-3c)}{c(\sqrt{6b\beta}+\sqrt{9c\beta})}$，因此当 $b\geqslant 3c/2$ 时，$\sqrt{\frac{\beta}{c}}<\frac{1}{c}\sqrt{\frac{2b\beta}{3}}<\frac{\sqrt{b\beta}}{c}$，在区间 $0<s<\sqrt{\beta/c}$，$p^{C_2*}<p^{N*}<p^{B_2*}$。如果 $c<b<3c/2$，则 $\frac{1}{c}\sqrt{\frac{2b\beta}{3}}<\sqrt{\frac{\beta}{c}}<\frac{\sqrt{b\beta}}{c}$，那么在区间 $0<s<\frac{1}{c}\sqrt{\frac{2b\beta}{3}}$，有 $p^{C_2*}<p^{N*}<p^{B_2*}$；在区间 $\frac{1}{c}\sqrt{\frac{2b\beta}{3}}<s<\sqrt{\frac{\beta}{c}}$，$p^{N*}<p^{C_2*}<p^{B_2*}$，推论得证。

推论 2－6 的含义是：第一，$p^{N*}<p^{B_2*}$，说明面对政府补贴消费者的政策，在分散决策时，零售商会提高低碳产品的零售价格，以此转移部分消费者补贴；第二，在 $b\geqslant 3c/2$ 且 $0<s<\sqrt{\beta/c}$、$c<b<\frac{3}{2}c$ 且 $0<s<\frac{1}{c}\sqrt{\frac{2b\beta}{3}}$ 的两种情况下，$p^{C_2*}<p^{N*}<p^{B_2*}$，说明此时零售商的定价策略是以降低零售价格的方式进一步让利于消费者，以此鼓励消费者购买低碳产品，相当于消费者得到了来自政府和供应链企业的双重补贴；第三，当 $c<b<3c/2$ 且 $\frac{1}{c}\sqrt{\frac{2b\beta}{3}}<s<\frac{\sqrt{b\beta}}{c}$ 时，$p^{N*}<p^{C_2*}<p^{B_2*}$，说明在集中决策模式下，如果 s 在一定范围内，依然存在零售价格的提高空间，但提升幅度比分散决策的零售价格提升幅度小，供应链企业可以从补贴消费者政策中获利。由此可见，补贴消费者政策也间接补贴了供应链企业。

推论 2－7 给定 δ_1、δ_2，当 $0<s<\sqrt{\beta/c}$ 时，在补贴消费者的集中决策模式中，制造商和零售商之间存在最优合作策略为：$(w^{C_2*},\ \xi^{C_2*},\ p^{C_2*})=\left(\frac{(1-\delta_2)w_{\min}^{C_2}+(1-\delta_1)\delta_2 w_{\max}^{C_2}}{1-\delta_1\delta_2},\ \frac{acs}{2b\beta-c^2s^2},\ \frac{a\beta}{2b\beta-c^2s^2}\right)$。

推论 2－8 在补贴消费者政策下，能减少供应链整体碳排放量的 s 需满足的条件为：①分散决策：$c^3s^3-4bc\beta s+4ab\beta>0$ 且 $s\in s^{B_2}$。②集中决策：$c^4s^4+4abc\beta s-4b^2\beta^2>0$，且 $s\in s^{C_2}$。

证明：补贴消费者的分散决策与无补贴的分散决策相比，供应链的整体碳排放量差额 $\Delta TE^{NB_2}=TE^N-TE^{B_2}=\frac{acs\ (c^3s^3-4bc\beta s+4ab\beta)}{4\ (4b\beta-c^2s^2)^2}$，若 $c^3s^3-4bc\beta s+4ab\beta>0$ 且 $s\in s^{B_2}$，则 $\Delta TE^{NB_2}>0$。同理，补贴消费者的集中决策与无补贴时的碳排放量差额为 $\Delta TE^{NC_2}=TE^N-TE^{C_2}=Q^{N*}-(1-\xi^{C_2*})\ Q^{C_2*}=a\ (c^4s^4+4abc\beta s-4b^2\beta^2)\ /\ (4\Delta_4^2)$，若 $c^4s^4+4abc\beta s-4b^2\beta^2>0$ 且 $s\in s^{C_2}$，则 $\Delta TE^{NC_2}>0$，得证。

推论 2－8 的含义是：在补贴消费者的政策背景下，若单位减排量补贴额 s 满足一定的约束条件，则分散决策和集中决策均能在一定程度上减少供应链碳排放总量，实现的碳减排量分别为：$\Delta TE^{NB_2}=acs(c^3s^3-4bc\beta s+4ab\beta)/(4\Delta_3^2)$、

$\Delta TE^{NC_2}=a(c^4s^4+4abc\beta s-4b^2\beta^2)/(4\Delta_4^2)$。

推论 2-9　在政府提供消费者补贴时，若 s 满足：$c^4s^4+2ac^3s^3-6bc^2\beta s^2-6abc\beta s+8b^2\beta^2<0$ 且 $s\in s^{C_2}$，则与分散决策相比，集中决策在协调低碳供应链和碳减排优化方面均是更优的策略选择。

证明：在补贴购买低碳产品的消费者时，根据命题2-5至命题2-7、推论2-5、推论2-7已知，在区间 s^{C_2} 内，相对于分散决策而言，集中决策是协调供应链的更优策略。然而在减排优化方面，两种决策模式的供应链碳排放总量 TE^{B_2}、TE^{C_2}，究竟孰高孰低，还需加以探讨。由于 $\Delta TE^{B_2C_2}=TE^{B_2}-TE^{C_2}=-\frac{2ab^2\beta^2(c^4s^4+2ac^3s^3-6bc^2\beta s^2-6abc\beta s+8b^2\beta^2)}{(8b^2\beta^2-6bc^2\beta s^2+c^4s^4)^2}$，当 $c^4s^4+2ac^3s^3-6bc^2\beta s^2-6abc\beta s+8b^2\beta^2<0$ 且 $s\in s^{C_2}$时，$\Delta TE^{B_2C_2}>0$，$TE^{C_2}<TE^{B_2}$，集中决策的碳排放总量比分散决策更低，推论得证。

由于不等式组求解结果表达式较为复杂，将在下节给出数值分析进行验证。

四、算例分析

为了阐明本章中的命题及推论，并简化计算过程，将相关的参数设置为：$a=300$，$b=10$，$c=5$，$\beta=400$，$\delta_1=0.7$，$\delta_2=0.5$。

此时，补贴消费者的分散决策模型、集中决策模型中单位减排量补贴额 s 的取值区间分别为：$s^{B_2}=(0,\ 15.49193)$、$s^{C_2}=(0,\ 8.94427)$。$s^{C_2}\subset s^{B_2}$，验证了推论2-5。

无补贴的分散决策模型各均衡解仍为第三章中所求得的值，即 $w^{N*}=15$，$\xi^{N*}=0$，$p_0^{N*}=p^{N*}=22.5$，$Q^{N*}=75$。

保持其他参数值不变，令单位减排量补贴额 s 在［0.5，4.9285］之间变动，部分变量的相应变化情况如表2-3所示。

表2-3　补贴消费者政策的数值分析

s	ξ^{B_2*}	ξ^{C_2*}	$p_0^{B_2*}$	$p_0^{C_2*}$	Q^{B_2*}	Q^{C_2*}
0.5	0.05	0.09	22.49	14.97	75.03	150.12
1	0.09	0.19	22.44	14.86	75.12	150.47
1.5	0.14	0.28	22.37	14.68	75.26	151.06
2	0.19	0.38	22.26	14.43	75.47	151.90
2.5	0.24	0.48	22.13	14.10	75.74	152.99
3	0.29	0.58	21.97	13.70	76.07	154.34
3.5	0.33	0.68	21.77	13.21	76.46	155.97
4	0.38	0.79	21.54	12.63	76.92	157.90
4.5	0.44	0.90	21.27	11.96	77.45	160.13
4.9285	0.48	1.00	21.02	11.30	77.96	162.32

根据表2－3可知：

（1）单位产品碳减排量 ξ^{B_2*} 和 ξ^{C_2*} 均随着单位减排量补贴额 s 的增大而上升，且在区间［0.5，4.9285］中，ξ^{C_2*} 始终大于 ξ^{B_2*} 和 ξ^{N*}。说明政府对消费者的补贴政策可以间接地激励制造商采取减排措施，减少单位产品的碳排放量，企业合作的集中决策模式使单位产品碳减排量达到最高，即验证了命题2－5。

（2）消费者购买低碳产品时实际支付的价格 $p_0^{B_2*}$ 和 $p_0^{C_2*}$ 均随 s 的增大而减少，在 s 的变动范围内始终存在 $p_0^{C_2*}<p_0^{B_2*}<p_0^{N*}$；低碳产品的市场需求量 Q^{B_2*} 和 Q^{C_2*} 随 s 的增大而增加，且恒有 $Q^{C_2*}>Q^{B_2*}>Q^{N*}$。说明政府对消费者的补贴提高了消费者对低碳产品的认可度和购买热情，起到了推广低碳产品的作用，供应链成员企业间的合作进一步增强了该补贴政策的效果，验证了命题2－6。

无补贴的分散决策模型、补贴消费者的分散决策模型和补贴消费者的集中决策模型中低碳产品零售价格随 s 变化的情况如图2－2、图2－3所示。图2－2中，由于 $b=10$，$c=5$，$b\geqslant 3c/2$，因此当 $s\in(0,8.94427)$ 时，$p^{C_2*}<p^{N*}<p^{B_2*}$。图2－3中，$b=6$，$c=5$，$c<b<3c/2$，则当 $s\in(0,8)$ 时，$p^{C_2*}<p^{N*}<p^{B_2*}$；当 $s\in(8,8.94427)$ 时，$p^{N*}<p^{C_2*}<p^{B_2*}$。由此验证了推论2－6。在此处的各区间中，对于相应批发价格高低的结论同样成立。进而表明，相对于无补贴的情形而言，在补贴消费者的分散决策时，低碳产品的制造商和零售商出于最大化自身企业利润的诉求，均会提高各自的决策价格水平，以此转移部分对消费者的补贴为企业利润。但在集中决策时，则需根据需求量对零售价格与单位产品补贴额的敏感系数的大小关系来具体讨论。当 $b\geqslant 3c/2$ 时，在区间 $s^{C_2}=(0,8.94427)$ 内，上下游企业均不会提高各自的价格，反而均会采取降价的策略，联合促进产品销售量的增长，从而获得更高的企业利润及供应链利润。当 $c<b<3c/2$ 时，企业的定价决策取决于政府补贴力度：如果 $s\in(0,8)$，批发价格和零售价格均低于补贴前的水平；若 $s\in(8,8.94427)$，制造商和零售商会进入提价阶段，削弱政府对消费者的补贴程度，产品价格会高于补贴之前的价格，但是比分散决策时的价格低。

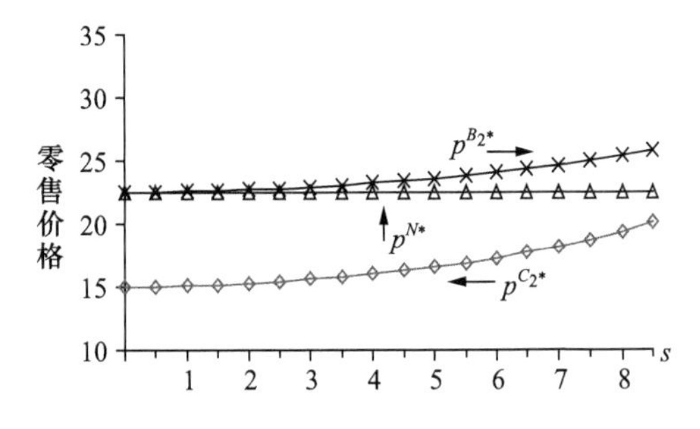

图2－2　$b\geqslant 3c/2$ 时零售价格变动情况

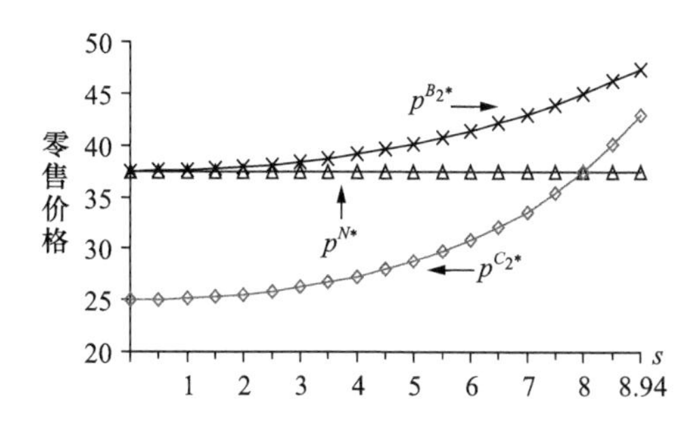

图 2-3 $c<b<3c/2$ 时零售价格变动情况

由文献和算例分析结果可知，政府对企业的补贴，相当于给供应链提供了额外的经济投入，显然能够实现企业利润和供应链总利润的增长。此处，在分析补贴消费者的政策时，仅以 $s=2$ 举例分析，对比政府补贴消费者前后及用罗宾斯坦议价方法分配收益后的企业利润、供应链总利润，结果如表 2-4 所示。

表 2-4 补贴消费者政策的企业及供应链利润对比

利润	无补贴的分散决策	补贴消费者的分散决策	补贴消费者的集中决策
π_m^*	1125.00	1132.08	1265.18
π_r^*	562.50	569.60	1013.30
π_{sc}^*	1687.50	1701.68	2278.48

根据表 2-4 中的数值分析结果可知：①政府对消费者的补贴，使得企业利润、供应链总利润均增加，由此可验证命题 2-7。②补贴消费者时的集中决策中，上下游企业间的合作策略，确实能够在定价、利润分配方面协调企业利益，集中决策的效率优于分散决策，验证了推论 2-7。

在补贴消费者的分散和集中决策模型中，s 取值对是否能实现供应链整体碳减排的影响，如图 2-4 所示。具体而言包括以下几方面：

（1）在补贴消费者的分散决策中，当 $s\in(0,\ 9.24283]$ 时，$\Delta TE^{NB_2}>0$，$TE^{B_2}<TE^N$，并在 $s=9.24283$ 时 ΔTE^{NB_2} 达到最大值。说明在补贴消费者的分散决策时，政府在 $(0,\ 9.24283]$ 内确定单位减排量补贴额，供应链整体碳排放总量会比无补贴时更低，当 $s=9.24283$ 时，能实现零排放。

（2）在补贴消费者的集中决策模式中，求解 $\Delta TE^{NC_2}=0$，可得此时能否实现碳减排的临界值：$s=2.66536$。当 $s\in(0,\ 2.66536)$ 时，$\Delta TE^{NC_2}<0$，$TE^{C_2}>TE^N$，说明如果单位减排量补贴额较小，虽然制造商的单位产品减排量提高了，但是随着销量的增大，供应链碳排放总量反而比无补贴时更大，导致政府对消费者的补贴并不能收到减少碳排放的政策效果。当 $s \in$（2.66536，4.9285］时，补贴消费者的政策与供应链企业间合作的效果均得以凸显，$\Delta TE^{NC_2}>0$，$TE^{C_2}<TE^{N}$，实现了供应链碳排放总量的降低。$s=4.9285$ 时，补贴消费者的集中决策模式的碳减排量达到最大值，不会再随 s 的增大而增加，即实现了零排放。

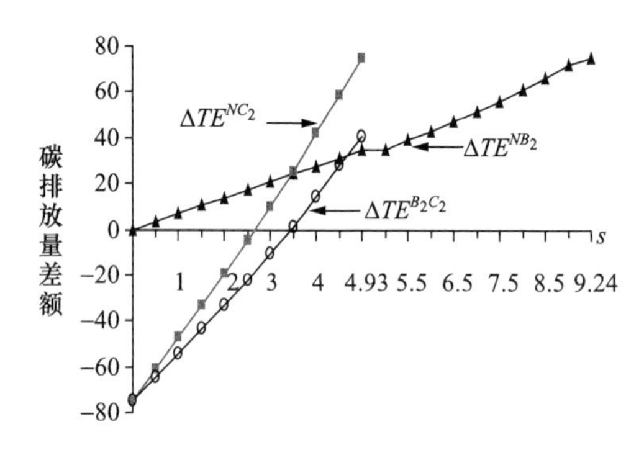

图 2－4　补贴消费者的碳排放量差额

综合上述两方面的分析可知，补贴消费者的分散和集中决策模式中实现碳减排的 s 合理范围分别为：（0，9.24283］、（2.66536，4.9285］，推论 2－8 得以验证。

（3）当 $\Delta TE^{NC_2}=\Delta TE^{NB_2}$ 即 $\Delta TE^{B_2C_2}=0$ 时，得到补贴消费者的分散决策和集中决策碳排放量的临界值 $s=3.44536$。当 $s \in$（0，3.44536）时，$\Delta TE^{B_2C_2}<0$，$TE^{B_2}<TE^{C_2}$，$\Delta TE^{NB_2}>\Delta TE^{NC_2}$，说明在此区间内，有消费者补贴的分散决策比集中决策能实现更低的供应链整体碳排放量。当 $s \in$（3.44536，4.9285］时，$\Delta TE^{B_2C_2}>0$，$TE^{B_2}>TE^{C_2}$，$\Delta TE^{NB_2}<\Delta TE^{NC_2}$，补贴消费者的政策和集中决策的双重效果逐渐显现，集中决策在供应链协调和减排优化方面均优于分散决策，验证了推论2－9。

从 s 取值对碳排放量的影响可以看出，政府补贴在碳减排中的重要性，当政府选择的单位减排量补贴额 s 在合理范围内时，能够促进经济与环境的协调发展。

结合表 2－2、图 2－5 和图 2－6 可知，在补贴消费者的集中决策时，随着单位减排量补贴额 s 的增大，制造商的单位产品碳减排量 ξ^{C_2*} 从 0.09 提高到了 1，增幅达到了 1011%，而低碳产品的批发价格 w^{C_2*} 和零售价格 p^{C_2*} 仅分别增加了 11.8%、8.1%，消费者实际支出的价格 $p_0^{C_2*}$ 减少了 24.5%。由此可见，政府对消费者补贴主要影响的是制造商的减排行为，对产品定价和零售市场的作用力度

较小，避免了政府对市场的过度干预。

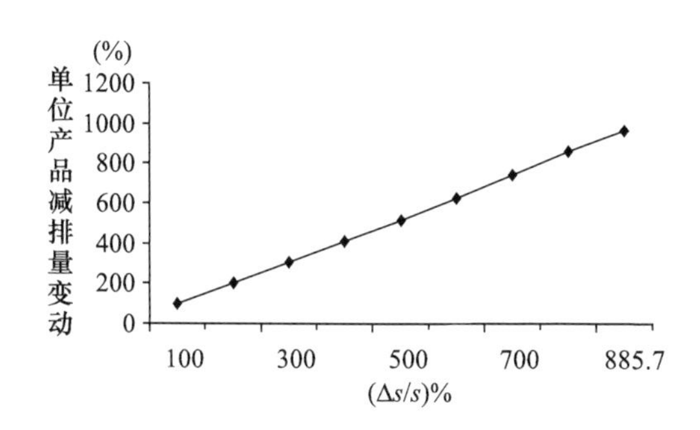

图 2 - 5　补贴消费者的集中决策时 ξ 对 s 的敏感性分析

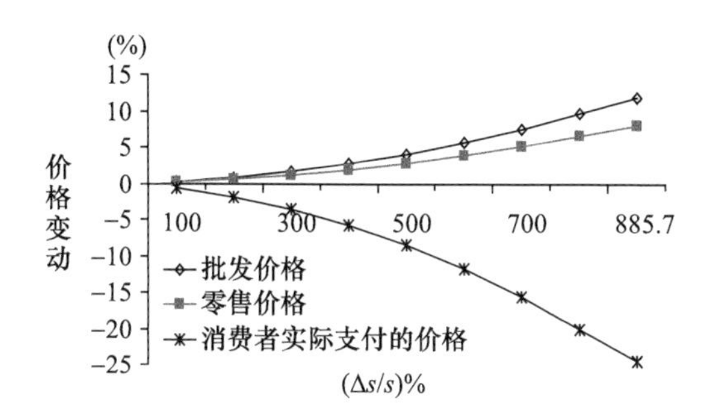

图 2 - 6　补贴消费者的集中决策时价格对 s 的敏感性分析

第五节　补贴政策比较选择

如前文所述，现有文献多集中分析补贴企业的政策效应，也有极少数关注补贴消费者的政策，但大多仅仅是在供应链上下游企业间力量不对等的分散和集中决策的对比分析框架下进行的。虽然企业市场势力有差异是一个现实，但是，经过很多文献研究证明，在面对政府的碳补贴政策时，供应链成员企业间的合作能够实现更大的经济效益。因此，进一步深入探讨在企业选择集中决策时，政府究竟是实施补贴制造商的政策还是补贴消费者的政策，会实现更好的政策效果。

为了便于比较，将前文中各模型的均衡解总结为表 2 - 5。

表 2-5 不同情境中的均衡解

变量	补贴制造商		补贴消费者	
	分散决策（B_1）	集中决策（C_1）	分散决策（B_2）	集中决策（C_2）
w^*	$\frac{a(2\beta-bs^2)}{b(4\beta-bs^2)}$	$\frac{(1-\delta_2)w_{\min}^{C_1}+(1-\delta_1)\delta_2 w_{\max}^{C_1}}{1-\delta_1\delta_2}$	$\frac{2a\beta}{4b\beta-c^2s^2}$	$\frac{(1-\delta_2)w_{\min}^{C_2}+(1-\delta_1)\delta_2 w_{\max}^{C_2}}{1-\delta_1\delta_2}$
ξ^*	$\frac{as}{4\beta-bs^2}$	$\frac{as}{2\beta-bs^2}$	$\frac{acs}{4b\beta-c^2s^2}$	$\frac{acs}{2b\beta-c^2s^2}$
p^*	$\frac{a(3\beta-bs^2)}{b(4\beta-bs^2)}$	$\frac{a(\beta-bs^2)}{b(2\beta-bs^2)}$	$\frac{3a\beta}{4b\beta-c^2s^2}$	$\frac{a\beta}{2b\beta-c^2s^2}$
p_0^*	$\frac{a(3\beta-bs^2)}{b(4\beta-bs^2)}$	$\frac{a(\beta-bs^2)}{b(2\beta-bs^2)}$	$\frac{a(3\beta-cs^2)}{4b\beta-c^2s^2}$	$\frac{a(\beta-cs^2)}{2b\beta-c^2s^2}$
Q^*	$\frac{a\beta}{4\beta-bs^2}$	$\frac{a\beta}{2\beta-bs^2}$	$\frac{ab\beta}{4b\beta-c^2s^2}$	$\frac{ab\beta}{2b\beta-c^2s^2}$
π_m^*	$\frac{a^2\beta}{2b(4\beta-bs^2)}$	$\frac{a\beta(as^2+4\beta w^{C_1*}-2bs^2w^{C_1*})}{2(2\beta-bs^2)^2}$	$\frac{a^2\beta}{8b\beta-2c^2s^2}$	$\frac{a\beta[2b(2b\beta-c^2s^2)w^{C_2*}-ac^2s^2]}{2(2b\beta-c^2s^2)^2}$
π_r^*	$\frac{a^2\beta^2}{b(4\beta-bs^2)^2}$	$\frac{a\beta[a(\beta-bs^2)-b(2\beta-bs^2)w^{C_1*}]}{b(2\beta-bs^2)^2}$	$\frac{a^2b\beta^2}{(4b\beta-c^2s^2)^2}$	$\frac{ab\beta(a\beta-2b\beta w^{C_2*}+c^2s^2w^{C_2*})}{(2b\beta-c^2s^2)^2}$
π_{sc}^*	$\frac{a^2\beta(6\beta-bs^2)}{2b(4\beta-bs^2)^2}$	$\frac{a^2\beta}{2b(2\beta-bs^2)}$	$\frac{a^2\beta(6b\beta-c^2s^2)}{2(4b\beta-c^2s^2)^2}$	$\frac{a^2\beta}{4b\beta-2c^2s^2}$
TE	$\frac{a\beta(4\beta-bs^2-as)}{(4\beta-bs^2)^2}$	$\frac{a\beta(2\beta-bs^2-as)}{(2\beta-bs^2)^2}$	$\frac{ab\beta(4b\beta-c^2s^2-acs)}{(4b\beta-c^2s^2)^2}$	$\frac{ab\beta(2b\beta-c^2s^2-acs)}{(2b\beta-c^2s^2)^2}$
ΔTE	$\frac{a^2\beta s}{(4\beta-bs^2)^2}$	$\frac{a^2\beta s}{(2\beta-bs^2)^2}$	$\frac{a^2bc\beta s}{(4b\beta-c^2s^2)^2}$	$\frac{a^2bc\beta s}{(2b\beta-c^2s^2)^2}$

其中，$w^{C_1*}=\dfrac{(1-\delta_2)w_{\min}^{C_1}+(1-\delta_1)\delta_2 w_{\max}^{C_1}}{1-\delta_1\delta_2}$，$w_{\min}^{C_1}=\dfrac{a(2\beta^2-4b\beta s^2+b^2s^4)}{b\Delta_1\Delta_2}$，$w_{\max}^{C_1}=\dfrac{a(12\beta^3-20b\beta^2s^2+8b^2\beta s^4-b^3s^6)}{b\Delta_1^2\Delta_2}$；$w^{C_2*}=\dfrac{(1-\delta_2)w_{\min}^{C_2}+(1-\delta_1)\delta_2 w_{\max}^{C_2}}{1-\delta_1\delta_2}$，$w_{\min}^{C_2}=\dfrac{2ab\beta^2}{\Delta_3\Delta_4}$，$w_{\max}^{C_2}=\dfrac{4ab\beta^2(3b\beta-c^2s^2)}{\Delta_3^2\Delta_4}$。

一、补贴效应比较

根据表 2-5 中的均衡结果，可以得到如下命题：

命题 2-8 $s^{C_1}\subset s^{C_2}$；且当 $0<s<\sqrt{\beta/b}$ 时，有 $\xi^{C_1*}>\xi^{C_2*}$ 成立。

证明：已知在集中决策模式下，政府补贴制造商的单位减排量补贴额 s 的范围用集合表示为：$s^{C_1}=(0,\sqrt{\beta/b})$；补贴消费者时，$s$ 的范围用集合表示为：$s^{C_2}=(0,\sqrt{\beta/c})$。由于 $b>c$，所以有 $s^{C_1}\subset s^{C_2}$。在区间 s^{C_1} 内，$\xi^{C_1*}-\xi^{C_2*}=as(b-c)(2\beta+cs^2)/(\Delta_2\Delta_4)$，根据前文的假设，有 $b>c$、$2\beta>bs^2$、$2b\beta>c^2s^2$，求解不等式组可分别得到 $0<s<\sqrt{2\beta/b}$、$0<s<\sqrt{2b\beta}/c$。比较上述 s 所在区间的临界值，可知 $\sqrt{\frac{\beta}{b}}<\sqrt{\frac{2\beta}{b}}<\frac{\sqrt{2b\beta}}{c}$。故当 $0<s<\sqrt{\beta/b}$ 时，$\xi^{C_1*}-\xi^{C_2*}>0$，命题得证。

命题 2－8 的含义是：在集中决策时，补贴制造商时单位减排量补贴额 s 的范围比补贴消费者时小；当 $0<s<\sqrt{\beta/b}$ 时，补贴制造商政策的单位产品减排效果更佳。

命题 2－9　当 $0<s<\sqrt{\beta/b}$ 时，有 $p^{C_1*}<p^{C_2*}$ 成立。

证明：低碳产品的零售价格 $p^{C_1*}=a(\beta-bs^2)/(b\Delta_2)$，$p^{C_2*}=a\beta/\Delta_4$，根据前文的假设有 Δ_2，$\Delta_4>0$，要满足零售价格为正数的要求，则还需 $\beta-bs^2>0$。$p^{C_1*}-p^{C_2*}=as^2[bc^2s^2-\beta(b^2+c^2)]/(b\Delta_2\Delta_4)$，已知 Δ_2，$\Delta_4>0$，因此当 $bc^2s^2-\beta(b^2+c^2)<0$ 即 $0<s<\frac{1}{c}\sqrt{\frac{\beta(b^2+c^2)}{b}}$ 时，$p^{C_1*}-p^{C_2*}<0$。因为 $b>c$，所以有 $\frac{1}{c}\sqrt{\frac{\beta(b^2+c^2)}{b}}>\sqrt{\frac{\beta}{b}}$。综合比较上述 s 所在范围的临界值与命题 2－8 中的分析结果，可知 $\sqrt{\frac{\beta}{b}}<\sqrt{\frac{2\beta}{b}}<\sqrt{\frac{\beta(b^2+c^2)}{bc^2}}<\frac{\sqrt{2b\beta}}{c}$。所以，当 $0<s<\sqrt{\beta/b}$ 时，同时存在 $p^{C_1*}>0$、$p^{C_2*}>0$、$p^{C_1*}<p^{C_2*}$，命题得证。

命题 2－9 的含义是：在集中决策模式下，当 $0<s<\sqrt{\beta/b}$ 时，与补贴生产企业政策相比，低碳产品的零售价格在政府实行消费者补贴时更高。在补贴消费者时，企业制定比补贴制造商时更高的零售价格，以此转移部分消费者补贴，从而也间接起到了补贴企业的作用。也就是说，补贴消费者政策结合企业的定价行为，可以部分实现补贴制造商政策的效果。

命题 2－10　当 $0<s<\sqrt{\beta/b}$ 时，有 $p_0^{C_1*}<p_0^{C_2*}$ 成立。

证明：由于 $p_0^{C_1*}=p^{C_1*}=a(\beta-bs^2)/(b\Delta_2)$，$p_0^{C_2*}=p^{C_2*}-s\xi^{C_2*}=a(\beta-cs^2)/\Delta_4$，故：$p_0^{C_1*}-p_0^{C_2*}=-(b-c)[(b-c)\beta+bcs^2]/(b\Delta_2\Delta_4)$。消费者实际支付的单位产品价格须满足 $p_0^{C_1*}>0$、$p_0^{C_2*}>0$，根据前文的假设 Δ_2，$\Delta_4>0$，因此要求 $\beta-bs^2>0$、$\beta-cs^2>0$。因为 $b>c$，所以恒有 $-(b-c)[(b-c)\beta+bcs^2]<0$。求解上述 4 个条件，可得到满足 $p_0^{C_1*}-p_0^{C_2*}<0$ 的单位减排量补贴额的合理范围为：$0<s<\sqrt{\beta/b}$，命题得证。

命题 2 - 10 的含义是：在供应链成员企业进行集中决策且当 $0<s<\sqrt{\beta/b}$时，与补贴消费者政策相比，补贴制造商政策使得消费者为购买低碳产品所实际支付的价格更低，消费者也能间接从中获益。也就是说，补贴制造商政策可以部分实现补贴消费者政策的目标。

命题 2 - 11 当 $0<s<\sqrt{\beta/b}$时，有 $Q^{C_1*}>Q^{C_2*}$，$\pi_{sc}^{C_1*}>\pi_{sc}^{C_2*}$ 成立。

证明：由于各均衡解都需在模型设定的 s 所在集合内，且已知 $s^{C_1}\subset s^{C_2}$，$Q^{C_1*}-Q^{C_2*}=a\beta s^2(b^2-c^2)/(\Delta_2\Delta_4)$，$\pi_{sc}^{C_1*}-\pi_{sc}^{C_2*}=a^2\beta s^2(b^2-c^2)/(2b\Delta_2\Delta_4)$。由于 $b>c$、Δ_2，$\Delta_4>0$，所以 $Q^{C_1*}-Q^{C_2*}>0$、$\pi_{sc}^{C_1*}-\pi_{sc}^{C_2*}>0$。求解并比较上述关于 s 的不等式并比较各区间临界值的大小，得到 $0<s<\sqrt{\beta/b}$，命题得证。

命题 2 - 11 的含义是：供应链成员企业进行集中决策且当 $0<s<\sqrt{\beta/b}$时，与补贴消费者政策相比，补贴制造商政策能够更好地推广低碳产品，扩大市场需求量，进而使得低碳产品供应链实现的总利润更高。

根据本章第二节和第四节的论证可知，无论政府实行补贴制造商的政策还是补贴消费者的政策，低碳产品供应链中的制造商和零售商进行定价合作，采用集中决策均是企业的最佳选择。在此基础上，进一步比较两种补贴政策效应，发现当 $s\in s^{C_1}$时，补贴制造商的政策在单位产品减排量、价格、销售量、利润方面的政策效应优于补贴消费者的政策。然而，在供应链碳减排方面，究竟哪种补贴政策更胜一筹，政府最终会选择对制造商还是消费者进行补贴，则需要从制定补贴政策的导向及目的出发，加以分析。

二、补贴政策最优选择

下文重点讨论在供应链上下游企业集中决策时，从总量控制和减排目标的两个维度，比较补贴制造商政策和补贴消费者政策对供应链整体碳排放的不同影响，分析两种补贴政策的最优选择。

1. 总量控制

若政府补贴政策是基于总量控制的目的，则会将能够实现更低的供应链碳排放总量作为补贴对象选择的依据。因此，有必要比较两种补贴政策的供应链总体碳排放量，可得命题 2 - 12。

命题 2 - 12 政府实行总量控制的低碳政策时，若 s 满足$\begin{cases}TE^{C_1},\ TE^{C_2}\geqslant 0\\ s\in s^{C_1}\text{且 }X<0\end{cases}$，则 $TE^{C_1}<TE^{C_2}$，反之则反。其中，$X=cs^3(as-2\beta)(b^2+bc+c^2)+bc^2(b+c)s^5+2b\beta s^2(b^2s-2ac)+4b\beta(bs+cs-a\beta)$。

证明：碳排放量的降低是有限度的，当实现零排放时，供应链整体的碳排放量稳定为 0，不会再随单位减排量补贴额的增加而变动，因此须保证 $TE^{C_1}\geqslant 0$、

$TE^{C_2} \geqslant 0$。$\Delta TE^{C_1C_2} = TE^{C_1} - TE^{C_2} = a\beta(b-c)sX/(\Delta_2^2\Delta_4^2)$，由于 $b>c$，所以当 s 满足 $X<0$ 时，$TE^{C_1} - TE^{C_2} <0$；当 s 满足 $X>0$，$TE^{C_1} - TE^{C_2} >0$。由于碳排放总量须遵守模型中各假设条件对 s 取值区间的约束，且已知 $s^{C_1} \subset s^{C_2}$。所以只能在 s 同时满足以上 4 个条件时，才能判断 TE^{C_1}、TE^{C_2}的大小，命题得证。

命题 2 - 12 的含义是：若政府实行总量控制的低碳政策，当 s 满足一定约束条件时，为了使供应链碳排放总量更低，政府应该选择补贴制造商的政策；反之，则应选择补贴消费者的政策。

那么，政府的总量控制政策应该将供应链的碳排放目标制定在怎样的水平呢？此处以 $TE^{C_1} < TE^{C_2}$ 为例展开分析。假设政府将供应链整体碳排放总量控制在 $\overline{E}$（$\overline{E} \geqslant 0$，为外生的常数），具体而言，存在如下两种情况：

首先，当 $0 \leqslant \min TE^{C_1} < TE^N < \max TE^{C_1}$ 时：①若 $\overline{E} \geqslant \max TE^{C_1}$，即政府制定的供应链碳排放总量限额高于或等于实际的供应链碳排放量的最大值时，总量控制政策对于供应链无影响。②当 $TE^N \leqslant \overline{E} < \max TE^{C_1}$ 时，虽然能将供应链碳排放总量控制在一定的水平，但是仍然没有发挥补贴政策的碳减排效应，理性的政府不会在此区间内选择供应链碳排放控制总量。③当 $0 \leqslant \min TE^{C_1} \leqslant \overline{E} < TE^N$ 时，即政府将碳排放总量控制目标制定在低于补贴之前的供应链碳排放量水平，才能达到碳减排的目的。④若 $\overline{E} < \min TE^{C_1}$，这样的碳排放量是供应链不可能实现的，其总量控制目标不具有可操作性。

其次，当 $0 \leqslant \min TE^{C_1} < \max TE^{C_1} \leqslant TE^N$ 时：①如果 $\overline{E} \geqslant TE^N$，则总量控制政策不会对企业的决策产生实际影响。②若 $0 \leqslant \min TE^{C_1} \leqslant \overline{E} < \max TE^{C_1}$，在此范围内的碳排放总量限制才能真正起到调节供应链碳排放总量的作用，从政策层面对碳排放加以管理和控制。③同理，将供应链碳排放总量控制在 $\overline{E} < \min TE^{C_1}$ 的水平是不现实的。

因此，综合以上两方面的各种情况可知，需在保证 $\min TE^{C_1} \leqslant \overline{E} < \min\{TE^N, \max TE^{C_1}\}$ 的基础上，才能进一步寻找单位减排量补贴额 s 的合理区间。所以，当供应链成员企业集中决策时，政府以总量控制为原则制定补贴政策，如果 $0 \leqslant TE^{C_1} < TE^{C_2}$，则政府应该补贴低碳产品制造商，并且单位减排量补贴额 $s(s \in s^{C_1})$ 应满足方程(2 - 11)：

$$\overline{E} = TE^{C_1} = a\beta(2\beta - bs^2 - as)/\Delta_2^2 \tag{2-11}$$

反之，则应该将消费者作为补贴对象，分析思路同上，而此时 $s(s \in s^{C_1})$ 应满足方程（2 - 12）：

$$\overline{E} = TE^{C_2} = ab\beta(2b\beta - c^2s^2 - acs)/\Delta_4^2 \tag{2-12}$$

在集中决策模式中，无论是补贴低碳产品制造商还是消费者，政府对于供应链碳排放总量的控制目标均应高于供应链最低碳排放量，低于无补贴的分散决策中的初始排放总量与最大排放量二者之间的更小值，才能保证补贴政策和总量控制政策能落到实处，起到供应链协调和减排优化的实际效果。与此同时，方程（2-11）、方程（2-12）将供应链碳排放总量控制目标和两种补贴政策下的补贴力度联系起来，既可以根据政府的总量控制目标来确定对相应补贴对象的补贴水平，也可以由补贴水平来锁定供应链的碳排放总量，二者得以相互检验。

2. 目标减排

若补贴政策是基于目标减排的目的，政府应该将能够实现更大的供应链碳减排量作为补贴对象选择的依据。因此，需比较两种补贴对象下相应的净减排量，可得命题2-13。

命题2-13 在政府实行减排目标的低碳政策时，若 s 满足 $\begin{cases}\Delta TE^{NC_1}>0\\ s\in s^{C_1}\text{且} X<0\end{cases}$，有 $\Delta TE^{NC_1}>\Delta TE^{NC_2}$，反之则 $\Delta TE^{NC_1}<\Delta TE^{NC_2}$。其中，$X=cs^3(as-2\beta)(b^2+bc+c^2)+bc^2(b+c)s^5+2b\beta s^2(b^2s-2ac)+4b\beta(bs+cs-a\beta)$。

证明：补贴政策带来的碳减排量以补贴之前的供应链碳排放总量为限，并且根据本章第二节和第四节中的分析可知，在集中决策模式下，供应链碳排放量呈现出先增加后减少的现象，相应的碳排放量差额可正可负，此处要研究的是减排量，因此取 $\Delta TE^{NC_1}>0$、$\Delta TE^{NC_2}>0$，表示两种补贴政策的集中决策时的减排量。由于 $s^{C_1}\subset s^{C_2}$，所以单位减排量补贴额 s 应在区间 s^{C_1} 内。根据命题2-12中的证明过程可知，两种补贴政策集中决策模式下的碳减排量差额为 $\Delta TE^{NC_1}-\Delta TE^{NC_2}=-(TE^{C_1}-TE^{C_2})=a\beta(c-b)sX/(\Delta_2^2\Delta_4^2)$，因为 $b>c$，所以当 s 满足 $X<0$ 时，$\Delta TE^{NC_1}>\Delta TE^{NC_2}$；反之，当 s 满足 $X>0$ 时，$\Delta TE^{NC_1}<\Delta TE^{NC_2}$，命题得证。

命题2-13的含义是：如果政府以实现目标减排量为出发点制定补贴政策，则当 s 满足本命题中的条件时，补贴制造商时的碳减排总量更低，应该补贴制造商；反之，则应选择补贴消费者的政策。

在以上分析的基础上，进一步考虑政府究竟如何确定供应链的目标减排量呢？以 $\Delta TE^{NC_1}>\Delta TE^{NC_2}$ 来举例分析。假设政府对于低碳供应链的碳减排量要求为 $\overline{G}$（$\overline{G}>0$，为外生的常数），可能存在以下两种情形：

第一，当 $\min\Delta TE^{NC_1}<0<\max\Delta TE^{NC_1}$ 时：①如果 $\overline{G}>\max\Delta TE^{NC_1}$，供应链实现了零排放，但仍然达不到政府规定的减排量标准，因此这样的减排量目标是不合理的，是不可取的目标减排量区间。②若 $\min\Delta TE^{NC_1}<\overline{G}\leqslant\max\Delta TE^{NC_1}$，此时能够对供应链整体碳减排量实现有效的调节。③如果 $0<\overline{G}\leqslant\min\Delta TE^{NC_1}$，即当目标减排量比供应链本身能实现的减排量更低时，这样的减排目标对企业的减排决策不会产生实际影响。

第二，当 $0<\min\Delta TE^{NC_1}<\max\Delta TE^{NC_1}$ 时：①如果 $\overline{G}>\max\Delta TE^{NC_1}$，是不合理的

政策要求，政府也不应该将减排目标制定到不可能实现的水平。②如果 $\min\Delta TE^{NC_1} < \overline{G} \leqslant \max\Delta TE^{NC_1}$ 是一个合理的可实现的目标区间。③同样，若 $0 < \overline{G} \leqslant \min\Delta TE^{NC_1}$，制定的减排量目标对于供应链碳减排没有实际意义。

根据以上两种情况的分析结果，政府制定的供应链碳减排量目标$\overline{G}$应在的合理区间为：$(\max\{0,\ \min\Delta TE^{NC_1}\},\ \max\Delta TE^{NC_1}]$。

在明确了碳减排量目标区间以及补贴对象之后，则应该确定补贴水平。所以，如果政府在制定补贴政策时的指导思想是目标减排量，则供应链成员企业集中决策时，如果 $\Delta TE^{NC_1} > \Delta TE^{NC_2} > 0$，应该补贴制造商，此时单位减排量补贴额 $s(s \in s^{C_1})$ 应满足方程(2-13)：

$$\overline{G} = \Delta TE^{NC_1} = a(b^2s^4 + 4a\beta s - 4\beta^2)/(4\Delta_2^2) \tag{2-13}$$

反之，则应补贴消费者，且 $s(s \in s^{C_1})$ 应满足方程（2-14）：

$$\overline{G} = \Delta TE^{NC_2} = a(c^4s^4 + 4abc\beta s - 4b^2\beta^2)/(4\Delta_4^2) \tag{2-14}$$

在补贴制造商或消费者这两种补贴政策的集中决策下，政府制定的供应链碳减排目标应该介于0和最小减排量二者间的更大值，以及最大减排量之间，此区间内的减排目标才会对供应链的碳减排起到实际的引导作用。方程（2-13）、方程（2-14）给出了减排目标$\overline{G}$与单位减排量补贴额 s 确定和互相转化的方法。

鉴于上述表达式的复杂性，在下节将给出对补贴制造商和补贴消费者的集中决策模型的数值模拟，通过直观的数字和图表来验证上述命题。

三、算例分析

为了阐明上述命题和推论，将参数设置为：$a=300$，$b=10$，$c=5$，$\beta=400$，$\delta_1=0.7$，$\delta_2=0.5$。

根据参数设置，可求解得到补贴制造商和补贴消费者的集中决策模型分别的单位减排量补贴额 s 的区间为：$s^{C_1}=(0,\ 6.32456)$、$s^{C_2}=(0,\ 8.94427)$，命题2-8中 $s^{C_1} \subset s^{C_2}$ 成立。

令 s 在［0.3，2.46425］之间变动，在供应链上下游企业进行集中决策的基础上，对比政府实施补贴制造商和补贴消费者的不同政策对低碳产品供应链的影响差异，结果如表2-6所示。

表2-6　单位减排量补贴额的数值分析

s	w^{C_1*}	w^{C_2*}	ξ^{C_1*}	ξ^{C_2*}	$p^{C_1*}=p_0^{C_1*}$	p^{C_2*}	$p_0^{C_2*}$
0.3	8.35	8.37	0.11	0.06	14.98	15.00	14.99
0.6	8.28	8.38	0.23	0.11	14.93	15.02	14.95
0.9	8.18	8.40	0.34	0.17	14.85	15.04	14.89

续表

s	w^{C_1*}	w^{C_2*}	ξ^{C_1*}	ξ^{C_2*}	$p^{C_1*}=p_0^{C_1*}$	p^{C_2*}	$p_0^{C_2*}$
1.2	8.04	8.42	0.46	0.23	14.73	15.07	14.80
1.5	7.85	8.45	0.58	0.28	14.57	15.11	14.68
1.8	7.61	8.49	0.70	0.34	14.37	15.15	14.54
2.1	7.33	8.54	0.83	0.40	14.12	15.21	14.37
2.4	6.99	8.59	0.97	0.46	13.84	15.27	14.18
2.46425	6.91	8.60	1.00	0.47	13.77	15.29	14.13

s	Q^{C_1*}	Q^{C_2*}	$\pi_m^{C_1*}$	$\pi_m^{C_2*}$	$\pi_r^{C_1*}$	$\pi_r^{C_2*}$	$\pi_{sc}^{C_1*}$	$\pi_{sc}^{C_2*}$
0.3	150.17	150.04	1255.73	1255.04	996.80	995.59	2252.53	2250.63
0.6	150.68	150.17	1258.52	1255.73	1001.65	996.80	2260.17	2252.54
0.9	151.53	150.38	1263.19	1256.90	1009.82	998.82	2273.01	2255.72
1.2	152.75	150.68	1269.81	1258.52	1021.43	1001.65	2291.24	2260.17
1.5	154.34	151.06	1278.44	1260.62	1036.67	1005.31	2315.11	2265.93
1.8	156.33	151.53	1289.19	1263.20	1055.78	1009.81	2344.97	2273.01
2.1	158.75	152.10	1302.17	1266.26	1079.10	1015.18	2381.27	2281.44
2.4	161.64	152.75	1317.53	1269.81	1107.04	1021.42	2424.57	2291.23
2.46425	162.32	152.90	1321.16	1270.65	1113.66	1022.89	2434.82	2293.54

根据表2-6可知，在两种补贴政策的集中决策模式下：

（1）制造商的单位产品减排量 ξ^{C_1*} 和 ξ^{C_2*} 均随着单位减排量补贴额 s 的增大而增加，在区间［0.3，2.46425］中，ξ^{C_1*} 一直高于 ξ^{C_2*}。说明无论政府是对制造商还是对消费者进行补贴，都能够实现单位产品碳排放量的减少，政府对消费者的补贴政策也可以间接地激励制造商减排，但是直接对生产低碳产品的制造商补贴，能够更有力地推动生产领域的减排，实现更低的单位产品碳排放，验证了命题2-8。

（2）低碳产品的批发价格、零售价格、消费者实际支付的价格，在补贴制造商时更低，验证了命题2-9和命题2-10。同时发现，当补贴制造商时，批发价格、零售价格均随着单位产品减排量补贴额 s 的增大而降低；在补贴消费者时，均随着 s 的增大而升高。由此说明，在政府补贴制造商时，供应链成员企业会联合降低产品的批发价格和零售价格，使得消费者在购买低碳产品时实际支付的价格逐渐降低，这意味着对制造商的补贴政策，也间接起到了补贴消费者的作用。如果政府实行补贴消费者的政策，制造商和零售商会联合提高产品的批发价格和零售价格，但仍低于无补贴时的相应价格水平。说明面对补贴消费者的政

策，企业的提价行为削弱了政府对消费者的补贴力度，转移部分消费者补贴到企业利润中。所以，补贴消费者的政策，也同时能起到间接补贴企业的效果。

（3）低碳产品的市场需求量、企业利润、供应链总利润在补贴制造商时更高，且均与单位减排量补贴额 s 同方向变动，验证了命题2－11。由此表明，政府的两种可选补贴政策，均能有效地刺激低碳产品的市场需求，使得供应链成员企业利润和供应链整体利润得到提升，但是补贴制造商带来的改善效果更为显著。也说明了根据罗宾斯坦议价模型确定的供应链利润分配机制，能够实现供应链的协调。

基于总量控制的视角，两种补贴政策的集中决策碳排放总量如图2－7所示。$TE^{C_1} \geqslant 0$ 在区间 $s^{C_1} = (0,\ 6.32456)$ 中恒成立，当 $2.46425 \leqslant s < 6.32456$ 时，$TE^{C_1} = 0$ 时；$TE^{C_2} \geqslant 0$ 在区间 $s^{C_2} = (0,\ 8.94427)$ 中恒成立，当 $4.9285 \leqslant s < 8.94427$ 时，$TE^{C_2} = 0$。所以，当 $s \in (0,\ 4.9285)$ 时，比较 TE^{C_1}、TE^{C_2} 的大小才有意义，且满足 $s \in s^{C_1}$。同时，求解 $X < 0$，得到 $0 < s < 8.94427$。综合来看，当 $s \in (0,\ 4.9285)$ 时，$TE^{C_1} < TE^{C_2}$。求解 $X > 0$，得到 $12.3795 < s < 17.8885$，与集合 $(0,\ 4.9285)$ 的交集为 Φ。由此说明，当政府实行总量控制的低碳政策时，若 $0 < s < 4.9285$，则补贴制造商达到的碳排放总量更低，应该选择制造商作为补贴对象，即验证了命题2－12。在寻找单位减排量补贴额 s 的取值区间时，发现当 $s \in (0,\ 1.33268]$，补贴制造商的集中决策的碳排放总量高于或等于补贴之前的碳排放总量，补贴政策未能起到碳减排的作用；$s \in (2.46425,\ 4.9285)$，供应链总体碳排放量并没有再下降的空间，会造成补贴支出的浪费。所以，在政府实行总量控制的低碳政策时，对制造商的单位减排量补贴水平的合理区间应该为 $s \in (1.33268,\ 2.46425]$，供应链的碳排放总量控制目标 $\overline{E} \in [0,\ 75)$。

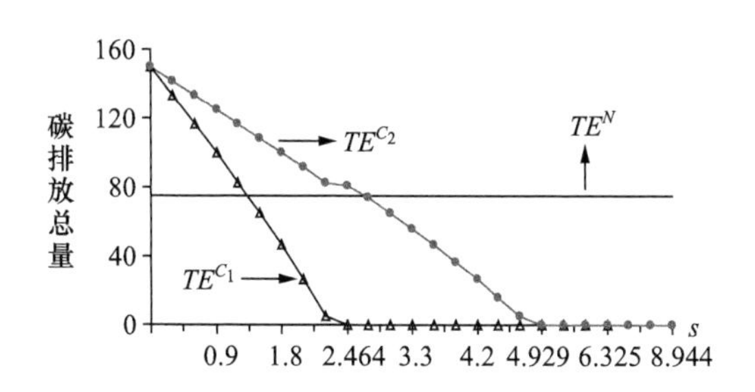

图2－7　集中决策的碳排放总量

基于减排目标的视角，两种补贴政策的集中决策碳排放量差额如图2－8所示。对于 ΔTE^{NC_1} 而言，当 $0 < s \leqslant 1.33268$ 时，$\Delta TE^{NC_1} \leqslant 0$；当 $1.33268 < s \leqslant 2.46425$ 时，ΔTE^{NC_1} 为正，且逐渐增大至最大值；当 $2.46425 < s < 6.32456$ 时，

ΔTE^{NC_1}不再变动，$\Delta TE^{NC_1}=75$。当$0<s\leqslant 2.66536$时，$\Delta TE^{NC_2}\leqslant 0$；当$2.66536<s\leqslant 4.9285$时，$\Delta TE^{NC_2}>0$，且逐渐增大到其最大值；当$4.9285<s<8.94427$时，$\Delta TE^{NC_2}$一直稳定在其最大值处，$\Delta TE^{NC_2}=75$。目标减排政策要求：在补贴制造商时，$s\in(1.33268, 6.32456)$；在补贴消费者时，$s\in(2.66536, 8.94427)$。但是由于在$s\in(4.9285, 6.32456)$时，$\Delta TE^{NC_1}=\Delta TE^{NC_2}=75$，所以当$1.33268<s<4.9285$时，如果政府制定减排目标，则补贴制造商的碳减排量更高，应该选择制造商加以补贴，验证了命题2-13。同时发现，在补贴制造商时，当$s\in(2.46425, 4.9285]$，补贴力度的增强不会再带来碳减排量的增加；只有$s\in(1.33268, 2.46425]$时，补贴支出才被有效地用于增加供应链的碳减排量，减排效果更优。因此，综合来看，当政府实行基于减排目标的补贴政策时，对制造商的单位减排量补贴额所在的合理区间为$s\in(1.33268, 2.46425]$，制定的减排目标$\overline{G}\in(0, 75]$。

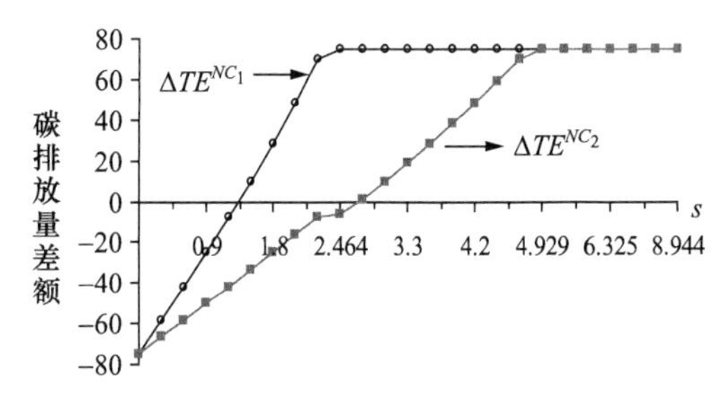

图2-8 集中决策的碳排放量差额

所以，当政府以碳排放总量控制或目标减排为政策制定的标准时，补贴对象均应该选择制造商。与无补贴的情形相比，补贴制造商的集中决策能实现供应链协调和碳减排的双重优化区间为$s\in(1.33268, 2.46425]$，对应的政府碳排放总量控制目标$\overline{E}\in[0, 75)$，减排量目标$\overline{G}\in(0, 75]$。

第六节 结论与政策建议

一、结论

低碳供应链是近些年来国内供应链研究领域的新方向，低碳政策和碳减排也是目前的热点问题。本章以低碳产品的制造商和零售商组成的两级供应链为研究对象，分别建立了政府补贴制造商政策和补贴消费者政策的分散决策和集中决策博弈模型，求解得到相关变量的最优解，运用数值分析的方法计算了不同单位减排量补贴额对供应链减排效果、产品定价、市场需求量的影响，并进一步计算了供应链碳排放总量和碳减排量。在低碳供应链上下游企业集中决策的前提下，分析了补贴低碳产品制造商和消费者的不同政策效果和减排效应，并从总量控制和目标减排角度，给出了补贴制造商政策和补贴消费者政策选择的条件，通过算例分析直观比较了对象不同的补贴政策对供应链的影响差异，为政策设计提供理论基础。

由于无补贴时，企业基于利润最大化的目标不会进行碳减排。所以，本章第三节和第四节分别在政府实行补贴制造商政策和消费者政策下展开最优决策模型的相关分析，可以得到如下结论：①当政府在一定的合理区间内制定补贴水平时，无论是补贴低碳产品的制造商还是消费者，均能有效地激励制造商减排，促进生产企业提高单位产品的减排量，降低消费者购买低碳产品时实际支出的费用，使得低碳产品对消费者更具有吸引力，扩大产品的销售量，并带来企业利润和供应链总利润的增长。说明政府对低碳产品的适当补贴，可促进生产领域的节能减排，发展低碳供应链，有助于缓解气候变暖的压力。②面对两种补贴对象的不同低碳政策，开展批发价格定价合作、遵守利润分配机制的集中决策均是供应链成员企业更优的策略选择，低碳产品供应链上下游企业间建立一种充分信任的合作关系，可以实现“双赢”及供应链的协调和减排优化。

由于在两种补贴政策之下集中决策均是企业的最优策略，所以在本章第五节的论述之中，将政府补贴制造商及消费者的集中决策博弈模型中相关变量的最优解、供应链碳排放总量和碳减排量加以比较，得到了补贴政策选择的边界条件和补贴力度、碳排放总量控制目标、碳减排量目标的合理区间。研究显示：①在供应链成员企业集中决策时，如果政府确定的单位减排量补贴额在一定的合理区间内，则补贴制造商和消费者的两种政策都能推动供应链碳减排进程，并且均能间接实现对另一对象的补贴。换言之，两种补贴政策能够部分相互替代。②当单位减排量补贴额在一定范围内时，无论是总量控制还是目标减排，在企业定价合作的集中决策模式下，补贴制造商政策相对于补贴消费者政策而言，能够实现更高的碳减排量，从而最终达到更低的供应链整体碳排放量，所以应该在此补贴力度区间内制定补贴制造商的政策，也能实现相应的碳排放总量控制目标或减排目标。

二、政策建议

根据前文所述内容及结论，针对低碳供应链优化问题，从政府、企业和消费者层面提出相关政策建议如下：

1. 政府层面

（1）营造低碳环保的社会氛围，积极引导消费偏好。消费偏好直接影响消费者对产品的选择，进而引导不同消费品的生产，最终必然引致不同的经济发展模式。因此，低碳供应链乃至低碳经济必须依托于终端消费者的低碳偏好，才能取得实质性的进步和长足的发展。政府应充分发挥在节能减排中的导向作用，积极建立和完善关于低碳环保的相关法律法规，把低碳环保作为一种施政理念贯彻到社会生活中，引导和规范环保行为。通过广播、电视、报刊、网络等多种媒体广泛宣传低碳经济的重要性，拉近低碳环保与民众的距离；通过志愿者或非政府组织宣传教育、加大普及低碳环保知识的力度，开展减少碳排放的活动，切实引导群众加入节能环保的行列，逐步形成全社会参与环境保护和低碳减排的氛围。将消费者偏好向低碳方向引导，随着低碳产品消费数量和比例的提高，消费结构得以优化，从而推动低碳供应链和低碳经济的发展。

（2）建立严格的碳排放监管制度。严格的碳排放监管制度，是保证政府低碳政策切实发挥作用的前提条件。若碳排放没有得到有效监管，企业出于追逐利润的本能，可能存在领取了政府补贴，但是碳排放总量反而高于补贴之前水平的情况出现，造成对环境的严重损害和财政资金的浪费，并不能达到碳减排的政策初衷。所以，首先，应加强对碳排放监管的立法，规范碳排放的监管工作。其次，通过一定的监测与核查技术对企业的实际温室气体排放量进行有效的监测与核查，管理和掌握企业减排的进度和情况。最后，完善第三方认证核查制度，能有效降低政府的监管成本，提高对碳排放监管工作的效率，提高碳排放监管的透明度和公信力。此外，制定适当的激励和惩罚机制，对于严格执行碳排放规定、成效显著的单位予以一定的表彰或奖励，对未达到标准的企业要求其限期整改或者进行处罚。

（3）明确有区别的碳减排目标导向。国家根据总量控制或目标减排的思想将碳减排的总体任务指标分解到各省，各省又需结合自身的产业结构、行业特点等因素再将减排任务的指标分解到各市、县、区，各市、县、区再根据辖区内碳排放管控单位的碳排放量等因素具体分配减排指标，确定碳排放管控单位的碳排放量限额或碳减排量，碳排放管控单位在其碳排放额度范围内进行碳排放。所以各地方政府应该根据当地的碳排放现状、发展规划等具体情况，因地制宜，综合考量，谨慎选择碳减排的目标导向，落实碳减排工作。

（4）建立碳补贴效果评价与反馈机制，修正和完善补贴政策，提高补贴政策的减排效率。改善碳排放现状、完成碳减排目标并不是一蹴而就的，需要政府在推行碳补贴政策之后，持续关注政策的实际效果，建立和完善评价与反馈机制，保持与企业、消费者的紧密联系，定期或不定期地开展工作交流会议、抽查

企业减排状况、调查消费者满意度等活动，收集企业及消费者反馈的合理意见，并结合政策导向，逐步修改和完善补贴政策，适当地对补贴水平或碳减排任务在不同行业、企业间的分配等方面做出调整，以保证政策实施的有效性，提高补贴政策在生产、消费等多个领域的减排效率。

2. 企业层面

（1）将低碳生产、绿色营销低碳供应链管理等理念纳入企业经营战略。面对全球气候变暖的问题，社会、政府、公众对于发展低碳经济的诉求日益强烈，改变着企业发展的传统环境，必然会对其管理体系和生产模式产生巨大冲击。企业作为社会经济发展和节能减排的重要微观主体，在低碳经济背景下应遵循低碳理念，主动实行低碳管理，履行社会责任，向市场提供低碳环保的产品，让消费者在购买低碳产品时有选择的空间，奠定推进低碳消费方式的物质基础。企业应将低碳生产、绿色营销的理念融入企业供应链管理中，从企业经营战略的层面予以高度重视，确立其为企业发展的方向，在企业内部形成低碳意识、低碳价值观和低碳行为，逐步实现采购生产、销售配送等领域的低碳化。

（2）加强合作，选择适合的契约以协调供应链成员企业利益。现有关于供应链协调的研究，均认为供应链成员企业间开展包括研发、定价、减排、促销等方面的合作，能够实现更好的经济效益，减少由于分散决策导致的效率损失，本文的研究结论也印证了该观点。但是在确定了合作的策略之后，如何设计各参与方认可并遵守的契约来有效协调各企业的利益是需要深入探讨的问题。根据已有文献，可供参考的常见契约主要有批发价格契约、收益共享契约、成本分摊契约、数量折扣契约、回购契约等。具体选择和制定怎样的契约，需根据实际问题及企业磋商谈判才能确定，但不变的标准是，契约设计必须能满足企业选择合作策略的参与约束和激励约束，这是合作能够达成的前提条件，否则企业合作及供应链协调就会缺乏支撑的基础，成为空谈。

（3）根据政府碳减排的目标导向和补贴政策，选择最优减排、生产、研发、营销等决策。国际上对气候问题的担忧催生了新的消费模式和政府新政，在强调可持续发展和环境保护的大趋势下，政府在宏观层面基于一定的目标导向制定低碳政策，推进经济发展方式的转型升级，改善环境状况。面对既定的低碳政策，企业采取怎样的应对措施来规避政策风险和抓住市场机会尤其重要。供应链企业应该根据已知的低碳政策，立足自身实际，在经营管理策略上做出相应的调整，选择最优的减排、生产、研发、营销等决策。从本章的分析结果可知，政府实行补贴低碳产品制造商和消费者的两种不同政策时，制造商和零售商二者的减排、定价均衡解是有差异的，说明企业根据政府政策的变化，在一定程度上改变了经营决策，选择不同情况下的最优减排和定价策略。

（4）加快低碳产品的研发、生产，确立低碳产品的品牌战略。随着低碳经济发展的深入和消费者低碳意识的提高，市场对于低碳产品的需求日益旺盛，低碳产品市场的竞争加剧。低碳供应链成员企业要加快低碳产品的研发和生产，满足市场需求。此外，消费者的购买行为并不仅仅取决于购买力或一般的心理、生理需要，在很大程度上还取决于对企业或品牌的综合印象，因此，对企业而言，品牌竞争力的高低决定着产品的成败和利润的大小。在低碳化的时代背景下，应从企业和产品形象、生产模式、营销策略等具体方面充实品牌战略，打造优势品牌以获得核心竞争优势：将低碳环保的价值追求融入企业的生产、经营和管理活动之中，在广告宣传、产品包装中突出低碳环保的设计理念，传递自身在管理和减少环境影响方面所做的努力，树立和维护产品的低碳品牌形象；承担社会责任，坚持低碳生产模式，最大限度地减少碳排放，积极引导消费者合理、绿色消费，树立低碳企业形象；主动实施低碳营销，制定涵盖产品、价格、渠道和促销的营销策略组合。

（5）全方位监控碳足迹，从产品研发、原材料采购、存储、物流配送、产品生产、营销和服务等各个环节降低碳排放。整个供应链的碳足迹是包括供应链上下游企业从原材料采购、生产加工、包装、仓储、运输、配送、销售到使用、废弃物处理的整个过程所有的碳排放。对于碳足迹的监控能为政府制定合理的低碳政策提供现实依据，并且能有效界定企业的碳排放量和责任，便于企业有目标地采取相应的减排措施，实现减排目标。供应链中各节点企业确立责任意识，选择碳排放量较低的上下游合作伙伴，同时加强对自身碳排放的管理，选择适宜的监测方法和技术，保障碳排放数据的完整性、准确性和有效性；优化内部管理体制和流程的设计。如果各环节的碳足迹减少，则供应链整体的碳排放量就能得到有效的控制，有助于低碳供应链的可持续发展。

3. 消费者层面

（1）响应政府低碳经济的号召，逐渐培养和形成消费低碳、环保产品的理念、意识和习惯，降低消费者的碳足迹消耗。政府从宏观调控的战略高度制定低碳政策，需要得到企业、消费者等微观主体的支持才能落到实处。公民要逐步加强节能减排的环境责任意识，树立低碳消费观，了解自己直接与间接活动造成的碳排放量，即“碳足迹”，养成低碳环保的生活方式和习惯，应该清晰地认识到碳减排并不仅仅是政府和企业的责任，每个公众个体也责无旁贷。消费者在生活中可采取诸多措施主动减少碳排放，例如，随手关闭不用的电器电源；使用节能灯泡、节能绿色环保冰箱、空调和洗衣机等家用电器；选择和购买中间运输环节较少的本地食品；以节能方式出行（步行、骑自行车、坐公交车、轻轨或地铁代替自驾车等），尽可能减少交通工具的低效使用。通过力所能及的行为和生活方

式的转变，为减缓气候变化、实现社会可持续发展尽一份力。

（2）积极参与低碳企业的经营决策环节，促进企业低碳品牌战略的形成。企业经营和品牌战略的制定必然要结合消费者的需求和偏好，生产满足市场需求的产品。消费者参与低碳企业经营决策的主要方式是将个人对低碳产品的要求、心理价格、用户体验等反馈给企业，企业根据顾客的意见，不断完善产品和服务。例如，消费者支持企业的市场调查工作，根据自身情况表达收入水平、消费层次、产品价格的接受程度、满意度等，提出在产品、销售、售后服务等方面的问题和意见，便于企业依此设立改进目标，调整生产经营策略，强化消费者与品牌和产品之间的关系。消费者参与低碳企业经营决策环节，充分体现了市场需求对于企业品牌战略的重要性，不仅消费者能从市场中获得更满意的低碳产品，还能使企业在激烈的市场中培养核心竞争优势，有助于推动低碳供应链和低碳经济的发展。

第三章 碳配额不同分配机制下供应链减排优化

联合国政府间气候变化专门委员会的报告指出，人类在生产与生活过程中产生的温室气体排放是极端气候频繁出现和全球气候变暖的主要原因。近年来，控制温室气体排放已经成为全球共识，1992年6月全球150多个国家签署了《联合国气候变化框架公约》（简称UNFCCC）；1997年12月又在该公约的基础上通过了《联合国气候变化框架公约的京都议定书》（简称《京都议定书》）。上述两个公约的生效标志着低碳经济时代的到来，清洁发展（Clean Development Mechanism，CDM）、排放贸易（Emissions Trading，ET）和联合履约（Joint Implementation，JI）是《京都议定书》规定的3种碳交易机制。此外，还有欧盟排放交易体系（EUETS），从而出现了碳交易市场机制。2009年12月哥本哈根世界气候大会，各缔约国继续商讨《京都议定书》一期承诺到期后的后续方案，中国政府承诺到2020年中国单位GDP二氧化碳排放将比2005年下降40%～45%（即目标控制）。目前，中国已有北京、上海等7个碳排放交易试点地区，预计在2017年开展全国性碳交易。目前试点市场运行稳定，截至2015年底累计成交量逾4800万吨二氧化碳，累计成交额超14亿元。2015年12月巴黎气候变化大会，史上第一份覆盖近200个国家的全球减排协议——《巴黎协定》达成，中国政府承诺2030年达到碳排放峰值，如何有效减少碳排放将成为各国政府的重要任务。除了目标控制政策外，各国政府碳减排政策中也有实行总量控制政策的。为此，各国政府普遍面临碳排放配额如何分配的问题。碳排放配额初始分配有无偿分配法和有偿分配法。无偿分配法要求政府先收集碳排放历史数据，再通过祖父法或基准法来分配碳排放权；有偿分配法则基于排放总量设定和排放者负担原则进行拍卖和定价销售。

在当前低碳经济的背景下，一方面，消费者环保意识逐渐增强，低碳消费理念逐渐形成，越来越多的消费者愿意购买绿色低碳产品并为之付出额外的费用；另一方面，价格是消费者选择是否购买商品的首要因素，对于中等收入家庭来说，价格便宜、性价比较高的产品才是理想的选择。低碳产品由于技术含量高、附加值高，使得制造成本也高，所以销售价格也相比普通产品高，调查显示，较高的价格是目前低碳产品市场推广的一大“瓶颈”。考虑中国处于制度建设阶段，无偿和有偿方法均可能使用，本章考虑初始碳配额三种分配机制，即分配机制（政府免费分配）、过渡机制（政府定价出售）、市场机制（完全市场交易机制），并结合消费者低碳偏好，对由制造商和零售商构成的二级供应链中零售商最优定价策略和制造商最优减排策略进行分析，比较三种分配机制对供应链减排和市场需求的激励效果，并从碳排放总量控制和目标控制两个角度比较三种机制下政府的策略选择。为国家政策制定及企业策略选择提供一定的理论参考，同时也为企业面对政府可能实施的低碳政策和消费日趋低碳化的消费偏好，确定最优的定价和减排策略提供借鉴。

第一节　文献综述

碳配额与交易已经成为全球普遍公认的减排机制，国内外已有很多学者把这一机制引入到供应链的运营管理与策略选择的研究中。赵道致和吕金鑫（2012）考虑了碳排放权限制和交易的影响，构建了供应链整体低碳化减排优化模型，定量地解决了供应链整体最优减排方案。王楚格和赵道致（2014）假设制造商为领导者，建立了供应商—制造商的二级供应链在新形势下的利润优化模型，采用逆向求解法求解，得出了企业的最优减排量及最优产量。马秋卓、宋海清和陈功玉（2014）在碳配额与交易背景下，基于政府免费分配初始碳配额，研究了单个企业低碳产品最优定价及碳排放策略。Zhang 和 Xu（2013）研究了在碳配额与交易政策下，制造商生产多种产品的最优生产和减排策略，并与碳税政策进行了比较。杜少甫、董骏峰和梁樑（2009）基于确定需求，考虑企业依赖碳配额与交易机制且拥有多种排放权获取渠道，研究了企业的生产优化模型。Zhang、Nie 和 Du（2011）基于随机需求做了相关研究，建立了企业依赖碳配额与交易机制的生产与存储的优化决策模型。Song 和 Leng（2012）借助报童模型，研究了强制减排、碳税及碳配额与交易三种政策下企业的最优决策问题。Du、Ma 和 Fu（2015），Du、Zhi 和 Liang（2013）考虑排放依赖性供应链问题，建立了以制造商为领导者的二级供应链斯坦克尔伯格博弈模型，研究了碳配额与交易机制下排放权供应商和制造商的博弈均衡。

低碳经济时代，消费者的低碳行为也引起了国内外学者的关注，李友东、赵道致和谢鑫鹏（2013）考虑消费者低碳偏好，建立了供应链两阶段动态博弈模型，指出较高的消费者低碳偏好使得低碳产品需求增加，从而增强企业的减排研发和低碳技术创新投资的积极性。汪兴东和景奉杰（2012）实证分析了城市居民的低碳购买行为，指出消费者的个人因素（低碳认知、低碳情感）和文化因素（集体主义、天人合一）会对其低碳购买态度产生积极的正向作用。Li、Dong 和 Xu（2011）指出，在低碳背景下，消费者越来越关注企业在环境保护方面的表现，在考虑购买决策时会更加注重企业的环境记录。

对于碳排放权配额分配策略，大多数学者认为主要有免费分配、定价出售和公开拍卖三种机制。孙丹和马晓明（2013）定性地探讨了现有初始分配方式的优缺点，并分析了目前世界上主要碳交易市场所采用的碳配额的分配方法，以此作为借鉴，为中国在建立碳配额交易市场的初始阶段提出了可行性建议。李昊和赵道致（2012）在没有考虑消费者低碳偏好的情况下，采用基于 Agent 的动态演化仿真方法对多级供应链进行了仿真研究，验证了免费分配、阈值分配、定价出售以及公开拍卖四种初始碳配额分配方式对企业环保优先或价格优先策略选择的影响，但未对企业的减排率进行定量的分析。Sven（2006）以欧洲电力行业作为研究背景，考虑了多周期、有排放许可与交易情况下的排放权分配策略问题。Leimbach（2003）运用 ICLIPS 模型探讨了碳排放权的合理分配问题。另外，Sijm、Berk 和 Den Elzen 等（2007），Fischer、Parry 和 Pizer（2003），Zhao、Benjamin 和 Pang（2010）分别从经济效应、环保激励、政治可接受性、创新驱动等方面对碳排放权免费分配和拍卖方式进行了比较。

基于现有文献的不足，本章的主要贡献如下：①建立分散决策下由一个制造商和一个零售商构成的二级供应链减排斯坦克尔伯格博弈模型，定量分析在政府可能实施的碳排放权免费分配、定价出售和完全市场交易三种机制下，供应链的定价和减排策略以及市场需求情况。②将消费者的低碳偏好纳入需求函数中。考虑在低碳经济背景下，低碳消费理念正在逐渐形成，越来越多的消费者愿意购买绿色低碳产品并为之付出额外的费用，而企业生产产品也要低碳化，本章在构造需求函数时，同时考虑了低碳产品的价格和低碳产品减排率对需求的影响。③从碳排放总量控制和目标控制两个角度比较初始碳排放权免费分配、定价出售和完全市场交易三种机制的政府策略选择。

第二节 模型设计

一、问题描述

考虑由一个制造商和一个零售商构成的单周期二级供应链，并且假设制造商

为主导者，零售商为跟随者，制造商具有较强的议价权，根据自身目标率先决定批发价格和减排率，以实现自身利益最大化；零售商在制造商决策的基础上制定销售策略，决定销售价格。假设供应链中信息完全共享，且市场出清，即零售商不存在库存与缺货，制造商能够生产市场所需的足量生产。

为简化问题，假设供应链只对消费者提供一种低碳产品，且其需求对价格和碳减排率敏感，其碳排放主要源于制造环节，制造商可以通过优化制造环节减少碳排放，制造商和零售商物流环节产生少量碳排放可以忽略不计。为了比较三种分配机制，本章将之模型化为政府依据各排放主体的历史排放量分配碳排放权（出售价格为 p_s，当 $p_s=0$ 时为免费分配机制，当 p_s 等于碳交易价格时为完全市场交易分配机制，当 p_s 小于碳交易价格且不为 0 时为定价出售机制），这样可以很好地满足企业的排放需求，如果企业实现超额碳减排，可以将多余的碳排放权拿到市场上进行交易，获得额外的收益。本章定义变量见表 3－1。

表 3－1　符号及含义说明

变量	含义	变量	含义
p	零售商单位低碳产品的价格	E	减排后整体供应链的总排放量
w	制造商单位低碳产品的批发价格	ΔE	整体供应链的绝对减排量
v	制造商单位产品的碳减排率	c	单位低碳产品的生产成本
D	低碳产品的需求量	p_c	碳交易市场中碳排放权的价格
Q	低碳产品的产量	p_s	政府出售初始碳配额的价格
π_m	制造商的利润	s	需求对产品减排率的弹性系数
π_r	零售商的利润	k	制造商碳减排率系数
C	制造商的减排成本	e	减排前生产单位产品的排放量

二、模型假设

（1）研究对象为一个制造商和一个零售商构成的单周期二级供应链系统。

（2）供应链只对消费者提供一种低碳产品。

（3）制造商具有较强的议价能力，成为供应链的领导者，零售商为追随者。

（4）政府出售初始碳配额的价格不能大于碳交易市场中碳排放权的价格，否则企业将不接受政府分配，全部从碳交易市场购买，即 $0\leqslant p_s\leqslant p_c$。

（5）低碳产品需求 D 与低碳产品价格 p 和制造商的减排率 v 呈线性关系，即 $D=a-bp+sv$，假设供应链信息充分共享，且市场出清，即 $Q=D$。

（6）制造商减排成本与减排率呈正相关关系，且随着减排率的增加而迅速增加，即：$C = kv^2/2$，在产品研发领域，这个研发成本模型已经被众多中外学者广泛应用。

（7）为了简化模型，假设只有制造商会发生成本，单位产品的成本为 c，零售商不发生成本。

（8）供应链的碳排放主要来自制造商的生产环节，制造商和零售商物流环节产生的碳排放忽略不计，供应链可以通过制造商优化生产环节减少碳排放。

三、模型构建与求解

斯坦克尔伯格博弈模型是一种动态的双寡头博弈模型，较强的一方具有优先选择权，较弱的一方根据较强一方的选择进行决策。本章研究的对象是由一个制造商和一个零售商构成的单周期二级供应链，假设制造商为领导者，零售商为跟随者。制造商具有较强的议价能力，能够率先决定批发价格和减排率，随后零售商根据制造商的选择做出决策，决定销售价格。使用逆向求解法求解：

零售商最大化问题，如式(3-1)所示：

$$\text{Max } \pi_r = (p - w)(a - bp + sv) \tag{3-1}$$

制造商最大化问题，如式(3-2)所示：

$$\text{Max } \pi_m = (w - c - ep_s + evp_c)(a - bp + sv) - kv^2/2 \tag{3-2}$$

由式（3-1）得：$\partial^2 \pi_r/\partial p^2 = -2b < 0$，存在最优解，由一阶条件得结果如式(3-3)所示：

$$p = (a + sv + bw)/(2b) \tag{3-3}$$

由式（3-2）得：$\partial^2 \pi_m/\partial w^2 = -b$，$\partial^2 \pi_m/\partial v^2 = esp_c - k$，$\partial^2 \pi_m/\partial w\partial v = (s - bep_c)/2$，有 $H = \begin{pmatrix} -b & (s - bep_c)/2 \\ (s - bep_c)/2 & esp_c - k \end{pmatrix}$，当 H 为负定矩阵时即 $\Delta = 4bk - (s + bep_c)^2 > 0$ 时，式(3-2)有最优解，可得条件：$k > (s + bep_c)^2/(4b)$。由式(3-2)一阶条件解得如式(3-4)所示：

$$\begin{cases} v = (bep_c + s)(a - bc - bep_s)/\Delta \\ w = [2k(a + bc + bep_s) - (bep_c + s)(sc + aep_c + esp_s)]/\Delta \end{cases} \tag{3-4}$$

回代式（3-3）得如式（3-5）所示：

$$p = [k(3a + bc + bep_s) - (bep_c + s)(sc + aep_c + esp_s)]/\Delta \tag{3-5}$$

进而求得如式（3-6）所示：

$$\begin{cases} D = Q = a - bp + sv = bk(a - bc - bep_s)/\Delta \\ \pi = \pi_s + \pi_m = k(a - bc - bep_s)^2[6bk - (s + bep_c)^2]/\Delta \end{cases} \tag{3-6}$$

第三节　政策分析

在免费分配机制下，政府根据企业的历史排放量，免费给企业分配初始碳排放权，即 $p_s=0$；在定价出售机制下，政府以低于市场交易价格的价格，以历史排放量为限，向企业定价分配初始碳排放权，即 $0<p_s<p_c$；在完全市场交易机制下，政府以交易市场的价格向企业分配碳排放权，相当于政府不向企业分配碳排放权，企业的排放权全部在交易市场购买，即 $p_s=p_c$。

一、碳减排优化策略分析

1. 总量控制导向下碳配额分配机制策略

总量控制背景下政府设定碳排放总量目标，并制定实施相关减排政策，使得一定时期内生产生活产生的碳排放总量不得超过设定的目标。具体到供应链，则追求企业减排后供应链总排放量最小。

记

$$G=(bep_c+s)(2a-2bc+s-bep_s)/(4b)$$

$$R=(bep_c+s)(2a-2bc+s)/4b<G$$

$$J=[2(bep_c+s)(a-bc)-4bk+(bep_c+s)^2]/[2be(bep_c+s)]$$

可求得如式(3－7)所示：

$$E=(1-v)eQ=bek(a-bc-bep_s)/\Delta-bek(bep_c+s)(a-bc-bep_s)^2/\Delta^2 \tag{3-7}$$

可得如式（3－8）所示：

$$\partial E/\partial p_s=4b(bke)^2(G-k)/\Delta^2 \tag{3-8}$$

（1）当 $k>G$ 时，$\partial E/\partial p_s<0$ 恒成立，即 E 是单调递减的。

（2）当 $0<k<G$ 时，如果 $0<p_s<J$，$\partial E/\partial p_s>0$；如果 $p_s>J$，$\partial E/\partial p_s<0$；如果 $p_s=J$，$\partial E/\partial p_s=0$，即 E 在 $p_s\in[0, J]$ 递增，在 $p_s\in[J, p_c]$ 递减，在 $p_s=J$ 处取得最大值。

由 $E(0)-E(p_c)=b^2ke^2p_c[4bk-(bep_c+s)^2-(bep_c+s)(2a-2bc-bep_c)]/\Delta^2$，可得：

当 $k\in(0, R)$ 时，$E(0)<E(p_c)$，此时 $E(0)$ 最小；当 $k\in(R, G)$ 时，$E(0)>E(p_c)$，此时 $E(p_c)$ 最小；当 $k=R$ 时，$E(0)=E(p_c)$ 为最小值。综合以上讨论，有命题 3－1：

命题 3-1 在总量控制下，供应链实现最优均衡时，当 $k \in (0, R)$，免费分配下供应链碳排放总量最小；当 $k = R$ 时，免费分配机制和完全市场交易机制下供应链碳排放总量相等且最小；当 $k > R$ 时，完全市场交易机制下供应链碳排放总量最小。

命题 3-1 的政策含义是：如果要对供应链企业实施碳减排总量控制，政府要慎重选择相关政策。当 $k < R$ 时，政府要优先选择免费分配机制；当 $k = R$ 时，政府可选择免费分配机制和完全市场交易机制；当 $k > R$ 时，政府可选择完全市场交易机制。

2. 目标控制导向下碳配额分配机制策略

目标控制背景下政府设定碳减排绝对量目标，并制定实施相关的减排政策，使得一定时期内减排的绝对量不得小于设定的目标。具体到供应链，则要求企业减排的绝对量最大。可求得如式（3-9）所示：

$$\Delta E = veQ = bek(bep_c + s)(a - bc - bep_s)^2 / \Delta^2 \tag{3-9}$$

则有：$\partial E / \partial p_s = -2b^2e^2k(bep_c + s)(a - bc - bep_s) / \Delta^2 < 0$

命题 3-2 在目标控制背景下，供应链碳减排绝对量单调递减，即免费分配机制下供应链碳减排绝对量最大，定价出售机制次之，完全市场交易机制最小。

命题 3-2 的政策含义是：如果要对供应链企业实施碳减排目标控制，则政府应优先免费分配机制，其次是定价出售机制，完全市场交易机制效果则最差。

二、碳配额分配机制影响分析

1. 减排率

由式（3-4）得：$\partial v / \partial p_s = -be(bep_c + s) / \Delta < 0$，即供应链中制造商的减排率是单调递减的，可得命题 3-3：

命题 3-3 如果 $k > (s + bep_c)^2 / (4b)$，则 $\partial v / \partial p_s < 0$ 恒成立。

命题 3-3 的政策含义是：如果 $k > (s + bep_c)^2 / (4b)$，从激励供应链碳减排率来看，政府采取初始碳排放权免费分配机制最好，定价出售机制时次之，完全市场交易机制最差。

2. 定价

由式（3-5）得：$\partial p / \partial p_s = e[b(k - esp_c) - s^2] / \Delta$，由于 $k > (s + bep_c)^2 / (4b)$，代入得：$bk - besp_c > (s + bep_c)^2 / 4 - besp_c = (s - bep_c)^2 / 4 \geqslant 0$，即 $k > esp_c$，故当 $b < s^2 / (k - esp_c)$ 时，有 $\partial p / \partial p_s < 0$，反之则反。从而有命题 3-4：

命题 3-4 当 $k > (s + bep_c)^2 / (4b)$ 且 $0 < b < s^2 / (k - esp_c)$ 时，有 $\partial p / \partial p_s < 0$；当 $b > s^2 / (k - esp_c)$ 时，有 $\partial p / \partial p_s > 0$；当 $b = s^2 / (k - esp_c)$ 时，有 $\partial p / \partial p_s = 0$。

命题3－4的政策含义是：①当 $k>(s+bep_c)^2/(4b)$ 且 $0<b<s^2/(k-esp_c)$ 时，政府分别采取免费分配机制、固定价格销售机制和完全市场交易机制，零售商的定价依次降低；②当 $k>(s+bep_c)^2/(4b)$ 且 $b>s^2/(k-esp_c)$ 时，政府分别采取免费分配机制、固定价格销售机制和完全市场交易机制，零售商的定价依次升高；③当 $k>(s+bep_c)^2/(4b)$ 且 $b=s^2/(k-esp_c)$ 时，政府初始碳配额分配机制不会影响零售商的定价。

3. 低碳产品市场需求

由式（3－6）得：$\partial D/\partial p_s=-b^2ek/\Delta<0$，即低碳产品的市场需求是单调递减的，可得命题3－5：

命题3－5　如果 $k>(s+bep_c)^2/(4b)$，则 $\partial D/\partial p_s<0$ 恒成立。

命题3－5的政策含义是：如果 $k>(s+bep_c)^2/(4b)$，从影响消费者需求来看，政府免费分配机制下市场需求最大；定价出售机制下次之；完全市场交易机制下市场需求最小。

4. 供应链总收益

由式（3－6）得：$\partial\pi/\partial p_s=bek(a-bc-bep_s)[(s+bep_c)^2-6bk]/\Delta<0$，故有命题3－6：

命题3－6　如果 $k>(s+bep_c)^2/(4b)$，则 $\partial\pi/\partial p_s<0$ 恒成立。

命题3－6的政策含义是：如果 $k>(s+bep_c)^2/(4b)$，在免费分配机制下供应链总收益最大；定价出售机制下次之；完全市场交易机制下供应链的总收益最小。

第四节　数值模拟

碳交易市场价格参考2015年深圳碳交易市场均价（$p_c=40$）。对三种初始碳配额分配机制下碳减排效果及碳减排率、低碳产品市场定价、低碳产品市场需求、供应链总利润进行计算，结果如下：

一、碳减排优化效果

由图3－1可以看出，总量控制下，当减排成本系数不同时，政府的最优策略选择不同，当 $k>R$ 时，完全市场交易机制下碳排放总量最小；当 $k<R$ 时，免费分配机制下碳排放总量最小；当 $k=R$ 时，完全市场交易机制和免费分配机制下碳排放总量一样，进而验证了命题3－1。由图3－2可以看出，目标控制下，

碳减排绝对量与碳配额价格呈负相关，即免费分配机制下碳减排绝对量最大，完全市场交易机制下最小，进而验证了命题3－2。

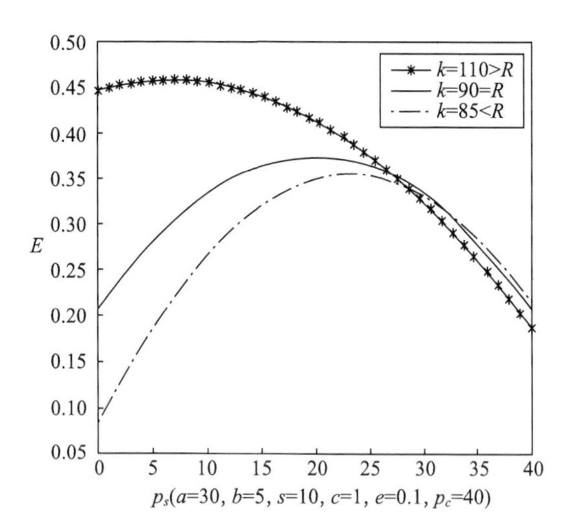

图3－1　碳排放总量与碳配额价格关系

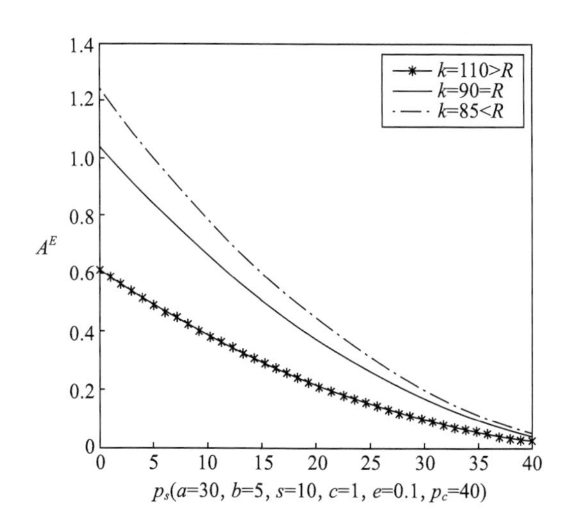

图3－2　碳减排绝对量与碳配额价格关系

二、碳减排率、市场定价、市场需求及供应链总利润

由图3－4可以看出，当需求价格弹性取不同的值时，低碳产品市场定价与

初始碳配额价格关系不同，当 $b>s^2/(k-esp_c)$ 时呈正相关，此时免费分配机制下定价最低，完全市场交易机制下定价最高，当 $b=s^2/(k-esp_c)$ 时，三种机制下定价策略相同，当 $0<b<s^2/(k-esp_c)$ 时呈负相关，此时免费分配机制下定价最高，完全市场交易机制下定价最低，进而验证了命题3-4。由图3-3、图3-5和图3-6可以看出，供应链碳减排率、低碳产品市场需求和供应链总利润均与初始碳配额价格呈负相关，即政府实施初始碳配额免费分配机制对供应链减排和市场需求的激励效果最佳，此时供应链的总收益最大，进而验证了命题3-3、命题3-5和命题3-6。

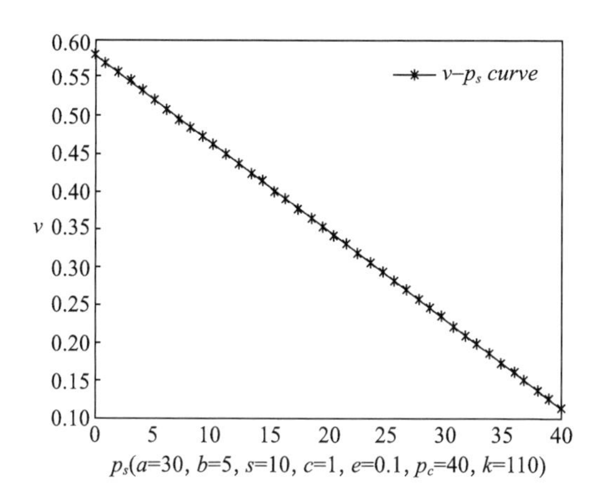

图3-3　碳减排率与碳配额价格关系

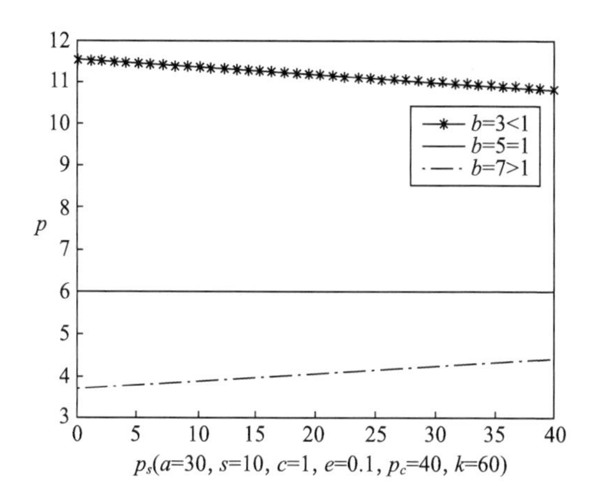

图3-4　市场价格与碳配额价格关系

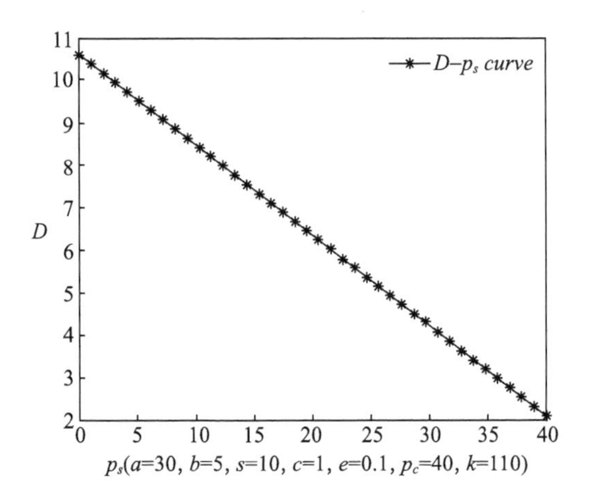

图 3 – 5　市场需求与碳配额价格关系

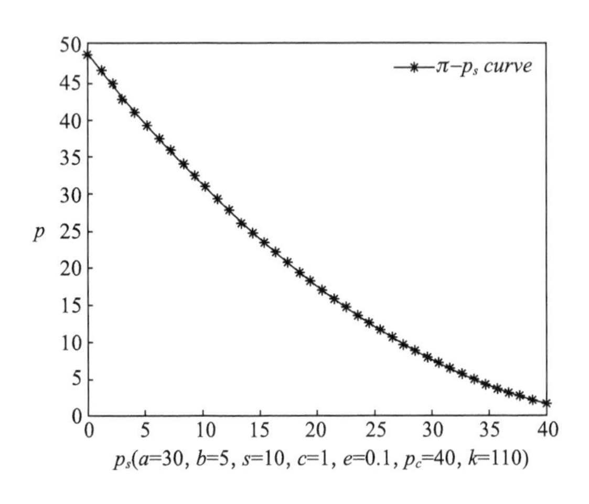

图 3 – 6　供应链总利润与碳配额价格关系

第五节　结论与政策建议

一、结论

本章假设制造商为核心企业，建立分散决策下由一个制造商和一个零售商构成的二级供应链减排斯坦克尔伯格博弈模型，采用逆向求解法求解，得出了制造

商的最优减排率，分析了碳配额免费分配、定价出售和完全市场交易三种机制对供应链碳减排、低碳产品定价和市场需求的激励效果，比较了碳减排总量控制和目标控制下三种机制的优劣，并通过算例分析验证相关结论。研究表明：政府实施初始碳配额免费分配机制对供应链减排和市场需求的激励效果最佳，此时供应链的总收益最大。总量控制下，当减排成本系数较大时，完全市场交易机制最优；当减排成本系数较小时，免费分配机制最优；减排成本系数存在一个临界值，使得免费分配机制和完全市场交易机制减排效果相同。目标控制下，免费分配机制实现的绝对减排量最大。三种初始碳配额分配机制下零售商定价策略的选择与市场的需求价格弹性有关：①当需求价格弹性较大时，虽然提高减排率将带来成本的增加，但此时价格的提高将会大幅度削减需求，为了追求收益最大化，在减排率最高时零售商的最优策略依然会选择较低的定价，此时免费分配机制下定价最低，定价出售机制下略高之，完全市场交易机制下定价最高。②当需求价格弹性较小时，免费分配机制下较高的减排率会提高成本，此时价格的变化对市场需求影响较小，为了追求收益最大化，在减排率最高时零售商的最优策略应该选择较高的定价，即免费分配机制下定价最高，定价出售机制下略低之，完全市场交易机制下定价最低。③需求价格弹性存在一个临界值，此时三种分配机制下最优定价策略相同。

二、政策建议

虽然免费分配能够最大地调动企业减排积极性，但是免费分配机制显失公平且可能造成市场扭曲，目前各国的分配机制逐渐由免费分配转向有偿分配，初始碳配额有偿分配势必会使低碳产品的成本和价格提高，所以一方面为了保证企业减排的积极性，政府在实施免费分配向有偿分配转变时，不可操之过急，要以混合分配机制作为跳板，保留部分免费分配配额，逐步转向有偿分配，削弱企业家的抵触情绪，同时完善碳交易体系；另一方面政府要加大对低碳产品的宣传，进一步增强消费者对低碳产品的偏好，从而避免完全市场交易给企业带来的由于成本增加和利润减少而造成的冲击，最终实现碳排放权的有效配置。

目前，中国初始碳配额分配机制和碳交易体系正处于不断摸索和完善的阶段，本章的研究结果为企业在不同的碳配额分配与交易机制下选择最优定价和减排策略提供依据；同时，对政府如何选择碳配额与交易机制也具有一定的参考意义，对企业的低碳化战略和国家减排任务的实现均有重要的理论意义和现实意义。

第四章　碳配额及碳交易机制下供应链生产与减排决策

目前中国作为全球碳排放总量最大的国家，清洁发展是顺从世界经济发展的潮流，同时也是追寻自身可持续发展的必然条件。低碳经济的发展需要社会各个层面的积极参与。通过政府制定政策、企业提高减排技术、消费者给予价格激励共同来促使低碳经济的有效实施。基于这样的现实基础，传统的供应链在面临低碳经济下，其战略决策也会发生重大变化，供应链参与方的决策行为也会随之发生变化，在这样的现实背景下低碳供应链随之产生。

当碳排放权作为一种可以自由交易的资源在碳交易市场进行买卖时，企业面临的传统的二维交易市场也转变成加入碳交易市场的三维交易市场。在这种模式下，企业的成本构成模式、盈利条件都将发生变化。碳排放量产生在供应链生产的各个环节，因此如何在分配利润的同时协调供应链上下游企业之间的碳减排行为成为了供应链参与方之间的关键问题。

本章将讨论供应链各参与方在面临政府碳配额政策和碳交易机制下，是否参与减排研发，通过模型的建立、求解与算例分析，将为供应链的参与方在低碳情况下的最优决策提供理论依据和实践思路。

本章的研究是基于碳配额政策和交易机制背景下的低碳供应链，通过碳配额政策规制单位产品的二氧化碳排放量，推进碳排放企业积极进行减排研发。从供应链参与方考虑，研究不同情况下的生产减排决策，为企业在实际中面临政府的碳配额政策提供理论依据，帮助其做出最优决策。

（1）分别针对具有减排研发能力和不具有减排研发能力的两个竞争性制造商在面对政府碳配额政策和交易机制下的决策变化，并比较其决策结果。研究在碳配额和交易机制下，减排研发投资是否更有效，为实际生产中的制造商是否参与投资减排研发行为提供相应建议与指导。

（2）建立由供应商—制造商构成的两级低碳供应链，考虑参与方都面对政府的碳配额政策，且都具有减排研发能力。在这种情况下，研究供应链成员如何参与碳减排和收益共享契约优化设计，以解决碳减排和利润公平分配等问题，为低碳供应链下的契约设计提供理论指导。

第一节 文献综述

一、关于低碳经济研究

低碳经济是指低污染、低能耗、低排放的经济发展模式，是通过消耗更少的自然资源，达到降低二氧化碳的排放，减少对环境的污染，同时获得更高的经济增长的目的。低碳经济作为一种新型经济模式，其以市场机制为核心，通过政府制度和政策的制定，推动技术的进步，促使整个社会经济向高效能、低能耗、低污染的经济转型。庄贵阳（2009）认为，低碳经济对中国来说不是简单地通过减少能源使用来达到降低碳排放量的目的，而是需要通过提高能源利用率，降低单位 GDP 的能源消耗和碳减排。付加锋、庄贵阳和高庆先（2010）提出，低碳经济具有低的能耗率、低的污染率、低的排放量三个突出特点，并认为它是一种经济形态，其发展过程具有明显的阶段性特征，主要目标是有效控制二氧化碳的排放，降低其对气候的影响，同时使得经济得到可持续发展。鲍健强、苗阳和陈锋（2008）指出，直观来说低碳经济的意义是减少二氧化碳等温室气体的排放，实际上是经济社会的一次全新变革，它将改变依赖于能源消耗的现代工业文明，并将其转向为以绿色低碳为基础的生态文明经济，其认为未来经济是基于清洁利用化石能源、有效开发可再生能源基础上的低碳经济。付允、马永欢和刘怡君等（2008）的研究中定义低碳经济发展模式为较低的污染、较少的能源消耗量，但是能够拥有比较高的效率或者效益，并且认为低碳经济的根本发展目标是生产及生活中实行低碳，促使经济清洁发展，其主要发展方式为节能减排，主要发展方法是通过碳中和技术来实现绿色经济，保证降低环境破坏率的同时经济达到可持续发展。国家环境保护部长周生贤提出“低碳经济是以较少的能源消耗、低的环境污染及排放量为基础的一种新型经济模式，是人类社会继原始文明、农业文明、工业文明之后的又一大进步，通过提高能源利用率，创建清洁能源机制，提高技术创新率促使现行发展方式向低污染转变”。中国环境与发展国际合作委员会（CCICED）报告中提到“低碳经济是一种新的经济形态，它不同于工业经济，它的宗旨是将温室气体排放量降低到一定的水平，减少气候变化给各国及其国民带来的不利影响，并最终保障我们居住的环境是可持续的”。

虽然学者与决策者对于低碳经济的定义表述不同，但是都表达着同一种意思，即“低碳经济的目标是解决气候恶化、环境变化带来的问题，实现低碳经济的主要途径是依靠技术的创新与进步，在带来高产能的同时降低大气中的碳浓度，减少对环境的不利影响。

关于低碳经济概念的文献很多，大部分文献都从基础概念上介绍了低碳经济，定义了不同的低碳经济内涵，但是本质上都是依靠技术创新、科技进步，以此来达到降低企业生产中的碳排放的目的，以期能够实现经济的可持续发展。

二、关于碳配额及交易机制研究

其实在低碳经济发展问题出现以前，就有比较成熟的理论出现用来解决环境污染问题。著名的理论有庇古（Arthur C. Pigou）的外部性理论和科斯（Ronald H. Coase）的产权理论，庇古的外部性理论的运用主要是通过征税和创造市场两种方式将排污企业的外部成本内部化；科斯的产权理论明确产权能够从根本上解决外部不经济，可以通过规定碳排放所有权来解决排污问题。基于对外部性理论和科斯的产权理论的理解和运用，排污权交易体系开始建立，排污权主要是指排放污水、大气污染物和产生环境噪声的权限。排污权的基本定义中包含着大气污染物，碳排放权的出现也是以排污权为基础。随着低碳经济的发展，政府制定碳规制，碳排放权也成为了一种可以交易的资源，低碳化与人类生活、社会生产密切相关。

为了有效地实施低碳经济，政府通过制定相关碳规制政策来减少生活、生产中的碳排放量。政府实施的碳规制政策主要包括碳配额、碳税、转移支付等。关于碳配额（碳排放权分配）的研究有很多，碳排放权分配是政府基于对环境资源容量的控制和管理，通过排放许可的方式分配给独立经济体的资源使用权，碳排放权的分配方式包括免费分配、标价出售和拍卖三种形式。Cramton 和 Kerr（2002）通过分析发现，拍卖碳排放权和政府免费分配碳排放权有着自身不同的优点，总体来说碳排放权的拍卖具有绝对优势。在低碳经济发展的初期，免费分配碳排放权能够降低经济主体面临的阻力，但是从长远来看，免费分配降低了企业的生产力，在某些情况下会对低碳经济的发展造成不利影响。Ding、Duan 和 Ge（2009）认为，按人均累计的碳排放量分配可以很好地解决发达国家与发展中国家关于减排温室气体所影响的经济利益的博弈。陈文颖和吴宗義（1998）提出，配额及交易原则能够平衡公平与效率，并通过对全球碳交易市场进行模拟，分析了碳配额及交易机制对中国经济发展的影响，以及不同的碳排放分配方法如何影响全球碳交易市场的收益。Wu、Du 和 Liang 等（2013）提出了一种基于政

府监管下，公平减少和重新分配碳排放权的数据包络分析法，并将该种方法应用于农业温室气体排放数据分析，应用结果表明，减排与重新分配机制是公平的，它能够有效地提高系统的整体效率。

碳交易机制最早是在《京都议定书》中提出的，该议定书提到二氧化碳减排目标、排放权交易、经济发展三者之间存在着密切的联系。随之联合履行机制（Joint Implementation，JI）、排放权交易机制（Emissions Trading，ET）和清洁发展机制（Clean Development Mechanism，CDM）三种减排机制也在该议定书中制定。除了上面提到的交易机制之外，资源减排市场交易机制也慢慢产生。碳交易机制之所以可以起到调控经济的作用，主要是在二氧化碳排放总量确定的情况下，通过利用市场经济体制，形成碳交易市场，而碳交易价格是由市场供求所决定，通过这种交易机制对社会的碳排放进行控制以期达到减少碳排放量，避免环境破坏的目的。从世界层面来看，碳交易市场体系也已经陆续建立，如欧盟排放贸易体系（EU ETS）、芝加哥气候交易所（CCX）、美国绿色交易所（Green Exchange）、亚洲碳交易所（ACX）、欧洲能源交易所（ECX）等（Cramton、Ganberra，1998）。中国政府也积极推进企业层面上的碳交易制度的试点实施，目前有七个碳交易试点正在试行，三个试点已经取得成功，在试行中，碳配额分配、交易机制、惩罚机制是试点运行的难点（张中祥，2003）。

关于碳交易方面的问题，也有学者进行这方面的研究。Field（1997）从环境经济学的角度论述了经济与环境之间的关系，并指出碳交易是一种环境调节的组合工具，能够分散不同市场间的相互干预并能够减少执法成本。Ellerman、Jacoby 和 Decaux（1998）基于边际减排成本曲线的应用，用该曲线分析三种情形：无排放权交易、部门国家排放权交易、全球排放权自由交易；并基于这三种情形分析碳排放权进口限制、附加收费、不完全有效供应等对其的影响。Cramton 和 Ganberra（1998）认为，制定排放权交易制度时需要将下面的因素考虑进去：产品的定义（排放权有效期、排污因子、排放种类等）；市场的参与者（不愿与自愿）；排放权的分配机制（免费或拍卖）；运营管理（对污染排放企业资质和情况的监察等）；市场情况（机制与势力）。张中祥（2003）认为，碳排放权能够在国际间进行交易的根本原因是发达国家和发展中国家之间对于碳减排的边际成本存在巨大差别，所以存在利益动机使得拥有不同边际成本的国家之间进行碳排放权交易，因此国际间的碳交易对交易双方都有利。刘伟平和戴永务（2004）论述了国与国之间碳交易机制的产生和意义，并比较全面地介绍了碳交易中合理分配初始碳配额、碳交易对中国经济发展的影响。刘倩和王遥（2010）指出，碳交易市场的有效发展需要实际经济上即资金方面的支持，政府应为低碳经济的可持续发展提供广泛的融资渠道，并需要有效的方法分散风险，为实现低碳目标提供低成本的解决方案。程会强和李新（2009）认为，中国碳交易市场虽然已经初步建立，但初始碳配额分配制度缺失、碳交易定价不合理、政府监管力度与范围不全、技术条件相对落后、排放收费标准低、交易量少造成交易成本过高等问题普遍存在，这些问题阻止了实施低碳经济的步伐。

三、关于低碳企业生产决策及供应链协调研究

低碳经济的发展归根结底要落实到企业的生产、运输、库存方面的运营决策，然而在面对低碳排放和各自碳排放权规制下，大部分的企业更加倾向于采用具有减排功能的设备。

对于考虑碳排放权及交易机制下企业的生产运营决策问题，近些年一些学者展开了研究。Dobos 与 Benjaafar 是比较早关注碳减排对生产运营影响的学者。Dobos（2005）研究了碳交易对生产和库存的影响，企业在面临碳交易机制后，总成本由原来的两部分构成变成三部分构成，即生产成本、库存成本以及碳交易成本。Benjaafar、Li 和 Daskin（2013）将碳排放约束引入企业生产决策模型中，分析了企业如何进行采购决策、生产决策和库存管理等决策行为，并总结了供应链上下游企业之间的合作对生产成本与碳减排行为的影响。Klingelhfer（2009）通过运用运筹学中的线性规划和对偶理论，研究了碳交易机制对企业末端污染处理技术的影响。Zhang、Nie 和 Du（2011）研究了基于碳限额和碳交易机制下，制造商在面临随机性需求时的最优生产决策问题，分别考虑了单周期和多周期净化问题，提出了具有碳排放依赖性企业在面临低碳经济的情况下如何进行最优生产决策。Zhang 和 Xu（2013）研究了碳交易机制下，企业面临多产品独立随机需求时的最优生产决策问题，通过多产品报童模型，基于线性计算复杂度方法进行模型优化求解，给出了最优的生产策略和碳交易策略，并与基于碳税政策下的生产决策结果进行比较，对比分析了两种减排政策的不同和有效性。杜少甫、董骏峰和梁樑（2009）研究了碳交易机制下碳排放较多的企业在面临确定性需求下如何进行最优生产决策的执行，并且其在文中提到供应链中的生产型企业可以通过三种方式获得碳配额，包括政府初始碳配额分配、自身碳减排和碳交易，同时也提到了如何平衡政府碳配额、技术净化处理和碳交易。蒋雨珊和李波（2014）运用经典报童模型研究了碳配额及碳交易下企业的产量、期望利润以及碳限额和碳交易价格对企业最优产量和利润的影响。夏良杰、赵道致和李友东（2013）构建了供应商和制造商组成的两级供应链，比较了碳限额与碳交易机制下联合减排前后供应商和制造商的最优减排量以及利润的变化。谢鑫鹏和赵道致（2013）基于博弈论研究了碳限额及碳交易机制下供应链的参与方企业在不合作减排、半合作减排和完全合作减排三种情况下的减排效果和利润。

可见，国内有少量学者开始研究低碳经济下企业生产减排决策问题，目前主要研究都集中于单方面临减排决策，然而实际上是供应链上下游企业都将面临减排问题，都将考虑是否进行减排研发技术的开发。本章立足于碳配额及碳交易机制下，考虑消费者具有低碳偏好，供应链上下游均面临政府碳配额政策及碳交易机制下的企业决策问题，研究减排对企业生产决策的影响。

第二节　模型设计

随着气候变暖和全球资源短缺，国际组织与各国政府都在积极寻求可持续发展模式。对于中国来说，既要肩负经济发展又要承担碳减排的双重压力，2011年，中国首次成为世界第二大经济体，然而在三大产业中，第二产业所占比例大，而且主要处于产业链的最低端，附加值低、技术落后，对资源的使用最多，对环境的影响最大。所以在面对全球低碳化这样的背景下，政府需要制定碳减排政策，同时企业在碳减排政策和碳交易机制下，以自身利润最大化为目标，进行生产和减排决策的选择。

在政府碳配额政策下，企业的生产和利润结构会发生变化，碳配额和减排成本会影响企业的决策。从供应链的末端来说，消费者低碳环保意识的提高，低碳产品更受偏爱。在这种低碳经济背景下，减排研发投入较多的企业能够获得较发达的减排技术，这样可以从碳交易市场和消费者的低碳偏好中获利。因此企业通过减排在满足低碳经济的情况下，还可以获取其自身和产品的持续竞争力。然而就目前来说，中国作为发展中国家，许多制造型企业对减排研发的投入非常少，甚至有些企业还没有减排的意识，所以说，在将来中国实行碳配额的初级阶段，仍然会有一些制造型企业不具备减排能力，本节针对是否具有减排研发能力的两个竞争性的制造商在碳配额政策及碳交易机制下的生产决策，然后通过算例分析比较企业利润和生产规模。

一、模型假设

本节选取两个竞争性的制造商为研究对象，如图 4－1 所示，考虑在碳配额和碳交易机制背景下，对比没有减排研发的制造商与有减排研发的制造商之间的生产决策，同时考虑在面临碳配额政策及碳交易机制下，研发技术对其决策的影响。

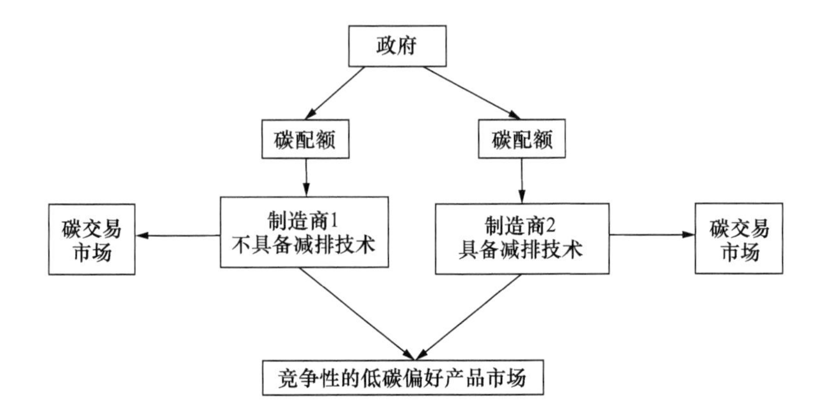

图4－1　基于碳配额和碳交易机制下两个竞争性制造商的生产决策

模型假设：

（1）两个竞争性的制造商面对同一个供应商，供应商为它们提供相同的中间产品，且制定相同的批发价格，制造商将中间产品再加工后直接销售给消费者。

（2）政府对企业实行统一的碳配额政策，分配给制造商1和制造商2相同的碳排放配额。

（3）碳排放权可以在碳交易市场自由进行买卖，碳交易价格由碳交易市场的供需决定，是外生变量。

（4）制造商1不具备减排研发能力，制造商2具备减排研发能力，并且利用减排技术参与碳减排，碳减排成本是关于碳减排量的单调递增函数，$C(\Delta e)=\beta_i(\Delta e_i)^2/2$，$C'(\Delta e)\geqslant 0$，其中$\beta$为努力程度，$\beta$越大，碳减排成本越高，碳减排投资与产品的生产成本无关（Aspremont、Jacquemin，1988）。

（5）非低碳产品的逆需求函数为$p=a-bq$（$a>0$，$b>0$），由于消费者偏好低碳产品，愿意为单位低碳产品付出更高的价格（Ray、Jewkes，2004；Moon、Florkowski、Brückner，2002）（记为$\alpha>0$），即低碳产品逆需求函数为$p=a-bq+\alpha$。

参数说明如表4－1所示：

表4－1　变量及含义说明

变量	含义	变量	含义
q	市场需求量	w	中间产品批发价格
p_c	单位碳交易价格	e	单位产品初始碳排放量
p	单位产品的市场销售价格	Δe_2	制造商2的单位产品减排量
c	制造商1和制造商2加工中间产品的成本	g	政府分配的碳配额总额，且$g>e$

二、无减排技术制造商生产决策

对于制造商 1 来说，由于其不具备碳减排的技术，在面临政府碳配额政策下，如果其生产中的碳排放总量超过了政府的碳配额总额，它必须去碳交易市场购买，非低碳产品的生产无法取得消费者的低碳偏好带来的额外价格激励。基于这样的情况下，本节研究制造商 1 的生产减排决策。

1. 无碳配额政策前制造商 1 的生产决策

在非低碳情况下，政府未实施碳配额政策，此时制造商 1 的利润目标函数为：$\pi_1=(p-w-c)q$，其中 $p=a-bq$，为保证制造商有利可图 $a>c+w$，将其代入可得式（4－1）：

$$\pi_1=(p-w-c)q=[(a-bq)-w-c]q=aq-bq^2-wq-cq \tag{4-1}$$

此时，$\partial\pi_1/\partial q=a-2bq-w-c$，$\partial^2\pi_1/\partial q^2=-2b<0$。

故π_1 是关于 q 的凸函数，存在最优的产量 q_1^* 使得式（4－1）存在最优解，即使得制造商 1 的利润最大。由一阶条件得如式（4－2）所示：

$$q_1^*=(a-w-c)/(2b) \tag{4-2}$$

此时，制造商 1 的利润如式(4－3)所示：

$$\pi_1^*=(a-w-c)^2/(4b) \tag{4-3}$$

碳排放总量如式（4－4）所示：

$$E_1=eq_1^*=e(a-w-c)/(2b) \tag{4-4}$$

由上面的结果可以知道，在没有碳配额政策下，制造商的最优决策产量与最大利润均与单位产品碳排放量无关，仅与其自身的采购成本与制造成本有关。此时碳排放总量与产量正相关，产量越大，碳排放总量越多。

2. 在碳配额和碳交易机制下制造商 1 的生产决策

在碳配额和碳交易政策下，无减排能力的制造商在生产过程中碳排放总量如果超出政府碳配额范围之外，需要在碳交易市场购买碳排放权，此时的碳排放成本为 $p_c(eq-g)$，故制造商 1 的利润目标函数如式(4－5)所示：

$$\pi_{1c}=(p-w-c)q-p_c(eq-g)=(a-w-c)q-p_c(eq-g)-bq^2 \tag{4-5}$$

此时，$\partial\pi_{1c}/\partial q=a-2bq-w-c-p_ce$，$\partial^2\pi_{1c}/\partial q^2=-2b<0$，故$\pi_{1c}$是关于 q 的凸函数，存在最优产量 q_{1c}^*使得制造商 1 在面临碳配额政策及碳交易机制下实现最大利润。

由一阶条件得结果如式（4－6）所示：

$$q_{1c}^*=[a-w-c-p_ce]/(2b) \tag{4-6}$$

此时，制造商 1 的利润如式（4－7）所示：

$$\pi_{1c}^*=(a-w-c-p_ce)^2/(4b)+gp_c \tag{4-7}$$

碳排放量如式（4－8）所示：

$$E_{1c}=eq_{1c}^{*}=e(a-w-c-p_{c}e)/(2b) \tag{4－8}$$

由上面结果可知，在碳配额政策和碳交易机制下，制造商1的最优决策产量与碳排放量和碳交易价格呈负相关关系，最优利润也同碳排放量和碳交易价格负相关，且与政府的碳配额总量正相关。

三、有减排研发技术制造商生产及减排决策

1. 无碳配额政策前制造商2的生产决策

无碳配额政策前，虽然制造商2具有减排研发能力，但是减排会增加其研发成本，这里假设在无碳配额政策前，制造商2也不会独自利用减排技术减排，此时制造商2的利润目标函数与制造商1的相同。

此时的产量如式（4－9）所示：

$$q_{2}^{*}=(a-w-c)/(2b) \tag{4－9}$$

此时的利润如式（4－10）所示：

$$\pi_{2}^{*}=(a-w-c)^{2}/(4b) \tag{4－10}$$

碳排放量如式（4－11）所示：

$$E_{2}=eq_{2}^{*}=e(a-w-c)/(2b) \tag{4－11}$$

2. 碳配额政策及碳交易机制下制造商2的生产及减排决策

在碳配额政策及碳交易机制下，有减排能力的制造商可以通过减排来降低单位产品的减排量，此时能够获得消费者为其减排给予的价格激励 α，不足或多余的碳排放权可以在碳交易市场进行交易，此时的碳排放净成本（负数代表净收益）为 $p_{c}[(e-\Delta e)q-g]+\beta\Delta e^{2}/2$，故利润目标函数如式(4－12)所示：

$$\pi_{2c}=pq-(c+w)q-p_{c}[(e-\Delta e)q-g]-\beta\Delta e^{2}/2 \tag{4－12}$$

求解方法与上面相同，此时消费者愿意为低碳产品提供额外的价格奖励 α，逆需求函数为 $p=a-bq+\alpha$，将其代入式（4－12），制造商除了要决策最优产量以外，还要决定单位最优减排量，由一阶条件可得式（4－13）：

$$\begin{cases}q_{2c}^{*}=\beta(a-w-c+\alpha-ep_{c})/(2b\beta-p_{c}^{2})\\ \Delta e^{*}=p_{c}(a-w-c+\alpha-ep_{c})/(2b\beta-p_{c}^{2})\end{cases} \tag{4－13}$$

二阶条件 $\partial^{2}\pi_{2c}/\partial\Delta e^{2}=(p_{c}^{2}-2b\beta)/(2b)$，要保证其存在最优解，二阶条件小于零，可得 $p_{c}^{2}<2b\beta$，即当 $p_{c}^{2}<2b\beta$ 时，式（4－12）存在最优解。

此时其利润如式（4－14）所示：

$$\pi_{2c}^{*}=\beta(a-w-c+\alpha-ep_{c})^{2}/(4b\beta-2p_{c}^{2})+gp_{c} \tag{4－14}$$

碳排放总量如式（4－15）所示：

$$E_{2c}=(e-\Delta e)q_{2c}^{*}=\beta(a-w-c+\alpha-ep_{c})[2be\beta-p_{c}(a-c-w+\alpha)]/(2b\beta-p_{c})^{2} \quad (4-15)$$

由上面的求解可知，制造商2在面临碳配额政策和碳交易机制下，其最大利润除了受自身一些成本影响外，还与碳减排努力程度、碳配额、碳价格等相关。

第三节　结果分析

由式（4-2）与式（4-6）可得：$q_{1}^{*}-q_{1c}^{*}=(a-w-c)/(2b)-[a-w-c-p_{c}e]/(2b)=p_{c}e/(2b)>0$，因为初始单位产品碳排放量大于零，即 $e>g$，且 $p_{c}>0$，$b>0$，故 $q_{1}^{*}-q_{1c}^{*}>0$。

命题4-1　$q_{1}^{*}>q_{1c}^{*}$，即制造商1在面临碳配额政策及碳交易机制下，其产量要低于非低碳化生产情况下的产量。

由式(4-3)和式(4-7)可得：$\pi_{1}^{*}-\pi_{1c}^{*}=p_{c}e[2(a-c-w)-p_{c}e]/(4b)-gp_{c}$，令$\pi_{*1}-\pi_{*1c}>0$，得出 $g<e[2(a-c-w)-ep_{c}]/(4b)$，即存在有效的 g，e 使得 $\pi_{*1}-\pi_{*1c}>0$。

命题4-2　当 $g<e[2(a-c-w)-ep_{c}]/(4b)$时，$\pi_{*1}>\pi_{*1c}$，即制造商1在面临碳配额政策及碳交易机制下，其利润要低于非低碳生产情况下的利润，意味着当政府给予的碳配额比较少的时候，对于不具有减排研发技术的制造商1来说是不利的。

由式（4-4）与式（4-8）可得：$E_{1}-E_{1c}=e(q_{1}^{*}-q_{1c}^{*})>0$，因为 $q_{1}^{*}>q_{1c}^{*}$，且 $e>0$，故 $E_{1}-E_{1c}>0$。

命题4-3　$E_{1c}<E_{1}$，即制造商1在面临碳配额政策及碳交易机制下，其碳排放总量要少于非低碳生产情况下的碳排放总量。

由命题4-1、命题4-2、命题4-3可知，政府实施碳配额政策可以有效地减少无减排技术企业的碳排放总量，然而碳排放总量减少不是由于单位产品碳排放量的减少，而是通过减少总产量来降低碳排放总量。从某种程度来讲，不具有减排研发技术的企业，在面临政府碳配额政策及碳交易机制下其生产受到低碳经济的限制，产量减少、利润减少，在市场上的竞争力逐渐变弱。从宏观层面来说，低碳化是通过牺牲经济增长来实现的。然而在现实中，低碳化经济意味着需要促进经济增长的同时降低单位碳排放量。下面的分析中，研究具有碳减排研发技术的制造商的生产决策。

由式（4-9）与式（4-13）可得：

$q_2^* - q_{2c}^* = [2be\beta p_c - 2b\alpha\beta - (a-c-w)p_c^2]/[2b(2b\beta - p_c^2)]$，令 $q_2^* - q_{2c}^* < 0$，可得式(4－16)：

$$\beta < (a-c-w)p_c^2/(2bep_c - 2b\alpha) \tag{4-16}$$

命题4－4 当$\beta < (a-c-w)p_c^2/(2bep_c - 2b\alpha)$，有 $q_2^* < q_{2c}^*$，即在碳配额政策和碳交易机制下，具有减排研发技术制造商的最优产量大于低碳化前的最优产量。

由式(4－10)与式(4－14)可得：$\pi_{*2} - \pi_{2c}^{*} = (a-w-c)^2/(4b) - \beta(a-w-c+\alpha-ep_c)^2/(4b\beta - 2p_c^2) - gp_c$，令$\pi_{*2} - \pi_{*2c} < 0$，可得式(4－17)：

$$\beta < [2bgp_c^3 - p_c^2(a-w-c)^2]/[2b(\alpha - ep_c)(2a-2w-2c+\alpha-ep_c) + 8b^2gp_c] \tag{4-17}$$

命题4－5 当$\beta < [2bgp_c^3 - p_c^2(a-w-c)^2]/[2b(\alpha - ep_c)(2a-2w-2c+\alpha-ep_c) + 8b^2gp_c]$，有$\pi_{*2} < \pi_{2c}^*$，即存在$\beta$，$e$，$g$，$\alpha$，可以使得具有减排研发技术的制造商在面临碳配额政策和碳交易机制下的利润大于非低碳化情况下的利润，其可以通过减排实现自身更高的利润。

由式（4－13）可得，在未低碳化情况下的单位产品碳减排量为e，实施减排以后的单位碳排放量为$e-\Delta e$，故$e > e-\Delta e$。

命题4－6 具有减排研发技术的制造商在面临碳配额政策和碳交易机制下的单位产品碳排放量小于未低碳化生产前的单位产品碳排放量。

根据命题4－4、命题4－5、命题4－6对比分析可得，在相关参数满足式（4－16）、式（4－17）的条件下，制造商2在面临碳配额政策和碳交易机制下，可以实现比在非低碳化生产下的更优解，即能够使得$q_2^* < q_{2c}^*$，$\pi_{*2} < \pi_{*2c}$，因为制造商2在运用自身的减排研发技术后，可以获得低碳产品的额外价格，同时也能够在碳交易市场通过卖出碳排放权获取利润。具有减排研发技术的制造商在面临政府碳配额政策下，能够在降低单位产品碳减排量的同时，带来其自身产量、利润的增加，即能够低碳化发展，提高自身在低碳背景下的竞争力。

第四节　数值模拟

为了进一步比较两个竞争性制造商的产量、利润与碳排放量，由于涉及的参数比较多，本节余下的分析将构建相应的算例，选取本节中所使用到的参数的具体数值，对制造商1和制造商2的决策做出具体的数值模拟，在满足前面四种情况存在最优解的条件下对各参数取值如表4－2所示。

表4－2 相关参数取值

参数	a	b	α	c	β	p_c	g	e	w
取值	1000	0.5	20	100	20	1	10000	50	100

根据表4－2的参数求解出制造商1和制造商2在面临不同情况下的生产决策，结果如表4－3所示。

表4－3 制造商1和制造商2的不同生产减排决策

不同状态 / 决策变量	制造商1（无减排技术）		制造商2（有减排技术）	
	非碳配额政策	碳配额政策	非碳配额政策	碳配额政策
q	800	750	800	810.5
π	320000	291250	320000	322053
E	40000	37500	40000	7678.67
Δe	0	0	0	40.5

从表4－3可以得出，从产量角度来分析，不具备减排技术的制造商1在面临碳配额政策和碳交易机制下，其最优的产量是低于碳配额政策前的产量，而具备减排技术的制造商2，由于其减排技术可以使得多余的碳排放权在碳交易市场进行交易，同时消费者对低碳产品的价格激励促使其最优产量的决策高于碳配额政策前。

从制造商利润最大化的角度来分析，不具备减排技术的制造商1的最优利润在碳配额政策后也低于其面临碳配额政策前的最优利润，而具有碳减排技术的制造商2由于其减排使得多余的碳配额可以在交易市场进行交易，加之消费者的低碳偏好，所以其利润是大于碳配额政策前的利润。

从碳排放总量来考虑碳配额对制造商1和制造商2的影响，制造商1在面临碳配额政策后，其碳排放总量是小于碳配额政策前，其产量降低使得碳排放总量减少。制造商2在面临碳配额政策下，虽然其产量大于碳配额政策前，但其碳排放总量小于碳配额政策前，因为制造商2利用其减排技术使得单位产品的碳排放减少，制造商2在提高产量的同时降低了碳排放总量。

对比有减排技术的制造商2与无减排技术的制造商1在面临碳配额决策下，制造商2的产量、利润均大于制造商1，碳排放总量小于制造商1，这说明在碳配额政策和碳交易机制下拥有减排技术的制造商在产品市场和碳交易市场更有竞争力。

本节以碳配额政策为背景，考虑两个竞争性制造商在面临不同情况下的生产及减排决策，通过对比碳配额政策前和碳配额政策后制造商产量、利润和碳排放总额，可以得出拥有减排技术的制造商在面临碳配额决策和碳交易机制下，其产量和利润都大于非减排情况下的生产决策，同时也大于没有减排技术的制造商的产量和利润。消费者的对低碳产品的偏好，对制造商给予低碳产品的价格激励促使制造商减排，减排的同时提高了制造商本身的产品竞争力。

综上所述，本节基于宏观政策下，论证了不同情况下制造商的最优生产决策；不具备减排技术的企业，在碳配额政策下其产量和利润水平均低于碳配额政策前，具备碳减排技术的企业，在碳配额政策下，其可以通过其碳减排技术有效地减少单位产品的碳排放量，同时达到减排、产量及利润的最优决策。

第五节　结论与政策建议

一、结论

近几年气候日趋恶劣，引起了社会各界对低碳化的呼吁，发展低碳经济是趋势所向。低碳化下碳排放权作为一种有价值的资源可以在碳交易市场自由进行交易，消费者更加偏好于低碳产品的购买，产品是否低碳化直接会影响其市场需求量。因此，对于企业来说，不仅面临着政府的碳配额规制，同时还面临着消费者对低碳产品的选择，在这种情况下，相比传统的供应链，低碳化供应链参与方面临着巨大的挑战，其生产决策面临着更多的因素影响。

基于此，本章探讨了基于碳配额政策和碳交易机制下企业如何制定合理的生产和碳排放策略，讨论拥有碳减排技术的企业其生产决策是否优于不具有碳减排技术的企业。结论表明：拥有减排技术的制造商在面临碳配额决策和碳交易机制下，其产量和利润都大于非减排情况下的生产决策，同时也大于不具有减排研发技术制造商的产量和利润。消费者对低碳产品的偏好，对制造商给予低碳产品的价格激励促使制造商减排，减排的同时提高了制造商本身的产品竞争力。

二、政策建议

（1）政府应组合实施低碳政策，包括碳配额政策及碳交易机制、碳税政策等，以制约企业碳排放。

（2）面对政府碳配额政策及碳交易机制约束，企业应该选择加大研发碳减排技术。

（3）为了进一步激励企业从事低碳技术研发，政府还可以选择低碳技术研发补贴政策。

三、展望

本章主要研究供应链上下游在面临政府碳配额政策和碳交易机制下其生产减排决策，但是在研究这些问题上还有许多不足之处，设计的理论模型和使用的方法不可避免地存在一些缺陷，有部分内容还需要开拓和完善。

（1）研究对象可延伸至整条供应链。本章中第四节的研究对象是面对政府减排约束的制造商和供应商构成的两级供应链，第五节的研究对象是面对政府减排约束的制造商和零售商构成的两级供应链，但是在实际生产中，一条完整的供应链应该包括供应商、制造商和零售商，所以在以后的研究中可以考虑将契约设计扩展到整条供应链，供应商与制造商制定收益共享契约，制造商又与零售商达成减排合作契约，从完整的供应链出发考虑各参与方的决策结果，这样的研究更具有现实意义，能够运用于生产实践。

（2）逆需求函数有待拓展。由于本章选取的参数比较多，考虑碳配额政策和碳交易机制下，整个各参与方的决策求解问题变得复杂，所以本章选取的低碳下的逆需求函数为 $p = a - bq + \alpha$（α 为消费者提供的价格激励，与减排量无关），以后的研究可以放开这个假设，考虑 α 与单位产品减排量相关。

（3）面临的政府低碳政策有待多元化。本章供应链各参与方面临的低碳政策为碳配额政策，目前对于中国来说还未完全实行碳配额政策，在以后的低碳经济发展中，政府的低碳政策不会是单一的，所以在以后的研究中可以延伸至碳税，或者同时面临碳配额和碳税等情况。

第五章　碳补贴政策下供应链合作伙伴选择

随着全球工业经济的快速发展，二氧化碳等温室气体排放日益增多，全球气候逐渐变暖导致自然灾害频繁发生。低碳经济、低碳生产、低碳消费越来越得到政府、企业和消费者的认同。2009 年在哥本哈根召开的全球气候变化大会上，如何降低碳排放成为大会主题。近年来，世界经济停滞不前，各国都在寻找使经济复苏的新引擎，"低碳经济"脱颖而出，成为全球热点。

近年来，发达国家如美国、加拿大、欧盟等国政府为了鼓励本国低碳经济的发展，纷纷对实施碳减排的企业给予补贴，旨在促进碳减排。我国政府在哥本哈根会议上承诺：到 2020 年实现我国单位国内生产总值二氧化碳排放比 2005 年下降 40% ~45%，并相继出台一系列政策鼓励企业碳减排。在这种背景下，供应链企业如何实施碳减排显得尤为重要。

随着核心竞争力理论的不断发展，使传统的纵向一体化企业组织模式发生本质变化，跨国公司基于价值链分析，相继通过剥离，清算战略把非核心业务剥离出去，外包给市场中更具有竞争力的企业，从而形成横向的供应链合作关系。合作伙伴选择成为供应链战略管理中的重要问题。但是，传统的供应链合作伙伴选择并没有考虑碳排放问题，如何在低碳背景下选择合作伙伴是一个重要的新课题，本书对此进行研究，为企业选择低碳供应链合作伙伴提供建议。

第一节　文献综述

一、关于碳政策约束下供应链企业的碳减排研究

Benjaafar、Li 和 Daskin 等（2013）考虑存在碳排放权情况下，建立了碳排放限额模型、碳税与碳交易模型和碳抵消模型。发现在成本没有显著增加的情况

下，实施碳排放政策可以促进碳排放的减少，但不同政策的碳减排效应存在显著差异。赵道致、原白云和徐春秋（2014）在产品碳排放约束条件下，建立了在政府实施碳总量限制和碳交易政策下的以零售商主导、制造商追随的斯坦克尔伯格博弈模型，发现零售商提供收益共享契约能激励制造商提高碳减排率，并求出了零售商的最优分享比例。Chen、Benjaafar 和 Elomri（2013）利用经济订货批量模型进行数值分析，研究如何通过修订订货批量来降低碳排放，并分析了碳排放量减少和成本增加的影响因素，同时将这一问题扩展到企业选址模型和报童模型。谢鑫鹏和赵道致（2013）建立一个上游制造商主导、下游零售商追随的斯坦克尔伯格博弈模型，运用新古典经济学和博弈论的方法，分析存在政府碳排放规制时上下游企业在完全不合作、半合作和完全合作三种情况下的碳减排效果和利润，对企业在碳减排过程中的相互作用和三种形式下的社会福利进行了比较。Du、Ma 和 Fu 等（2015）考虑在碳交易的情况下，基于报童模型分析排放依赖型供应链双方的博弈过程。发现碳税政策下企业低碳研发投资决策能控制供应链总排放量达到预期目标，而碳排放权交易政策下则不能。赵道致和吕金鑫（2012）构建了供应链整体减排优化模型，提出了实施供应链整体低碳化策略，实现碳减排目标以应对低碳环境下碳配额政策与碳交易机制给供应链企业带来的冲击。Yang 和 Yu（2016）分析了碳税政策和消费者低碳偏好下，供应链企业生产、价格、碳排放的最优决策问题，并提出了相应对策。

二、关于补贴政策对供应链企业的碳减排影响研究

徐春秋、赵道致和原白云（2014）建立了一个由制造商和零售商组成的两阶段博弈模型，制造商分别生产低碳产品和普通产品，低碳产品和普通产品实施差别定价，分析政府对低碳产品进行补贴时制造商和零售商的最优定价策略。结果表明，政府补贴集中决策情况能实现供应链整体利润最优，并采用 Shapley 值法进行协调，给出了契约协调机制。朱庆华和窦一杰（2011）针对消费者环境偏好存在差异的情况，建立了三阶段博弈模型，分析政府最优补贴政策和生产商最优绿色度水平。蒙卫军（2010）在碳排放税的条件下，分别实施补贴和鼓励合作政策激励企业进行碳减排研发，结果发现，碳税税率较低时，政府会对碳减排研发补贴而不是征税，碳税税率较高时，政府会对碳减排研发征税而不是补贴。补贴和合作面对不同的税率有不同的效果，应根据税率的变化选择合适的政策。Luo 和 Fan（2015）在考虑消费者偏好以及给定外生碳税的情况下，建立了三阶段博弈模型，探索不同形式的补贴如何影响供应链成员的碳减排与最优决策。结果表明，无论政府是对碳减排量进行补贴还是按产量进行补贴，都能够增加供应链企业利润，改善社会福利。柳键和邱国斌（2011）考虑制造商和零售商进行非合作

博弈与合作博弈，分析政府将补贴直接发放给消费者的政策效果。发现产品价格、企业销售额以及利润都随着政府补贴的增加而增加，合作情形下增速更快，而且合作情形下的企业利润高于非合作情形下的企业利润。Xu 和 Xiao（2016）构建了一个低碳技术补贴和回收补贴的两阶段博弈模型，研究政府补贴在低碳供应链中的作用。李友东、赵道致和夏良杰（2014）针对政府对制造商和零售商合作碳减排投入进行补贴的情况，建立纳什博弈、斯坦克尔伯格博弈和供应链集中决策三种模型，讨论了政府最优补贴率与企业最优碳减排成本投入之间的关系。结果表明，碳减排效果与供应链上下游企业之间的合作程度有关，企业之间合作程度越高，碳减排效果越好，企业收益也越高，纳什博弈下企业收益最高。Li、Du 和 Yang 等（2014）分析了碳补贴对三种类型供应链的利润和碳排放量的影响，并基于再制造供应链的视角，讨论了政府实施碳补贴政策的时间和方式。结果表明，只有当回收价格在一定区间内时，政府实行碳补贴政策才有效果。Shi 和 Bian（2011）在政府补贴政策下，建立了基于收益共享契约和数量折扣契约的供应链协调模型，发现这两种契约都能消除双重边际化效应，实现供应链协调。杨仕辉和付菊（2015）针对低碳产品两级供应链中制造商主导情境，建立了制造商和零售商在有无消费者补贴时的分散决策和集中决策博弈模型。结果表明，实施消费者补贴政策，供应链企业也间接从补贴政策中获得利益，间接达到了补贴供应链企业的目的，且企业合作策略更优；得到了实现供应链碳排放总量降低和供应链协调的条件。杨仕辉和王平（2016）构建了供应商和制造商两级低碳供应链斯坦克尔伯格博弈模型，发现收益共享契约下能实现低碳供应链协调。杨仕辉和范刚（2016）指出，政府可以通过制定相应的碳税和合理的转移支付契约，实现供应链的联合减排并促进供应链企业的低碳研发。

三、关于低碳供应链合作伙伴选择的研究

关于供应链合作伙伴的研究很多，主要从评价标准和评价方法两方面展开（Wu、Barnes，2011），但针对低碳供应链合作伙伴选择研究的并不多。Yeh 和 Chuang（2011）建立多目标规划模型，选择四个相互冲突的成本、响应时间、产品质量和绿色评价等指标，应用多目标遗传算法得到最优解。Wu 和 Barnes（2016）综合神经网络模型和多目标规划，提出了一种绿色合作伙伴选择和供应链设计的模式，提出一个可同时减少环境负面影响又能提高供应链业务绩效的方法。国内学者对供应链合作伙伴选择也给予了很高的关注，但关于低碳供应链合作伙伴选择进行研究的相关成果还没有发现。

可见，越来越多的学者开始关注碳减排政策对供应链企业决策的影响，低碳供应链合作伙伴选择的研究正在兴起。现有研究确立了低碳供应链分析的基本框

架，但有待研究的问题还有很多，例如，在分析碳排放政策约束条件下供应链上下游企业的碳减排博弈研究时，现有研究仅仅考虑政府碳排放规制对企业减排的影响，没有对企业在碳减排方面的相互影响进行分析，事实上，当供应链存在两个或两个以上企业同时减排时，企业之间在碳减排方面一般是相互影响的。在分析碳排放政策时，多数讨论补贴、碳税、碳交易价格等对单位产品碳减排量或碳减排率的影响，很少有就碳排放政策如何影响总碳减排量的问题进行探讨。为此，本章拟分析政府补贴政策对供应链单位产品碳排放量和供应链总碳减排量，并对供应链成员的应对策略进行探讨，力求更全面地反映政府政策的效果，为低碳供应链企业选择合作伙伴提供相应的建议。

本章的贡献体现在两个方面：一是对政府碳税政策或补贴政策如何影响总的碳减排量进行分析，力求更准确、详细地刻画政府补贴对碳减排效果的影响；二是对供应链企业在碳减排方面的合作伙伴选择进行分析，提供企业应对策略。

第二节　模型描述

一、问题描述

本章分析在政府补贴条件下，供应链企业在碳减排方面的伙伴关系选择问题。通常有一般伙伴、竞争性合作伙伴、技术合作伙伴和战略性合作伙伴等关系（Wu、Barnes，2012）。在不同关系中，两企业的碳减排效果、利润值以及供应链整体碳减排量和利润值都不同，而且，一个企业的碳减排效果必然会对另一个企业产生影响，政府补贴也会对其碳减排效果产生影响，进而影响到供应链合作伙伴关系。两企业须以碳减排为决策变量，在自行碳减排和合作碳减排之间做出抉择以实现利润最大化。

二、模型假设与变量定义

（1）供应链存在两个制造型企业，下游企业相对于上游企业来讲是零售商，但同时具有生产能力，可视为具有一定加工能力的零售企业。

（2）所生产产品属于必需品，其市场为不完全竞争市场，产品需求是价格的线性函数，$Q=N-ap$。其中，N 为市场容量，a 为需求价格敏感系数。

（3）在某种技术条件下，单位产品的碳排放量是常数，e_i^0 为单位产品的初始碳排放量，$i=m$，r，m 为制造商，r 为零售商。

（4）F_m，F_r 分别为制造商与零售商总碳减排成本。设为 $F_m=\beta_m e_m^2/2$，$F_r=\beta_r e_r^2/2$，β_m，β_r 为碳减排难度系数，越大表示所需碳减排成本越高，反之越低。碳减排成本是碳减排量的单调递增函数，其边际碳减排成本随碳减排量的提高而增加。制造商产品碳减排主要体现在制造环节，零售商产品碳减排则体现在流通环节（碳足迹）。

（5）两企业之间的产品库存为零。

（6）政府对单位产品提供碳减排补贴（$s>0$），或征收碳税（$s<0$）。

本章所用变量定义如表 5－1 所示。

表 5－1　变量及含义说明

变量	含义	变量	含义
e_m	制造商单位产品减少的碳排放量	w	产品批发价格
e_r	零售商单位产品减少的碳排放量	p	产品零售价格
e_T	供应链单位产品减排量，$e_T=e_m+e_r$	β_m	制造商减排难度系数
c_m	制造商单位产品生产成本	β_r	零售商减排难度系数
c_r	零售商单位产品生产成本	π_m	制造商利润
Q	产品需求量	π_r	零售商利润
s	政府对单位产品补贴（或碳税）	π_T	$\pi_T=\pi_m+\pi_r$
$\mathrm{E_m}$	制造商碳减排量	$\mathrm{E_r}$	零售商碳减排量

第三节　模型求解

制造商利润函数如式（5－1）所示：

$$\pi_m=(w-c_m+se_m)(N-ap)-\beta_m e_m^2/2 \tag{5-1}$$

零售商利润函数如式（5－2）所示：

$$\pi_r=(p-w-c_r+se_r)(N-ap)-\beta_r e_r^2/2 \tag{5-2}$$

企业间的博弈分为两阶段：第一阶段是关于碳减排量的；第二阶段是关于产品价格的。根据两企业合作伙伴关系，两阶段博弈可分为三种关系：第一种是竞争性合作伙伴关系（记为 NC），即两企业以各自利润最大化为目标决策自己的价格和碳减排量，其中，零售商要根据制造商的批发价格决定产品价格，但它们各自决定自己的碳减排量。第二种是技术合作伙伴关系（记为 HC），即在定价上不合作，在碳减排上合作，两企业均以各自利润最大化为目标决策产品价格，但

以整个供应链利润最大化为目标决策碳减排量。第三种是战略性合作伙伴关系（记为 TC），即两企业以整个供应链利润最大化为目标决策产品的零售价格和碳减排量，批发价格已不存在。三种关系的博弈过程如图 5-1 所示，应用逆向求解法求解模型。

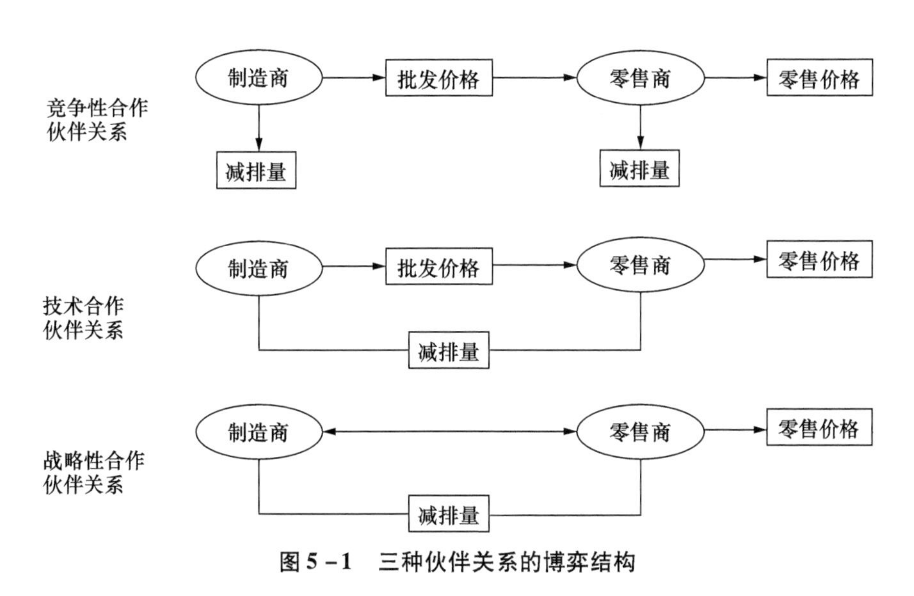

图 5-1 三种伙伴关系的博弈结构

一、竞争性合作伙伴关系

零售商为了实现利润最大化，优先决策产品零售价格。令 $\partial \pi_r/\partial p=0$，可得 p_{NC}，Q_{NC}，将其代入式（5-1），令 $\partial \pi_m/\partial w=0$，解得如式（5-3）所示：

$$\begin{cases} w_{NC}=[N+a(c_m-c_r)+as(e_r-e_m)]/(2a) \\ p_{NC}=[3N+a(c_m+c_r)-as(e_r+e_m)]/(4a) \\ Q_{NC}=[N-a(c_m+c_r)+as(e_r+e_m)]/4 \end{cases} \tag{5-3}$$

将式（5-3）代入式（5-1）中，由其海塞矩阵可得，如果 $\Delta_1=8\beta_m\beta_r-as^2(\beta_m+2\beta_r)>0$，则模型有最优解。联立求解一阶条件，得到制造商与零售商的最优单位产品碳减排量，如式（5-4）所示：

$$\begin{cases} e_{m(NC)}=2\beta_r s[N-a(c_m+c_r)]/\Delta_1 \\ e_{r(NC)}=\beta_m s[N-a(c_m+c_r)]/\Delta_1 \end{cases} \tag{5-4}$$

企业碳减排量为：$E_{i(NC)}=e_{i(NC)}Q$；i，$k=m$，r，$i\neq k$，供应链碳减排总量为 $E_{T(NC)}=e_{T(NC)}Q=[e_{m(NC)}+e_{r(NC)}]Q$。记 $\Phi_1=\beta_m\beta_r s[N-a(c_m+c_r)]^2$，经计算得到如式（5-5）所示：

$$E_{m(NC)}=4\beta_r\Phi_1/\Delta_1^2,\ E_{r(NC)}=2\beta_m\Phi_1/\Delta_1^2,\ E_{T(NC)}=2(\beta_m+2\beta_r)\Phi_1/\Delta_1^2 \tag{5-5}$$

由式（5－4）可知，当 $\beta_m=\beta_r$ 时，$e_{m(NC)}>e_{r(NC)}$。将式（5－4）代入式（5－3）得到如式（5－6）所示：

$$\begin{cases}p_{NC}=[2\beta_m\beta_r(3N+ac_m+ac_r)-Nas^2(\beta_m+2\beta_r)]/(a\Delta_1)\\Q_{NC}=2\beta_m\beta_r[N-a(c_m+c_r)]/\Delta_1\end{cases} \tag{5-6}$$

将式（5－6）、式（5－3）代入式（5－1）和式（5－2），可得竞争性合作伙伴关系下制造商、零售商与供应链总利润，如式（5－7）所示：

$$\begin{cases}\pi_{m(NC)}=2\beta_r(4\beta_m-as^2)\Phi_1/(as\Delta_1^2)\\\pi_{r(NC)}=\beta_m(8\beta_r-as^2)\Phi_1/(2as\Delta_1^2)\\\pi_{T(NC)}=\pi_{m(NC)}+\pi_{r(NC)}=[24\beta_m\beta_r-as^2(\beta_m+4\beta_r)]\Phi_1/(2as\Delta_1^2)\end{cases} \tag{5-7}$$

二、技术合作伙伴关系

在技术合作伙伴关系中，制造商与零售商共同决策碳减排量，但各自决策产品价格。也就是说，第二阶段的博弈与竞争性合作伙伴关系的情况相同。因此，所得的产品批发价格、零售价格、需求与式（5－3）相同。

在第一阶段，为实现供应链总体利润的最大化，制造商与零售商共同决策碳减排量。此时，可分别求得两企业及供应链总利润函数 $\pi_{m(HC)}$，$\pi_{r(HC)}$，$\pi_{T(HC)}$，由海塞矩阵可得：$|H_{HC}|=[8\beta_m\beta_r-3as^2(\beta_m+\beta_r)]/8$，如果 $\Delta_2=8\beta_m\beta_r-3as^2(\beta_m+\beta_r)>0$，则模型有最优解。求供应链总利润对碳减排量的一阶偏导，令其等于零，解方程组，得到在技术合作伙伴关系下，制造商和零售商的最优单位产品碳减排量为：

$$e_{i(HC)}=3\beta_k s[N-a(c_m+c_r)]/\Delta_2;\ i,\ k=m,\ r,\ i\neq k \tag{5-8}$$

企业碳减排量为：$E_{i(HC)}=e_{i(HC)}Q$；i，$k=m$，r，$i\neq k$，供应链碳减排总量为 $E_{T(HC)}=e_{T(HC)}Q=[e_{m(HC)}+e_{r(HC)}]Q$。经计算可得如式（5－9）所示：

$$E_{m(HC)}=6\beta_r\Phi_1/\Delta_2^2,\ E_{r(HC)}=6\beta_m\Phi_1/\Delta_2^2,\ E_{T(HC)}=6(\beta_m+\beta_r)\Phi_1/\Delta_2^2 \tag{5-9}$$

将式（5－8）代入式（5－3）可得技术合作伙伴关系下产品的零售价格与产量，如式（5－10）所示：

$$\begin{cases}p_{HC}=[2\beta_m\beta_r(3N+ac_m+ac_r)-3Nas^2(\beta_m+\beta_r)]/(a\Delta_2)\\Q_{HC}=2\beta_m\beta_r[N-a(c_m+c_r)]/\Delta_2\end{cases} \tag{5-10}$$

将式（5－10）、式（5－3）代入制造商与零售商以及供应链总利润函数，可得技术合作伙伴关系下制造商、零售商与供应链总利润，如式（5－11）所示：

$$\begin{cases}\pi_{m(HC)}=\beta_r(16\beta_m-9as^2)\Phi_1/(2as\Delta_2^2)\\\pi_{r(HC)}=\beta_m(8\beta_r-9as^2)\Phi_1/(2as\Delta_2^2)\\\pi_{T(HC)}=\pi_{m(HC)}+\pi_{r(HC)}=3\Phi_1/(2as\Delta_2)\end{cases} \tag{5-11}$$

三、战略性合作伙伴关系

此时，制造商与零售商联合起来对产品价格和碳减排量做决策。在第二阶段，制造商与零售商共同决策产品的零售价格，此时整个供应链的利润函数如式（5－12）所示：

$$\pi_{T(TC)}=[(p-c_m-c_r+s(e_m+e_r)](N-ap)-\beta_m e_m^2/2-\beta_r e_r^2/2 \quad (5-12)$$

令 $\partial\pi_{T(TC)}/\partial p=0$，得出式(5－13)

$$\begin{cases}p_{TC}=[N+a(c_m+c_r)-as(e_r+e_m)]/(2a)\\Q_{TC}=[N-a(c_m+c_r)+as(e_r+e_m)]/2\end{cases} \quad (5-13)$$

将式（5－13）代入式（5－12），得到供应链整体最优利润值。由其海塞矩阵得：$|H_{TC}|=[2\beta_m\beta_r-as^2(\beta_m+\beta_r)]/2$，如果 $\Delta_3=2\beta_m\beta_r-as^2(\beta_m+\beta_r)>0$，则总利润函数为凹函数，有最优解。求一阶条件，得到在战略性合作伙伴关系下，制造商和零售商的最优单位产品碳减排量为：

$$e_{i(TC)}=\beta_k s[N-a(c_m+c_r)]/\Delta_3;\ i,\ k=m,\ r,\ i\neq k \quad (5-14)$$

企业碳减排量为：$E_{i(TC)}=e_{i(TC)}Q$；i，$k=m$，r，$i\neq k$，供应链碳减排总量为 $E_{T(TC)}=e_{T(TC)}Q=[e_{m(TC)}+e_{r(TC)}]Q$。经计算得到式(5－15)：

$$E_{m(TC)}=\beta_r\Phi_1/\Delta_3^2,\ E_{r(TC)}=\beta_m\Phi_1/\Delta_3^2,\ E_{T(TC)}=(\beta_m+\beta_r)\Phi_1/\Delta_3^2 \quad (5-15)$$

将式（5－14）代入式（5－13），可得式（5－16）：

$$\begin{cases}p_{TC}=-[Nas^2(\beta_m+\beta_r)-\beta_m\beta_r(N+ac_m+ac_r)]/(a\Delta_3)\\Q_{TC}=\beta_m\beta_r[N-a(c_m+c_r)]/\Delta_3\end{cases} \quad (5-16)$$

将式（5－14）、式（5－16）代入式（5－12），可得战略性合作伙伴关系下供应链总利润如式（5－17）所示：

$$\pi_{T(TC)}=\Phi_1/(2as\Delta_3) \quad (5-17)$$

为了实现联盟总体利益在各成员之间的公平和有效分配，这里采用合作博弈的 Shapley 值方法对联盟的整体利润进行再分配。Shapley 函数表达式如式（5－18）所示：

$$\varphi_i(v)=\sum_{s\subseteq N}(|S|-1)!(n-|S|)![v(S)-v(S-\{i\})]/n! \quad \forall i\in N \quad (5-18)$$

其中，$\varphi_i(v)$是联盟第 i 个成员的 Shapley 值，$|S|$是联盟 S 成员数目，n 是联盟成员 N 的成员数目，$v(S)$是联盟 S 的利润值，$v(S-\{i\})$是联盟 S 不包括 i 的值。制造商联盟子集包括 $S_1=\{$制造商$\}$，$S_{12}=\{$制造商，零售商$\}$，则制造商的利润分配值如式(5－19)所示：

$\varphi_m(v)=(1-1)!\ (2-1)!\ [v(S_1)-0]/2!\ +(2-1)!\ (2-2)!\ [v(S_{12})-$

$v(S_2)]/2!$ (5-19)

其中，$v(S_1)$是制造商不联盟时的利润值，$v(S_1)=\pi_{m(NC)}$，$v(S_{12})$是联盟时的利润值，$v(S_{12})=\pi_{T(TC)}$。$v(S_2)$是零售商不联盟时的利润值，$v(S_2)=\pi_{r(NC)}$。

同理，制造商联盟子集包括 $S_2=\{零售商\}$，$S_{12}=\{制造商，零售商\}$，则零售商利润分配值如式（5-20）所示：

$$\varphi_r(v)=(1-1)!\ (2-1)!\ [v(S_2)-0]/2!\ +(2-1)!\ (2-2)!\ [v(S_{12})-v(S_1)]/2! \tag{5-20}$$

进而得到如式（5-21）所示：

$$\begin{cases}\pi_{m(TC)}=\varphi_m(v)=\pi_{m(NC)}/2+[\pi_{T(TC)}-\pi_{r(NC)}]/2\\ \pi_{r(TC)}=\varphi_r(v)=\pi_{r(NC)}/2+[\pi_{T(TC)}-\pi_{m(NC)}]/2\end{cases} \tag{5-21}$$

将式（5-7）、式（5-16）代入式（5-21）可得式（5-22）：

$$\pi_{m(TC)}=\beta_r\Omega_1\Phi_1/(4as\Delta_1^2\Delta_3),\ \pi_{r(TC)}=\beta_m\Phi_1\Omega_2/(4as\Delta_1^2\Delta_3) \tag{5-22}$$

其中，$\Omega_1=a^2s^4(7\beta_m+8\beta_r)+48\beta_m\beta_r(\beta_m-as^2)+2\beta_m^2(16\beta_r-11as^2)$，$\Omega_2=a^2s^4(2\beta_m+\beta_r)+2\beta_m\beta_r(8\beta_r-5as^2)+16\beta_r^2(2\beta_m-as^2)$。

第四节 结果分析

命题 5-1 $\partial e_{i(z)}/\partial\beta_i<0$；$i=m,r$；$z=NC,HC,TC$。

证明：由式(5-4)可得：$\partial e_{m(NC)}/\partial\beta_m=-2\beta_r s[N-a(c_m+c_r)](8\beta_r-as^2)/\Delta_1^2<0$，$\partial e_{r(NC)}/\partial\beta_r=-2\beta_m s[N-a(c_m+c_r)](4\beta_m-as^2)/\Delta_1^2<0$，同理，有 $\partial e_{m(HC)}/\partial\beta_m<0$，$\partial e_{r(HC)}/\partial\beta_r<0$，$\partial e_{m(TC)}/\partial\beta_m<0$，$\partial e_{r(TC)}/\partial\beta_r<0$。

命题 5-1 表明，在三种合作伙伴关系下，制造商与零售商单位产品碳减排量都随着自身碳减排难度系数增加而降低。究其原因，碳减排难度系数直接影响低碳产品制造商和零售商的成本，碳减排难度系数越大，碳减排需要付出的成本越大，制造商和零售商越不愿意提高碳减排量。

命题 5-2 $\partial e_{i(z)}/\partial s>0$，$\partial e_{i(z)}/\partial e_{k(z)}>0$；$i,k=m,r$；$i\neq k$；$z=NC,HC$。

证明：由式（5-4）可知，$\partial e_{m(NC)}/\partial e_{r(NC)}=as^2/(4\beta_m-as^2)>0$，$\partial e_{r(NC)}/\partial e_{m(NC)}=as^2/(8\beta_r-as^2)>0$，同理可证，$\partial e_{m(HC)}/\partial e_{r(HC)}>0$，$\partial e_{r(HC)}/\partial e_{m(HC)}>0$，$\partial e_{m(NC)}/\partial s=4a\beta_r s^2[N-a(c_m+c_r)](\beta_m+2\beta_r)/\Delta_1^2>0$，$\partial e_{r(NC)}/\partial s=2a\beta_m s^2[N-a(c_m+c_r)](\beta_m+2\beta_r)/\Delta_1^2>0$。

命题 5-2 表明，制造商的碳减排量随着政府补贴 s 和零售商碳减排量的增加而增加，而且，零售商碳减排量也随着政府补贴 s 和制造商碳减排量的增加而

增加，也就是说，政府补贴对供应链成员的碳减排量具有激励作用，而供应链成员之间的碳减排也具有相互促进的作用。

命题 5－3　$e_{T(TC)} > e_{T(HC)} > e_{T(NC)}$。

证明：记 $\Delta e^* = e_{T(HC)} - e_{T(NC)}$，$\Delta e^{**} = e_{T(TC)} - e_{T(HC)}$，$\Omega_4 = 7as^2(\beta_m + \beta_r)\Delta_3 + 16\beta_m^2\beta_r^2 - 2a^2s^4(\beta_m + \beta_r)$，$\Omega_3 = as^2(\beta_m + \beta_r)\Delta_1 + 64\beta_m^2\beta_r^2 - 8a^2s^4(\beta_m + \beta_r)(\beta_m + 2\beta_r)$，由式（5－4）、式（5－8）和式（5－14），可得：

$$\begin{cases}\partial\Delta e^*/\partial s = 8\beta_m\beta_r(2\beta_m + \beta_r)[N - a(c_m + c_r)]\Omega_3/(\Delta_1^2\Delta_2^2) > 0\\ \partial\Delta e^{**}/\partial s = 2\beta_m\beta_r(\beta_m + \beta_r)[N - a(c_m + c_r)]\Omega_4/(\Delta_2^2\Delta_3^2) > 0\end{cases}$$

。从而有 $e_{T(TC)} > e_{T(HC)} > e_{T(NC)}$。

命题 5－3 表明，随着政府补贴 s 的增加和合作伙伴关系的紧密，单位产品碳减排量对政府补贴越来越敏感，战略性合作伙伴下企业碳减排最有效率。

命题 5－4　$E_{i(TC)} > E_{i(HC)} > E_{i(NC)}$；$i = m, r, T$。

证明：由式（5－5）、式（5－9）和式（5－15），可得：

$$\begin{cases}E_{m(HC)} - E_{m(NC)} = 2\beta_r\Phi_1[24\beta_m\beta_r as^2(2\beta_m - as^2) + 6\beta_r^2(4\beta_m^2 - a^2s^4) + \\ \qquad 5\beta_m^2(8\beta_r^2 - 3a^2s^4)]/(\Delta_1^2\Delta_2^2) > 0\\ E_{m(TC)} - E_{m(HC)} = \beta_r\Phi_1[10\beta_m\beta_r - 3as^2(\beta_m + \beta_r)][4\beta_m\beta_r - as^2(\beta_m + \beta_r)]/ \\ \qquad (\Delta_2^2\Delta_3^2) > 0\end{cases}$$

$$\begin{cases}E_{T(HC)} - E_{T(NC)} = 2\Phi_1[\beta_m\beta_r^2(52\beta_m\beta_r - 21a^2s^4) + \beta_m^2\beta_r(128\beta_m\beta_r - 21a^2s^4) + \\ \qquad 6\beta_r^3(2\beta_1^2 - a^2s^4) + 6\beta_m^3a^2s^4]/(\Delta_1^2\Delta_2^2) > 0\\ E_{T(TC)} - E_{T(HC)} = \Phi_1(\beta_m + \beta_r)[10\beta_m\beta_r - 3as^2(\beta_m + \beta_r)] \\ \qquad [4\beta_m\beta_r - as^2(\beta_m + \beta_r)]/(\Delta_2^2\Delta_3^2) > 0\end{cases}$$

故有 $E_{m(TC)} > E_{m(HC)} > E_{m(NC)}$，$E_{T(TC)} > E_{T(HC)} > E_{T(NC)}$，同理可证，$E_{r(TC)} > E_{r(HC)} > E_{r(NC)}$。

综合得到：$E_{i(TC)} > E_{i(HC)} > E_{i(NC)}$；$i = m, r, T$。

命题 5－4 表明，供应链总体和成员的碳减排量在战略性合作伙伴下最大，其次是技术合作伙伴关系，竞争性合作伙伴关系碳减排量最小。故制造商与零售商应该加强碳减排合作，只有通过这种方式才能取得较好的碳减排效果。

命题 5－5　$\partial E_{i(z)}/\partial s > 0$；$i = m, r, T$；$z = NC, HC, TC$。

证明：记 $\Delta_4 = 2\beta_m\beta_r[N - a(c_m + c_r)]^2[8\beta_m\beta_r + 3as^2(\beta_m + 2\beta_r)]/\Delta_1^3 > 0$，由式（5－9）可得：

$\partial E_{m(NC)}/\partial s = 2\beta_r\Delta_4 > 0$，$\partial E_{r(NC)}/\partial s = \beta_m\Delta_4 > 0$，$\partial E_{T(NC)}/\partial s = (\beta_m + 2\beta_r)\Delta_4 > 0$。

同理可证，$\partial E_{m(HC)}/\partial s > 0$，$\partial E_{m(TC)}/\partial s > 0$，$\partial E_{r(HC)}/\partial s > 0$，$\partial E_{r(TC)}/\partial s > 0$，$\partial E_{T(HC)}/\partial s > 0$，$\partial E_{T(TC)}/\partial s > 0$。

命题5－5表明，供应链总体和成员的总碳减排量都随着政府补贴 s 的增加而增加。

命题5－6 $\partial p_z/\partial s<0$，$\partial Q_z/\partial s<0$，$\partial \pi_z/\partial s<0$；$z=NC$，$HC$，$TC$。

证明：由式（5－6）和式（5－7）可得：

$\partial p_{NC}/\partial s=-4(\beta_m+2\beta_r)\Phi_1/\Delta_1^2<0$，$\partial Q_{NC}/\partial s=4a(\beta_m+2\beta_r)\Phi_1/\Delta_1^2>0$，$\partial \pi_{NC}/\partial s=\Phi_1[2\beta_m\beta_r(16\beta_m-3as^2)+8\beta_r^2(8\beta_m-as^2)+\beta_m^2(8\beta_r-as^2)]/\Delta_1^3>0$。

同理可证，$\partial p_{HC}/\partial s<0$，$\partial p_{TC}/\partial s<0$，$\partial Q_{HC}/\partial s>0$，$\partial Q_{TC}/\partial s>0$，$\partial \pi_{HC}/\partial s>0$，$\partial \pi_{TC}/\partial s>0$。

命题5－6表明，产品零售价格随着政府补贴的增加而减小，产品产量和供应链总利润随着政府补贴的增加而增加。

第五节　数值模拟

取 $N=300$，$a=10$，$\beta_m=150$，$\beta_r=200$，$c_m=5$，$c_r=4$，令 s 在［1，3］内变化，对比三种关系下制造商与零售商减排量、供应链减排量、产品价格、产量、制造商和零售商利润以及供应链总利润。

由图5－2、图5－3、图5－4可知，随着政府补贴 s 的增大，制造商、零售

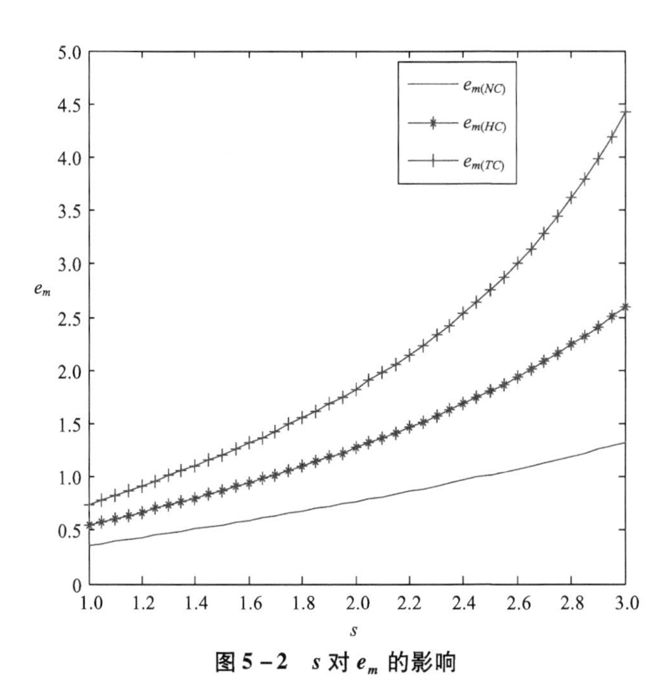

图5－2　s 对 e_m 的影响

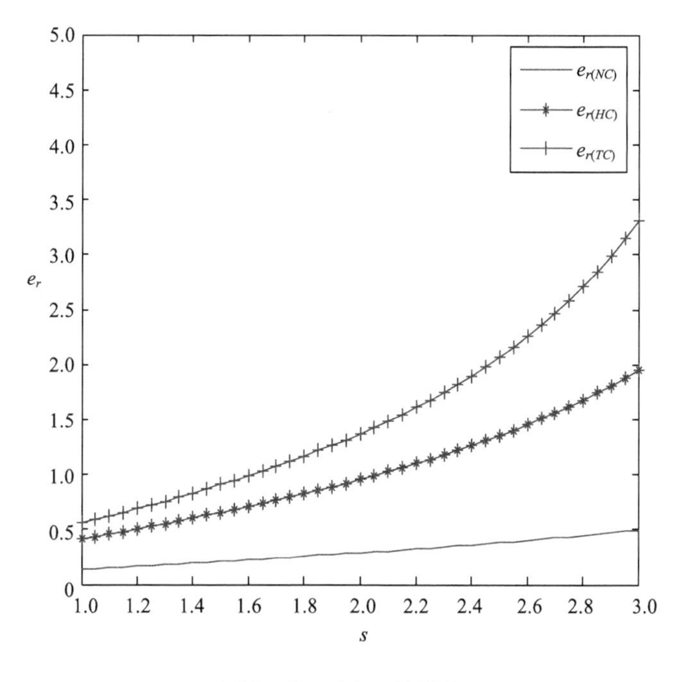

图 5－3　s 对 e_r 的影响

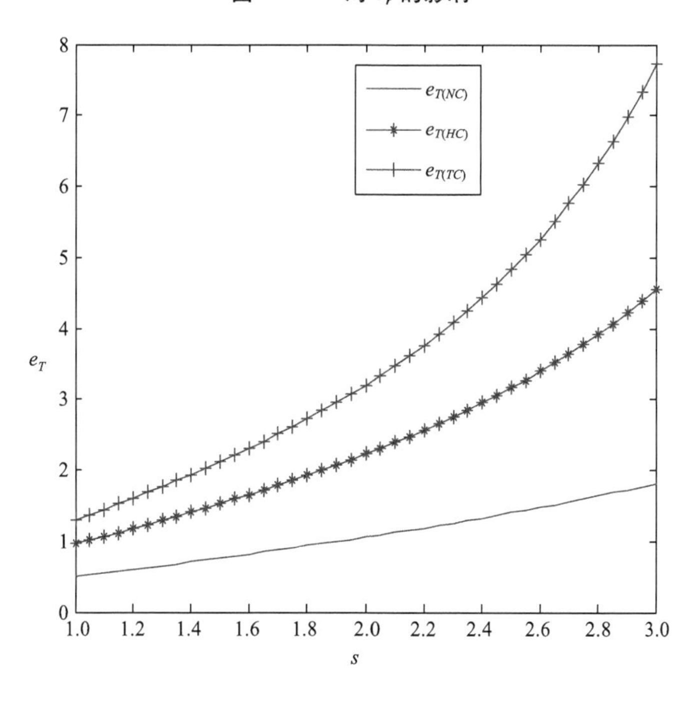

图 5－4　s 对 e_T 的影响

商以及供应链单位产品的碳减排量都不断增加，其中，战略性合作伙伴关系下碳减排量最高，其次是技术合作伙伴关系，竞争性合作伙伴关系下碳减排量最低。随着 s 的增加，单位产品碳减排量的差距也越来越大，说明随着合作伙伴关系密切度的加强，单位产品的碳减排量对补贴越来越敏感，与命题 5－2 和命题5－3 相同。

由图 5－5、图 5－6、图 5－7 可知，随着政府补贴 s 的增大，制造商、零售商以及供应链的总碳减排量都不断增加，其中，战略性合作伙伴关系下碳减排量最高，其次是技术合作伙伴关系，竞争性合作伙伴关系下碳减排量最低，与命题 5－4 和命题 5－5 相同。

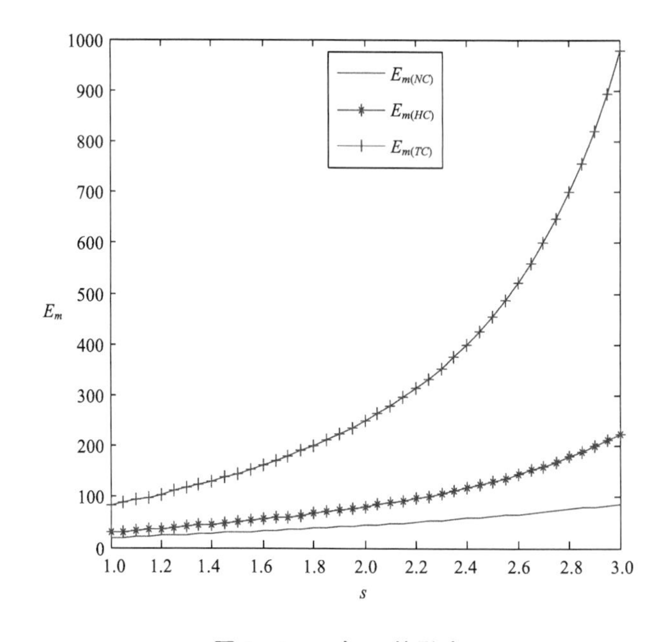

图 5－5　s 对 E_m 的影响

由图 5－8、图 5－9 可知，随着政府补贴 s 的增大，产品零售价格不断降低，其中，战略性合作伙伴关系下价格最低，其次是技术合作伙伴关系，竞争性合作伙伴关系下价格最高；但产品产量情况不同，随着 s 的增大，产品产量不断增加，其中，战略性合作伙伴关系下产量最高，其次是技术合作伙伴关系，竞争性合作伙伴关系下产量最低，与命题 5－6 相同。

由图 5－10、图 5－11、图 5－12 可知，随着政府补贴 s 的增大，出现以下两种情形：①制造商利润和供应链总利润不断增加，其中，战略性合作伙伴关系下利润最高，其次是技术合作伙伴关系，竞争性合作伙伴关系下利润最低；②零售

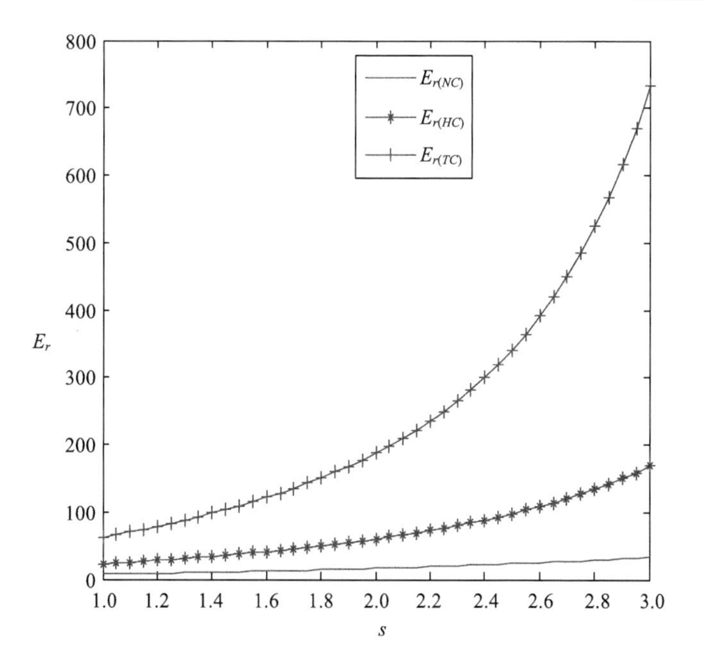

图 5-6 s 对 E_r 的影响

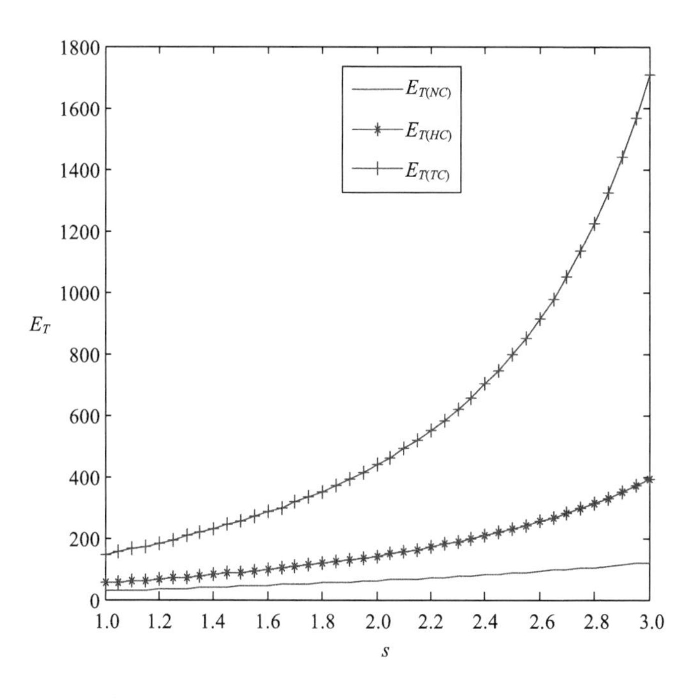

图 5-7 s 对 E_T 的影响

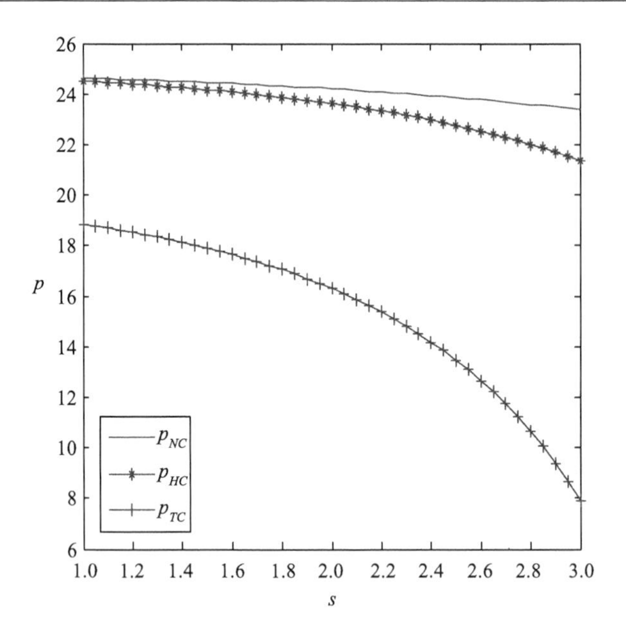

图 5-8　*s* 对 *p* 的影响

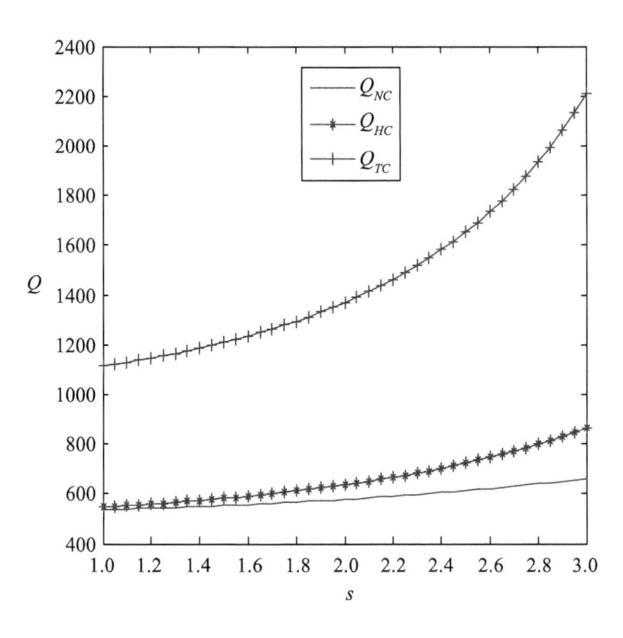

图 5-9　*s* 对 *Q* 的影响

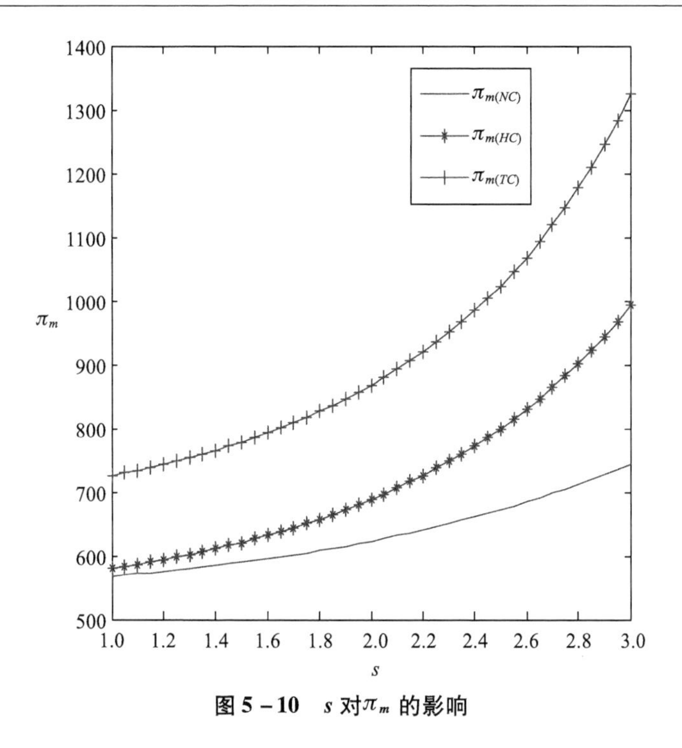

图 5-10　s 对 π_m 的影响

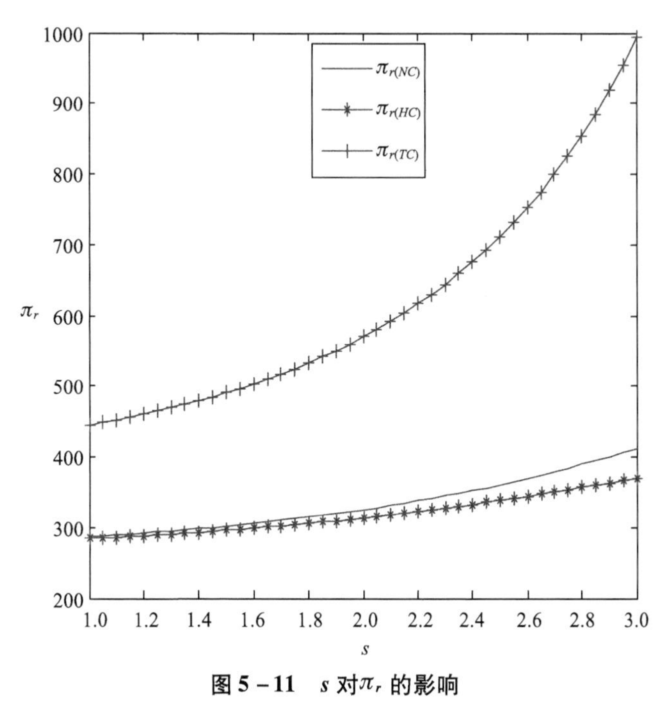

图 5-11　s 对 π_r 的影响

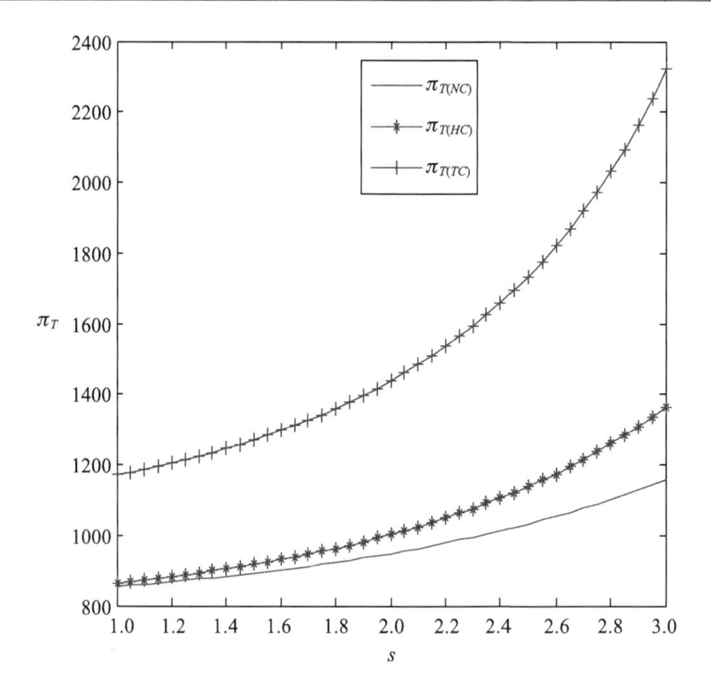

图 5 – 12　s 对 π_T 的影响

商的利润不断增加，其中，战略性合作伙伴关系下利润最高，其次是竞争性合作伙伴关系，技术合作伙伴关系下利润最低。对于零售商来说，技术合作伙伴关系下的利润低于竞争性合作伙伴关系下的利润。综上所述，企业都愿意通过建立战略性合作伙伴关系进行碳减排。

第六节　结论与政策建议

一、结论

本章针对两级供应链中制造商主导、零售商追随的情境，应用斯坦克尔伯格博弈理论分析制造商和零售商在面临政府补贴政策时进行的生产和碳减排决策，以及制造商与零售商在竞争性合作伙伴关系、技术合作伙伴关系以及战略性合作伙伴关系三种不同情境下的碳减排效果，对企业在碳减排过程中的相互作用、政府补贴对碳减排效果的影响等问题进行分析。得到以下结论：制造商与零售商单

位产品碳减排量都随着自身减排难度系数的增加而降低，对于供应链上、下游企业来说，一个企业减排可以促进另一个企业减排，因此，随着供应链企业合作伙伴关系密切程度的加强，产品产量、碳减排总量和单位产品碳减排量都对政府补贴很敏感，战略性合作伙伴关系下最有效率，其原因主要是供应链成员和整个供应链的总利润都随政府补贴的增加而增加，且战略性合作伙伴关系下的利润最高。而产品零售价格随着政府补贴的增加而减小，战略性合作伙伴关系下产品零售价格最低。

二、政策建议

为了提高供应链成员碳减排的积极性，政府应大力实施碳补贴政策，对供应链企业而言，在政府实施碳补贴政策下，供应链成员应根据需要具体选择建立相应的合作伙伴关系，从而在低碳经济发展热潮中实现较高的碳减排效能，提高供应链成员的竞争力。要将低碳化要求纳入企业供应链设计、协调优化、供应商选择、配送中心和分销商的选择与评价考核体系中，真正从产品碳足迹各环节进行低碳化管理。

第六章　碳减排政策下供应链定价与减排决策

为了应对全球变暖的气候压力，各国纷纷出台了形式不一的碳减排机制，如澳大利亚征收碳税、欧盟实行碳交易制度，以履行各自的减排义务。这几种减排机制有的在中国或已有实施，如碳配额机制，作为环保政策的命令—控制工具中国历来惯于使用；或已有试点，如碳交易机制于2013年在七省市开始选点试行；或即将实施，如碳税。碳减排政策不但改变了一国的宏观经济总量与增长趋势，也改变了企业的成本结构、利润和市场风险，学者们纷纷从宏观及微观层面对三种政策的效力问题进行了研究，相比于宏观层面，从供应链层面进行的减排政策效力问题的研究显得远远不够。碳减排政策下企业管理面临更多的制约因素，企业运营决策变得更加复杂，需要瞄准包括碳排放在内的最小成本或最大利润的模型研究，用来告诉经理们碳减排政策可能如何影响运营决策（Benjaafar、Li、Daskin，2013）。然而，现有的关于碳排放约束下企业运营管理的文献主要研究单个企业在碳排放政策下的最优决策，基于供应链视角进行研究的文献还相对较少（鲁力、陈旭，2014），而已有文献关于三种减排政策下供应链定价与减排决策的比较更为罕见。基于碳减排约束下供应链定价与减排问题的实践意义和理论不足，本章拟回答下列两个问题：一是三种碳减排政策在供应链中的效力谁更占优？二是在不同减排政策约束下供应链如何进行定价与减排决策？

第一节　文献综述

一、不同碳减排政策的减排效果研究

从宏观方面看，环境经济学家对不同碳减排政策的效果孰优孰劣的观点不能

统一。Pezzey（1992）和 Farrow（1995）认为，理论上碳交易与碳税规制的效率长期上是相等的；Goulder 和 Schein（2013）也认为，只要设计得当，碳税与碳交易政策在效率上也可以是相等的。Farinelli、Johansson 和 McCormick 等（2005）发现，高碳税能减排但严重损害 GDP，碳交易能使公司采用更高能源效率的新技术达到减排与经济目标。Teddy 和 Grant（2009）在调查了 50 多篇网络文章和新闻后得出碳交易是业务友好的、能产生更多就业的结论，Stavins（2008）也认为，从排放水平确定性、减排负担公平性、减排政策协调性、政治风险等来看，碳交易政策优于其他排放标准和碳税政策。然而也有学者认为，碳税比碳交易在可行性上更优，Wittneben（2009）发现，碳税政策比碳交易政策能更快、更经济地减排。

微观方面也没有一致的结论。杨仕辉、魏守道和胥然等（2014）发现，当企业产品差别化竞争时，从碳排放流量看不同政策没有严格优劣之分；当产品完全同质时，碳交易政策最优，总量控制政策次之，碳税政策最差。程永宏（2015）比较了不同碳减排政策下的供应链减排量、价格、需求量与利润，发现在一定条件下虽然减排量相同，但相比碳税政策，碳交易机制下供应链系统的利润最大，更容易被制造商和零售商接受，易于推广。He、Zhang 和 Xu 等（2015）从 EOQ 模型出发研究碳交易和碳税的减排效果，发现两种政策的减排效果取决于碳交易价格和碳税税率，如果两者相同，碳交易和碳税两个方案都有相似的减排效果。Pizer、Burtraw 和 Harrington 等（2006）分析了碳税政策和碳交易机制下电力行业的减排效果，发现碳税政策和碳交易机制下企业的减排效果都基本一致，碳交易机制中碳配额的作用与碳税税率的作用等价。Tiwari（2010）发现，碳税和碳交易政策各有其优点，采用模拟方法分析了电力市场上碳交易政策和碳税政策的减排效果，发现碳交易政策下电力生产商能获得意外利润，因而同样减排水平下消费者在碳交易政策下承受的成本要更高，当市场不是充分有效时碳交易政策可能在减排方面是无效的，而碳税的简便性使得政府能更好地控制减排。

二、不同碳减排政策下与减排有关的决策研究

Rosič和 Jammernegg（2012）基于报童模型讨论了双渠道采购中的运输排放与利润问题，发现双渠道采购中碳交易政策优于碳税政策。任志娟（2012）在确定性需求下比较了碳税、碳交易、总量控制下的单个厂商和社会的产出、减排与福利，发现碳交易优于碳税，要实现碳排放量相同的目标，碳税与碳交易的价格应该相同。Xu、Xu 和 He（2015）发现，产量由碳价与碳配额和碳税决定，最优碳配额是环境损害系数的非减函数，最优碳税是环境损害系数的减函数，而在减排与利润上没有一种政策占优。Lu、Zhu 和 Cui（2012）基于双头垄断模型，以

美国建筑行业为例对产量、价格、减排目标进行了经验分析，发现碳税政策和碳交易政策在达到减排目标上不如排放标准政策有效；碳排放标准政策则会削减产量、提升价格，碳税与碳交易政策则相反。

然而，上述关注单个企业碳减排的研究不能有效地解决碳排放约束下供应链上下游企业的协同问题。部分学者假定消费者不具备环保意识、不偏好环境友好产品。Liu 和 Ding（2012）在制造商主导的斯坦克尔伯格结构下采用非线性规划模型讨论了碳排放约束下的供应链合作定价问题，发现非合作定价下的碳排放约束不能满足，且供应链利润也非最优。Yang、Zheng 和 Xu（2014）利用斯坦克尔伯格模型考察了不同碳减排政策对二级供应链的产量、定价与利润的影响，发现如果碳价相同，总量控制政策下产量最低而零售价最高，如果初始碳配额大于排放量，碳交易政策总是优于总量控制与碳税政策，但模型没有讨论批发价与减排量。也有学者假定消费者具有环保意识，偏好低碳产品。鲁力（2014）在供应商斯坦克尔伯格模型下，假设消费者需求为碳排放敏感型需求，研究发现，当单位碳排放量缴纳的碳税大于购买单位碳排放权的价格时，碳税情形下的制造商最优单位产品碳排放量小于总量控制与碳交易的情形。李友东（2013）考虑消费者低碳偏好的二级供应链问题，发现消费者低碳偏好的增加和减排成本影响因子的减少导致制造商减排水平增加。谢鑫鹏和赵道致（2013）假设消费者需求与产品碳排放量相关，发现制造商的批发价格与产品减排率、减排成本及碳交易价格有关，单位减排成本在靠近碳交易价格区域内波动是最理想的状态。Liu、Anderson 和 Cruz（2011）发现，产品环保水平、批发价、零售价与消费者环保意识成正比，与产品的环保改进成本系数成反比。杨仕辉和王平（2016）建立了两级供应链斯坦克尔伯格模型，假定消费者具有低碳偏好，发现在碳交易机制下收益共享契约能实现减排与利润的增加。

可见，越来越多的学者开始关注碳减排政策下供应链成员决策与协调问题，多假设为垄断结构、通过制定最优订货计划来实现决策优化。本章从供应链视角出发，假设完全竞争的市场结构，制造商依据单位产品碳减排量、零售商根据其边际利润来实现决策优化，并同时比较碳税、碳交易和总量控制政策下的制造商定价和减排策略零售商边际利润定价策略以及不同政策在供应链层面的碳减排效果。

本章的贡献在于以下几方面：①模型假设市场结构是完全竞争的，零售商根据边际利润优化决策；②比较碳税、碳交易和总量控制政策下供应链的碳减排效果，为政府制定碳减排政策提供参考；③发现碳排放约束下存在一条减排与减产相权衡的替代曲线，可以为企业经理进行运营决策提供参考。

第二节 模型构建

一、模型假设

考虑一个供应商和一个零售商组成的供应链，生产一种产品。在碳税政策下，政府对单位产品碳排放量征收碳税 t，制造商承担减排成本，零售商不参与减排行动。供应链权力结构假定为三种，即制造商主导、零售商主导和双方对等力量。

假设 1 市场需求函数为 $q = a - bp$，其中，a，$b > 0$，a 为市场潜力，b 为需求对价格敏感度。

假设 2 零售价格 $p = w + s$，其中，w 为制造商的批发价格，$s > 0$ 为零售商的边际利润。线性需求函数的假设来源于 Savaskan、Bhattacharya 和 Van Wassenhove（2004）。制造商的生产成本为 c，满足 $w \geqslant c + Ie^2/2$。I 为减排的投资效果系数，e 为单位产品的碳减排量，并记 e_0 为单位产品的初始碳排放量。

假设 3 制造商实行减排措施需要投资，或用于清洁技术研发，或用于生产线重组，单位产品的减排投资为 $Ie^2/2$（Yalabik、Fairchild，2011），反映实施减排先易后难成本递增的事实。

假设 4 模型参数是确定性的，不存在信息不对称、市场摩擦，不存在交易成本。

二、变量定义

本章变量含义如表 6 - 1 所示。标记 i（$= T$，CC，CT）为政策标记，其中，T 代表碳税政策，CC 为总量控制政策，CT 代表碳交易政策。

表 6 - 1 变量及含义说明

变量	含义	变量	含义
p	单位产品市场价格	e_0	单位产品的初始碳排放量
q	产品需求量	t^T	单位产品征收碳税税率
w	制造商的单位产品批发价格	t^{CC}	单位碳配额的影子价格
s	零售商的单位产品边际利润	t^{CT}	单位碳交易价格
c	制造商单位产品生产成本	π_r	零售商利润
Δe	供应链总减排量，$\Delta e = eq$	π_m	制造商利润
E	初始碳配额	π	供应链利润 $\pi = \pi_r + \pi_m$
I	减排投资成本系数	e	单位产品的碳减排量

第三节　模型求解

一、碳税政策

制造商先决定 w 和 e，零售商再决定 s，应用逆向求解法求解博弈模型。

零售商利润为：$\pi_r = sq = s(a - bw - bm)$，由一阶条件得出结果如式（6－1）所示：

$$m = a/(2b) - w/2 \tag{6-1}$$

制造商利润为：$\pi_m = (w - c - Ie^2/2)(a - bw)/2 - (e_0 - e)qt^T$，将式(6－1)代入，得出结果如式(6－2)所示：

$$\pi_m = [w - c - Ie^2/2 - (e_0 - e)t^T](a - bw)/2 \tag{6-2}$$

求二阶导，得：$\partial^2 \pi_m/\partial w^2 = -b < 0$，$\partial^2 \pi_m/\partial e^2 = -I(a - bw)/2 < 0$，$\partial^2 \pi_m/\partial w\partial e = b(Ie - t^T)/2$，故式(6－2)的海塞矩阵行列式 $|H| = Ib(a - bw)/2 - b^2(Ie - t^T)^2/4$，如果 $w \leqslant a/b - (Ie - t^T)^2/(2I)$，则 $|H| \geqslant 0$，式(6－2)有最优解。由式(6－2)求一阶条件得到均衡解，如式(6－3)所示：

$$\begin{cases} w^T = \dfrac{1}{2}\left[\dfrac{a}{b} + (c + e_0 t^T) - \dfrac{(t^T)^2}{2I}\right],\ s^T = \dfrac{1}{4}\left[\dfrac{a}{b} - (c + e_0 t^T) + \dfrac{(t^T)^2}{2I}\right], \\ \Delta e^T = \dfrac{1}{4}e^T\left[a - b(c + e_0 t^T) + \dfrac{b(t^T)^2}{2I}\right],\ e^T = \dfrac{t^T}{I},\ p^T = \dfrac{3a}{4b} + \dfrac{c + e_0 t^T}{4} - \dfrac{(t^T)^2}{8I}, \\ \pi_T = \dfrac{3[2a - 2b(c + t^T e_0) + Ib(e^T)^2]^2}{32b} \end{cases} \tag{6-3}$$

二、碳交易政策

零售商的情况同式（6－1），制造商利润如式（6－4）所示：

$$\pi_m = (w - c - Ie^2/2)(a - bw)/2 - t^{CT}[(e_0 - e)(a - bw)/2 - E] \tag{6-4}$$

将式(6－1)代入式(6－4)并求二阶导，得：$\partial^2 \pi_m/\partial w^2 = -b < 0$，$\partial^2 \pi_m/\partial e^2 = -I(a - bw)/2 < 0$，$\partial^2 \pi_m/\partial w\partial e = b(Ie - t^{CT})/2$，故海塞矩阵行列式 $|H| = Ib(a - bw)/2 - b^2(Ie - t^{CT})^2/4$，如果 $w \leqslant a/b - (Ie - t^{CT})^2/(2I)$，则 $|H| \geqslant 0$，式(6－4)有最优解。由式(6－4)求一阶条件得到均衡解，如式(6－5)所示：

$$w^{CT} = \frac{1}{2}\left[\frac{a}{b} + (c + t^{CT}e_0) - \frac{(t^{CT})^2}{2I}\right],\ s^{CT} = \frac{1}{4}\left[\frac{a}{b} - (c + t^{CT}e_0) + \frac{(t^{CT})^2}{2I}\right],$$

$$\Delta e^{CT}=\frac{1}{4}e\left[a-b(c+t^{CT}e_0)+\frac{b(t^{CT})^2}{2I}\right],\ e^{CT}=\frac{t^{CT}}{I},\ p^{CT}=\frac{3a}{4b}+\frac{c+e_0t^{CT}}{4}-\frac{(t^{CT})^2}{8I},$$

$$\pi_{CT}=\frac{3[2a-2b(c+e_0t^{CT})+Ib(e^{CT})^2]^2}{32b}+t^{CT}E \qquad (6-5)$$

三、总量控制政策

零售商的情况同式（6－1），制造商优化问题如式（6－6）所示：

$$\begin{cases}\max\limits_{w,e}\pi_m=(w-c-Ie^2/2)(a-bw)/2\\ \text{s. t.}\ (e_0-e)(a-bw)/2\leqslant E\end{cases} \qquad (6-6)$$

构建拉格朗日函数如式（6－7）所示：

$$\pi_L=(w-c-Ie^2/2)(a-bw)/2+t^{CC}[E-(e_0-e)(a-bw)/2] \qquad (6-7)$$

将式（6－5）代入式（6－7）并求二阶导，得：$\partial^2\pi_L/\partial w\partial e=b(Ie-t^{CC})/2$，$\partial^2\pi_L/\partial e^2=-I(a-bw)/2<0$，$\partial^2\pi_L/\partial w^2=-b<0$，矩阵行列式$|H|=Ib(a-bw)/2-b^2(Ie-t^{CC})^2/4$，如果$w\leqslant a/b-(Ie-t^{CC})^2/(2I)$，则$|H|\geqslant 0$，式（6－7）有最优解。再由式（6－7）求一阶条件得到均衡解，如式（6－8）所示：

$$w^{CC}=\frac{1}{2}\left[\frac{a}{b}+(c+t^{CC}e_0)-\frac{(t^{CC})^2}{2I}\right],\ s^{CC}=\frac{1}{4}\left[\frac{a}{b}-(c+t^{CC}e_0)+\frac{(t^{CC})^2}{2I}\right],$$

$$\Delta e^{CC}=\frac{1}{4}e^{CC}\left[a-b(c+t^{CC}e_0)+\frac{b(t^{CC})^2}{2I}\right],\ e^{CC}=\frac{t^{CC}}{I},\ p^{CC}=\frac{3a}{4b}+\frac{c+e_0t^{CC}}{4}-\frac{(t^{CC})^2}{8I},$$

$$\pi_{CC}=\frac{3[2a-2b(c+e_0t^{CC})+bI(e^{CC})^2]^2}{32b} \qquad (6-8)$$

e^{CC}由$(e_0-e^{CC})[2a-2b(c+Ie_0e^{CC})+bI(e^{CC})^2]=8E$解得：

$$e^{CC}=e_0-\frac{v}{bI(u_1-\sqrt{u_1^2-v^3})^{1/3}}-(u_1-\sqrt{u_1^2-v^3})^{1/3}$$，其中，$v=\frac{5e_0^2}{3}+\frac{2(a-bc)}{3bI}$，$u_1=\frac{4E-2(a-bc)}{bI}-e_0^3$。

为便于下文分析，将上述结果整理如式（6－9）、式（6－10）、式（6－11）所示：

$$w^i=\frac{1}{2}\left[\frac{a}{b}+(c+t^ie_0)-\frac{(t^i)^2}{2I}\right],\ s^i=\frac{1}{4}\left[\frac{a}{b}-(c+t^ie_0)+\frac{(t^i)^2}{2I}\right],\ i=T,\ CC,\ CT \qquad (6-9)$$

$$e^i=\frac{t^i}{I},\ p^i=\frac{3a}{4b}+\frac{c+e_0t^i}{4}-\frac{(t^i)^2}{8I},\ \Delta e^i=\frac{1}{4}e^i\left[a-b(c+e_0t^i)+\frac{b(t^i)^2}{2I}\right],\ i=T,\ CC,\ CT \qquad (6-10)$$

$$\pi_i = \frac{3[2a - 2b(c + e_0 t^i) + bI(e^i)^2]^2}{32b}, \ i = T, \ CC \tag{6-11}$$

第四节 结果分析

命题 6-1 $\partial s^i/\partial t^i < 0$，$\partial w^i/\partial t^i > 0$，$\partial p^i/\partial t^i > 0$，$\partial e^i/\partial t^i > 0$，$i = T, CC, CT$。

命题 6-1 的含义是：产品零售价格、批发价格和单位产品碳减排量与碳减排政策成同向变化，零售商单位产品边际利润则与碳减排政策成反向变化。也就是说，碳税、碳交易价格、碳配额的影子价格越高，产品零售价格、批发价格和单位产品碳减排量就越大，零售商单位产品边际利润则越低。

推论 6-1 若 $t^i = t^j$，则有 $w^i = w^j$，$s^i = s^j$，$p^i = p^j$，$\Delta e^i = \Delta e^j$，$i, j = T, CC, CT$。

由式（6-9）、式（6-10）可以得到。

命题 6-2 $\partial s^i/\partial e_0 < 0$，$\partial w^i/\partial e_0 > 0$，$\partial p^i/\partial e_0 > 0$，$i = T, CC, CT$。

证明：由式（6-9）、式（6-10）得 $\partial s^i/\partial e_0 = -t^i/4 < 0$，$\partial w^i/\partial e_0 = t^i/2 > 0$，$\partial p^i/\partial e_0 = t^i/4 > 0$，$i = T, CC, CT$。

命题 6-2 的含义是：当单位产品的初始碳排放量越高，产品零售价格和批发价格就越高，零售商单位产品边际利润则越低。这意味着减排前越不清洁的产品，如水泥，火电及类似石化、电解铝、钢铁等的冶炼产品，这些产品的批发价和零售价就越高，零售商获得的边际利润越低。因此，这些产品就越应该优先受到碳排放政策的管制。

命题 6-3 如果 $e^i = e^j$，$i, j = T, CC, CT$，则 $\pi_{CT} = \pi_T (= \pi_{CC}) + t^{CT}E$，且 $\pi_{CC} = f(E)$，$q^{CC} = g(E)$。

命题 6-3 的含义是：在相同的单位产品碳减排目标下，市场机制的政策（碳交易）优于行政命令的政策（总量控制），在市场机制政策下，碳交易政策优于碳税政策。原因如下：碳交易政策下，产量不是 E 的函数，但利润是 E 的函数；总量控制政策下，产量和利润均为 E 的函数；碳税政策下，供应链产量、利润均与 E 无关。也就是说，碳交易政策下，免费分配的碳配额不影响供应链产量，但影响供应链利润；总量控制政策下，碳配额既影响供应链产量又影响供应链利润；碳税政策下，碳配额不影响产量与利润。而 $\pi_{CT} = \pi_T (= \pi_{CC}) + t^{CT}E$，碳交易政策下的供应链利润比碳税政策下的供应链利润多出 $t^{CT}E$，多出的这一部分利润称为"意外的收获"（Goulder、Schein，2013）。

命题 6-4 如果 $t^i = t^j$，i、$j = T$、CC、CT，则 $\Delta e^i = \Delta e^j$，i、$j = T$、CC、CT。

命题6-4的含义是：三种碳减排政策可以是等效的。当政府运用市场手段调节 t^T，t^{CT}，运用行政手段调节 t^{CC}（E），使 $t^i=t^j$，i、$j=T$、CC、CT，则 $\Delta e^i=\Delta e^j$，i、$j=T$、CC、CT，也就是说，三种政策下供应链总减排量是相等的。因此，从供应链整体减排视角来看，三种碳减排政策可以等效。这表明政府无论是通过市场手段调节碳税、干预碳价，还是通过行政命令强制减排的方式分配碳配额都可以实现相同的供应链整体减排目标。

命题6-5 最优减排量 e 与供应链最优产量 q 成反比例关系，并且 e 与 q 存在一条替代曲线。

证明：供应链最优产量 $q^i=a/4-b(c+t^ie_0)/4+b(t^i)^2/(8I)$，$\partial q^i/\partial e=-b(e_0-e^i)/4<0$。令 $q=0$，可得 $Ie^2/2-Ie_0e+(a-bc)/b=0$，可解得 $e=e_0-\sqrt{e_0^2-2(a-bc)/(bI)}$。当 $e=0$ 时，有 $q=(a-bc)/4$，得到一条描述 e 与 q 之间的替代曲线，如图6-1所示。

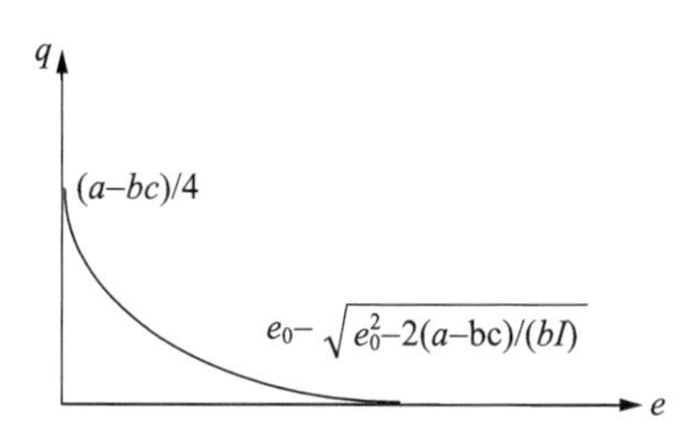

图6-1 e 与 q 之间的替代曲线

图6-1表明，在不考虑技术进步的条件下，减排目标可通过减产达到，这也表明既要减少温室气体又要不损害经济是不可能的（Krugman，2010），图6-1给面临碳排放约束下的企业提供了一条以产量换减排量的决策路径，即知道了有关参数 a、b、c、e_0、I 的值，企业决策者就可以确定企业的减排水平与产量水平。

这表明，政府在设定减排目标时应权衡减排和减产的利弊，以免对经济造成过多损害，减排量的设定需考虑可以承受的产量损失。企业面对既定的碳减排政策时可以沿着产量—减排量的曲线路径权衡减排量与产量后做出最优减排决策。

第五节 数值模拟

基于假设，取 $a=100$，$b=2$，$c=4$，$I=10$，$e_0=2$ 进行模拟，得到结果如图6-2至图6-5所示。

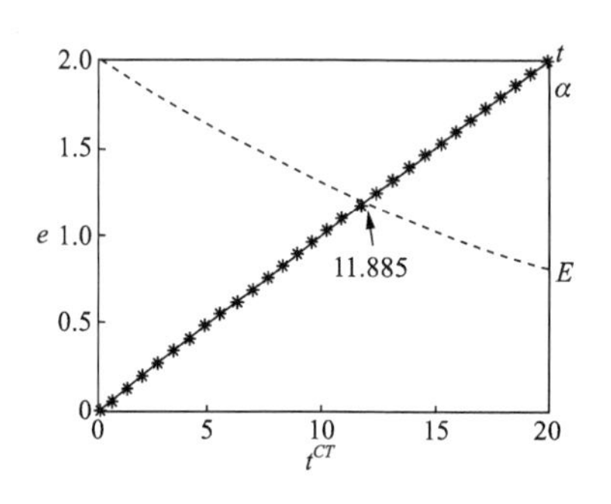

图 6－2　e 与 t^{CT}、E 的关系

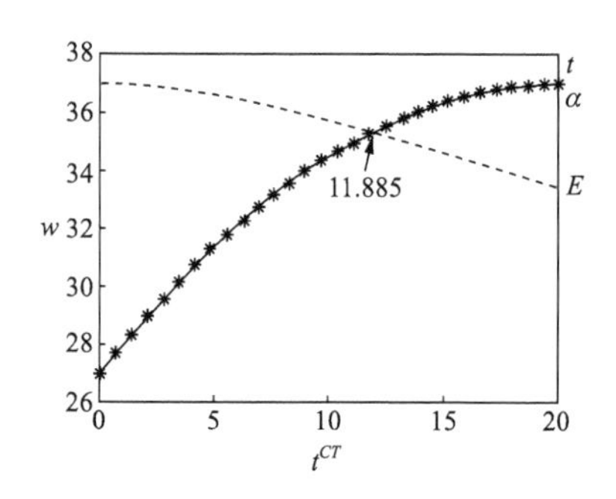

图 6－3　w 与 t^{CT}、E 的关系

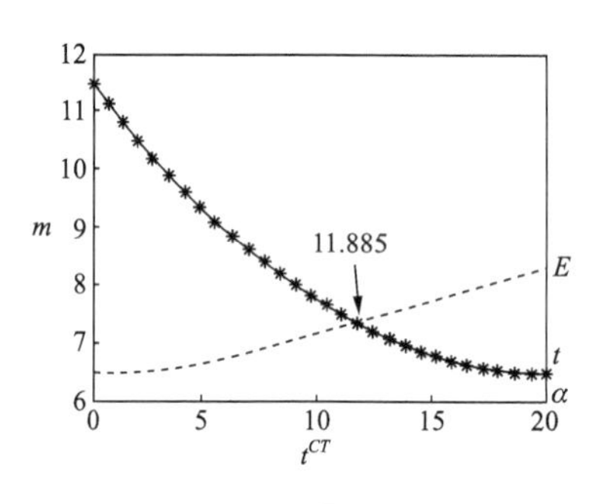

图 6－4　s 与 t^{CT}、E 的关系

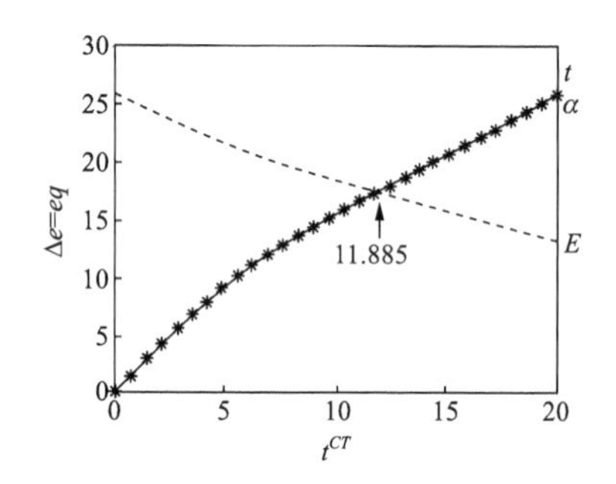

图 6－5　Δe 与 t^{CT}、E 的关系

从图 6－2 可以看出，由于最优减排量是外生碳价、碳税和碳配额影子价格的线性函数，故与其正相关，而对于确定的 e，总有一个 E 与之相对应，与之负相关。命题 6－4 验证成立。从图 6－3 和图 6－4 可以看出，零售商的边际利润随 t^i 增加而减少，制造商的批发价格随 t^i 增加而增加，原因在于产品的减排成本由制造商承担，碳约束增加了制造商的减排成本，提高了产品批发价，在市场价格既定的情况下零售商只得减少边际利润。命题 6－2 验证成立。令 e_0 在［0，2］之间变化，计算碳配额下的 w、s，可得图 6－6 和图 6－7。

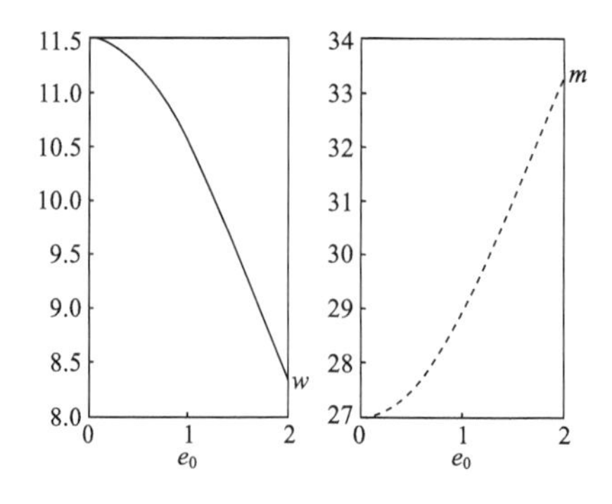

图 6－6　w、s 和 e_0 的关系

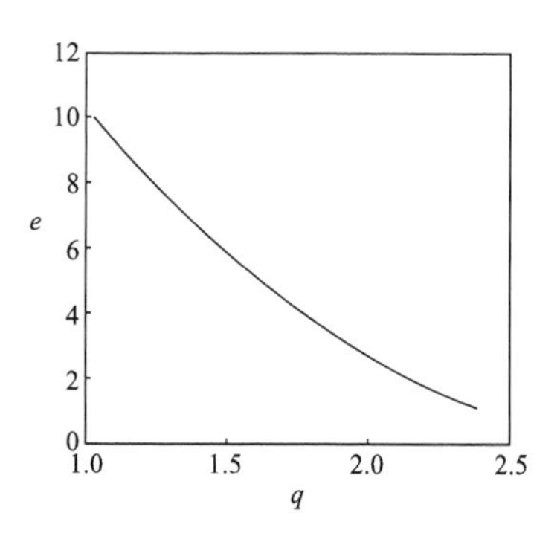

图 6－7　e 与 q 的替代曲线

从图 6－6 可以看出，零售商边际利润 s 为 e_0 的减函数，批发价格 w 和单位产品减排量 e 为 e_0 的增函数，命题 6－2 验证成立。取 $e_0=\sqrt{9.2}$，令 E 在［0，20］之间变化。由于各政策下的 q 的表达形式完全一样，只是对应位置上的参数为 t^i，故以总量控制政策为例，计算得到 e 与 q 的替代曲线如图 6－7 所示。由图 6－7 可知，任意一种政策任意最优产量随着最优减排量的增加而下降，e 与 q 存在替代关系。命题6－5 验证成立。再令 E 在［0，20］之间变化，求得各政策下对应的 e、q 和供应链利润 π_i 得到结果如表 6－2 所示。

表 6－2　碳政策的等效性

	碳税政策				总量限制政策				碳交易政策			
	20	16.25	12.97	7.97	0	5	10	20	20	16.25	12.97	7.97
e	2	1.62	1.29	0.79	2	1.62	1.29	0.79	2	1.62	1.29	0.79
q	13.00	13.35	14.23	16.62	13.00	13.35	14.23	16.62	13.00	13.35	14.23	16.62
π_i	253.5	267.36	303.91	414.35	253.50	267.36	303.91	414.35	253.50	348.63	433.65	573.67

注：$E=0$，5，10，20 时，$t^i=20$，16.25，12.97，7.97。

联系命题6－1，由表 6－2 可知，当政府运用市场手段调节 t^T、t^{CT}，运用行政手段调节 t^{CC}（E），可以使三个政策下的最优减排量相等，图 6－3 也说明，在任何一种减排政策下，通过适当调节碳税、碳价或碳配额均可达到同样的减排目标。当单位产品最优减排量相等时，各个渠道结构中任何一种政策下的产量都是相等的。因此，三种碳减排政策等效的命题验证成立。再由表 6－2 中碳交易政策下的供应链利润高于其他两种政策的供应链利润可知，碳交易政策优于碳税政策和总量控制政策。

第六节　结论与政策建议

一、结论

本章基于供应链整体视角，假设市场是完全竞争的，生产商依据单位产品碳减排量、零售商根据其边际利润以实现决策优化，构建制造商主导的斯坦克尔伯格两阶段动态博弈模型，探讨碳税、碳交易、总量控制目标政策下供应链的定价与碳减排优化问题，比较碳税、碳交易和总量控制政策下的制造商定价和减排策略、零售商边际利润定价策略以及不同政策在供应链层面的碳减排效果。有如下结论：①产品零售价格、批发价格、零售商单位产品边际利润和单位产品碳减排量等取决于低碳政策和该单位产品的初始碳排放量。也就是说，供应链价格传导机制中批发价格起主要作用，抵消了零售商边际利润的影响，使得政府可以使用经济手段干预减排价格，调节批发价格，增加或缩减产量。产品的初始清洁程度也影响零售商和制造商的决策，初始清洁程度越高，零售商边际利润越低，制造商批发价格越高，导致产量越低。②在相同的单位产品碳减排目标下，市场机制的政策（碳交易）优于行政命令的政策（总量控制），市场机制的政策中，碳交易政策优于碳税政策。但从供应链整体减排视角来看，碳税、碳交易、总量控制政策可以是等效的。③无论实施何种政策，使单位产品碳排放减少的同时必然都会导致供应链产量的下降。企业决策者可以沿曲线寻找最佳的产量与减排量组合点，既满足减排要求又不减产过多。

二、政策建议

第一，政府分配减排目标时应根据产品的初始清洁程度区别对待，高碳产品征收低税或给予较多的碳排放配额。

第二，减排政策的优劣遵循碳交易、碳税、总量控制的先后次序。

第三，政府在设定减排目标时应权衡减排和减产的利弊，减排量的设定需考虑可以承受的产量损失，以免对经济造成过多损害。

第七章　碳减排政策下供应商提前期决策

提前期管理在供应链管理中占有相当重要的地位，提前期不仅影响供应链需求预测的准确性，还影响库存和运输成本的高低。库存和运输是物流链中最大的环境破坏来源（Wu，1995），碳减排政策约束下零售商的库存与运输策略会相应发生改变（Hua、Cheng、Wang，2011；Chen、Benjaafar、Elomri，2013；Harris、Naim、Palmer 等，2011；Bouchery、Ghaffari、Jemai 等，2012；Jaber、Gloc、El Saadany，2012），提前期的变化也会影响库存水平和牛鞭效应（Charharsooghi、Heydari，2010；Treville、Bicer、Chavez－Demoulin 等，2014），但是订货提前期是否会受碳政策影响以及受到怎样的影响是值得关注又较少涉及的话题。在不使用提前期订货策略的供应链中，零售商在面临市场的不确定性需求时为了最大化自身的期望利润，将尽量延迟订货而增加预测的时间长度，以便提高预测精度，然而这样不利于制造商的生产和配送，使得制造商在单位产品的支出上比较高，批发价也会较高。在有提前期订货策略的供应链中，供应商为鼓励零售商提前订货会降低批发价格，提前期越长，制造商在单位产品上的支出越低，批发价格也越低。现有的提前期订货策略并未考虑碳减排因素的影响，在制造商承担减排义务时，提前期策略将受到产品碳减排约束的挑战，在减排成为当务之急的情况下开展这方面的研究具有积极的现实意义。本章拟回答两个方面的问题：一是碳减排政策的约束对供应商的提前期策略有何影响；二是增加了碳减排政策约束后，零售商的订货提前期对供应链的减排反过来有何影响。

第一节　文献综述

运营管理文献中已有大量文献讨论环境问题，本章仅回顾与提前期有关的研究，范围主要局限于碳减排政策下提前期与运输、库存、需求的互动关系。已有文献主要分为两类：一类是不考虑环境影响的供应链中订货时间的价值的探讨。这类文献中一种直接讨论提前期的价值。Chaharsooghi 和 Heydari（2010）以提前期为对象分析了其均值和方差对供应链绩效和不确定性的影响，发现相比于提前期均值，方差对供应链的牛鞭效应、库存成本、缺货数量有更大的影响。Treville、Bicer 和 Chavez－Demoulin 等（2014）以低需求波动的三个工业供应链（汽车、疫苗、食品）为例探讨了提前期的边际价值，发现投标损失风险、需求聚类、目标满足率极大地增加了提前期的边际价值。有研究讨论最佳订货时点带给供应链参与人的价值。蔡清波、鲁其辉和朱道立（2003），鲁其辉和朱道立（2014）研究了预测精度随时间变化的均匀分布报童问题模型，发现存在一个最佳的订货时间使得零售商利润取得最大值，并且供应商的提前期策略能促进供应链的帕累托改进。宋华明和马士华（2005）以批发价和需求预测精度随时间变化的报童问题为对象，研究市场需求函数为正态分布的报童模型关于最佳订货时点和最优订货量的决策问题，研究发现，适当地压缩供应链的提前期能够增加零售商的收益。另一类是碳减排约束下提前期与对供应链决策变量（产量、利润、定价、供应商选择、投入、排放量等）和利润的影响的探讨。Chen、Chen 和 Chiu（2010）在报童模型框架下运用博弈方法研究了供应商为零售商预留提前期内的产能情况下的定价问题，第一阶段预留提前期内的产能，第二阶段零售商与供应链商联合决定卖价，并建立了一个风险与利润分担的合同来协调供应链，但没有讨论提前期的长度与波动对预留产能与定价的影响问题。Xiao、Choi 和 Cheng（2016）研究了碳税政策下多个供应商与一个零售商组成的供应链，其中，供应商提供一个供应提前期和批发价合同给零售商，通过多阶段随机动态规划模型建立了一个两阶段最优供应商选择方案。Emel、Fichtinger 和 Ries（2014）研究了一个零售商、一个承运人和多个供应商组成的供应链中海运提前期变化对零售商和制造商的库存成本、服务水平及碳排放的影响，发现提前期变动增加导致两者总成本增长、总排放增加，成本与排放最小化的最优策略的变化对成本没有多大影响，但对排放有很大的影响。Hammami、Nouira 和 Frein（2014）建立了一个考虑碳排放和提前期约束的多极生产库存优化模型，研究了碳税与总量控制政策下提前期约束与库存政策如何影响供应链碳排放，发现碳排放额对客户提前期很敏感，提前期延长一般会导致碳排放额削减，但即使在碳税政策下客户提前期延长与碳排放的减少也非单调递减关系。但模型建立在确定性需求的基础上。

上述文献的研究内容与提前期有关，运营管理中还有一部分虽然与提前期无关，但与本章的研究方法有关。本章的研究方法以报童模型为基础，涉及三种碳减排政策，碳减排下运营管理领域的文献在不确定需求环境下开展讨论时也大多

以报童模型为研究方法，涉及其中某几种方法。

Song 和 Leng（2012）在碳税、总量控制和碳交易三种政策下研究了经典的单期报童问题，研究零售商在三种碳政策下的最优订货量决策。Rosič和 Jammernegg（2013）将报童模型扩展到双源采购模型，比较了碳税和碳交易政策下的公司环境绩效与经济绩效，发现对于离岸采购的运输活动来讲碳交易优于碳税，因为碳税的增加使得公司减少离岸采购，改善环境但严重影响公司利润；碳交易使得环境影响减轻但几乎不影响利润。Emel 和 Jammernegg（2014）运用报童模型分析了产品碳足迹约束下的单源采购和双源采购的单期库存问题，讨论了单源供应和双源供应（短提前期的离岸供应商和在岸供应商）的最优订单数量、期望排放量，发现供应链利润和碳排放的替代导致供应链绩效的帕累托改进。Sözüer（2012）用报童模型研究了碳排放约束的农业生产的最优订单数量和最优生产投入分配问题，研究发现减少碳排放可以通过提高生产技术水平达到，而不需要通过改变生产投入分配和减少产量达到。Zhang 和 Xu（2013）建立了一个单期多产品的报童模型，研究了生产商面临碳税与碳交易政策下的最优生产决策，研究发现，两种政策下公司能达到同样的减排效果或利润，碳交易机制能诱导公司减排，碳价对公司盈利有影响。Manikas 和 Kroes（2015）将报童模型生产规划与排放许可远期买入方法相结合，研究了碳交易政策下单个公司碳排放许可的远期买入启发式算法。运用远期买入算法确定远期买入排放许可的基数、当前与将来的排放许可要求、当前生产订单的累积水平。朱丽丽（2015）在报童模型背景下研究一个排放权供应商和一个排放依赖型产品生产商组成的供应链中各方的决策。

已有文献要么不在碳减排背景下运用报童模型讨论提前期的影响，要么在碳减排背景下运用报童模型研究提前期的影响，要么在碳减排背景下使用报童模型研究提前期以外的决策变量。其中，碳减排背景下关于提前期的研究主要讨论的并不是提前期和其影响因素，而是提前期对其他决策变量的影响；已有文献中有关提前期的研究虽然以提前期为研究对象，但没有考虑碳减排的政策背景。本章的贡献在于以提前期本身为被研究对象，在三种碳减排政策背景下讨论政策本身对提前期长度的影响，在鲁其辉和朱道立（2014）的模型的基础上增加了碳减排政策约束条件。虽然 Hammami、Nouira 和 Frein（2014）也在碳减排政策背景下考虑了提前期，但模型建立在确定性需求的基础上，有别于本章的不确定需求，而且其研究对象主要是提前期的波动性，并非提前期的长度。

第二节 模型假设

一、问题描述与符号说明

本章研究了一个零售商、一个制造商组成的供应链系统中零售商的订货时间点问题。系统中制造商只生产一种产品，在碳减排政策背景下承担零售商销售的产品的减排义务，根据零售商的订货时点决定产品的批发价格。零售商售卖该种产品，根据对市场需求的预测和制造商的批发价格决定订货时点和订货量。为了鼓励零售商提早订货，制造商使用了订货提前期策略，如果零售商订货的时点离销售季节越远，也就是订货时点越早，制造商给予的批发价格越低，反之越高。如果零售商订购的产品过多，在销售季节过后未售卖的单位产品存在残值；如果订购的产品过少，由于没有满足潜在消费者的需求而存在单位产品的缺货损失，订购的每件单位产品存在库存费用。

由问题描述得到模型的符号说明，如表 7-1 所示。

表 7-1　模型相关符号及含义说明

名称	含义
T	最晚订货时间
x_t	零售商在时刻 t 对商品的需求预测值
$f_t\ (x_t)$	x_t 的密度函数
$F_t\ (x_t)$	x_t 的分布函数
u_t	x_t 的均值
σ_0	x_t 在 $t=0$ 时刻的标准方差
σ_t	x_t 的标准方差
t	零售商的订货时间
q	零售商的订货量
w_0	制造商在 $t=0$ 时刻的批发价
w_t	制造商在 t 时刻的批发价
c_0	制造商在 $t=0$ 时刻的生产成本
c_T	制造商在 t 时刻的生产成本
e_0	制造商在 $t=0$ 时刻的单位产品碳排放量

续表

名称	含义
e_T	制造商在 $t=T$ 时刻的单位产品碳排放量
p	单位产品零售价格
h	单位产品库存费用
s	单位产品缺货成本
v	单位产品残值

二、模型基本假设

假设 1　设 $w(t)$ 是 t 的线性函数，其中，$\eta=(w_T-w_0)/T$，即 $w(t)=w_0+(w_T-w_0)t/T=w_0+\eta t$，$0<t<T$，$0<c_0<c_T$。

假设 2　设 u_t 是常数，σ_t 是 t 的线性函数，其中，$\delta=(\sigma_0-\sigma_T)/T$，即 $u_t=u$，$\sigma_t=\sigma_0+(\sigma_T-\sigma_0)t/T=\sigma_0+\delta t$，$0<t<T$，$0<\sigma_T<\sigma_0$。

假设 3　设 $c(t)$ 是 t 的线性函数，即 $c(t)=c_0+(c_T-c_0)t/T$，$0<t<T$，$0<c_0<c_T$。

假设 4　设 $e(t)$ 是 t 的线性函数，其中，$\gamma=(e_T-e_0)/T$，即 $e(t)=e_0+\gamma t$，$0<t<T$，$0<e_0<e_T$。

假设 5　设 x_t 满足正态分布 $N(u,\ \sigma_t^2)$。

假设 6　设 $w_0-c_0\geqslant w_T-c_T$，即供应商采用提前期策略后，边际收益提高。

第三节　模型求解

一、无碳减排政策

对于任意订货时刻 t，零售商的决策问题都是一个经典的报童问题。当订货量为 q（$q>0$）且市场需求量 x_t 的分布为 F_t（·）时，零售商期望利润函数为$\pi_r=(p+s-w_0-\eta t)q-(p+h+s-v)\int_0^q F(x_t)dx_t-su$，整理如式(7-1)所示：

$$\pi_r=[p+s-w_0-\eta t]q-su-(p+h+s-v)\left[(u-q)\Phi\left(\frac{q-u}{\sigma_0+\delta t}\right)-(\sigma_0+\delta_t)\phi\left(\frac{q-u}{\sigma_0+\delta t}\right)\right] \tag{7-1}$$

制造商期望利润函数如式（7-2）所示：

$$\pi_m=[w_0-c_0+(\eta-\varpi)t]q \tag{7-2}$$

按照对含时间决策的推广报童模型的描述，零售商决策问题的最优化模型如式（7-3）所示：

$$\begin{cases}(NBT) & \max\limits_{t,q}\pi_r\ (t,\ q)\\ \text{s. t.} & q\geqslant 0,\ 0\leqslant t\leqslant T\end{cases}\tag{7-3}$$

这是个传统的报童问题，订货量 $\hat{q}t = F_t^{-1}(\lambda_t)$，服务水平 $\lambda_t = \dfrac{p+s-w_0-\eta t}{p+h+s-v}$，代入$\pi_r$ 式得到一个只与 t 有关的函数，求解它得到最优订货时间 $\hat{t}$，代入 $\hat{q}_t$ 得到无碳减排政策下的最优订货量。

命题 7-1 对于任意固定的 $t\in[0,\ T]$，$\partial^2\pi_r/\partial q^2<0$；对于任意固定的 q，$\partial^2\pi_r/\partial t^2<0$。

证明：对于任何固定的 $t\in[0,\ T]$，都有 $\partial^2\pi_r/\partial q^2=-(p+h+s-v)f_t(q)<0$。对于任意固定的 q，$\partial\pi_r/\partial t=-\eta q+(p+h+s-v)\dfrac{\delta}{\sqrt{2\pi}}e^{-\frac{(q-u)2}{2\sigma_t^2}}$，$\partial^2\pi_r/\partial t^2=-(p+h+s-v)\left(\dfrac{q-u}{\sigma_t}\right)^2\dfrac{(\delta)^2}{\sqrt{2\pi}\delta_t}e^{-\frac{(q-u)2}{2\sigma_t^2}}\leqslant 0$。

命题 7-1 的含义是：对于任意固定的 $t\in[0,\ T]$，零售商的期望利润π_r 关于 q 是严格凹函数；对于任意固定的 $q\in(0,\ +\infty)$，零售商的期望利润π_r 关于 t 是严格凹函数。

二、碳税政策

在碳税政策下，假设政府按单位产品的零售价格征收碳税，税率为τ，这种假设下单位产品零售价格减少了一个τ，而不是像 Song 和 Leng（2010）的假设那样让供应商的生产成本增加一个τ。

零售商的期望利润函数为：

$$\pi_r=(p+s-w_0-\eta t-\tau)q-(p+h+s-v-\tau)\int_0^q F(x_t)\,dx_t-su$$

对于任意给定的订货时刻 t，零售商的决策模型是一个经典的报童问题，因此碳税政策下的最优订货量为 $\hat{q}_t=F_t^{-1}(\lambda_t)$，服务水平 $\lambda_{t(\tau)}=\dfrac{p+s-w_0-\eta t-\tau}{p+h+s-v-\tau}$。

令 $\Gamma(t,\ \tau)=(p-w_0-\eta t-\tau)u-(p+h+s-v-\tau)\sigma_t\phi\left(\dfrac{q-u}{\sigma_t}\right)$，鲁其辉和朱道立(2014)已经证得两个约束最优化问题 $\max\pi_r(t,\ q)=\max\Gamma(t)$ 的最优解相等。令 $\max\Gamma(t,\ \tau)=\max\Gamma(t)$，记碳税政策下的最优订货时间$\hat{t}_\tau$为 $\max\Gamma(t,\ \tau)$的最优解，如式(7-4)、式(7-5)所示：

$$\Gamma'_t(t,\ \tau) = -(p+h+s-v-\tau)\delta\phi\left(\frac{q-u}{\sigma_t}\right)\left[1+\left(\frac{q-u}{\sigma_t}\right)^2\right] - \eta u \quad (7-4)$$

$$\Gamma''_t(t,\ \tau) = -(p+h+s-v-\tau)\delta^2(\Phi^{-1}(\lambda_t))^2\phi(\Phi^{-1}(\lambda_t))[\Phi^{-1}(\lambda_t))^2 - 1]/\sigma_t \quad (7-5)$$

已知 $\Phi^{-1}(\lambda_t)=\frac{q-u}{\sigma_t}$，当 $\Phi^{-1}(\lambda_t)^2\geqslant 1$ 时，$\Gamma''_t(t)\leqslant 0$，而 $\left|\frac{q-u}{\sigma_t}\right|\geqslant 1$ 时，有 $\lambda_t\geqslant 0.68$。即当服务水平 $\lambda_t\geqslant 0.68$ 时，$\Gamma(t)$ 关于 t 是一个凹函数，即零售商利润函数关于 t 存在最大值。由 π_r 对 t 和 q 分别求导可得：$\partial\pi_r/t=-\eta q-(p+h+s-v-\tau)\frac{\delta}{\sqrt{2\pi}}e^{-\frac{(q-u)2}{2\sigma_t^2}}$，$\partial\pi_r/\partial q=(p+s-w_0-\eta t-\tau)-(p+h+s-v)F_t(q)$。令两式等于 0，联立可解得碳税政策下的最优订货时间 $\hat{t}_\tau$、最优订货量 $\hat{q}_\tau$ 的值。

命题 7－2　若 $\lambda_{t(\tau)}>0.68$，则 $\frac{d\hat{t}_\tau}{d\tau}<0$。

证明：当 $\lambda_{t(\tau)}>0.68$ 时，对式（7－3）关于 τ 求偏导可得 $\frac{\partial}{\partial\tau}\left(\frac{\partial\Gamma(t,\ \tau)}{\partial t}\right)=\delta\phi\left(\frac{q-u}{\sigma_t}\right)\left[1+\left(\frac{q-u}{\sigma_t}\right)^2\right]<0$，$\frac{\partial}{\partial t}\left(\frac{\partial\Gamma(t,\ \tau)}{\partial t}\right)=-(p+h+s-v)\delta^2[\Phi^{-1}(\lambda_T)]^2\phi[\Phi^{-1}(\lambda_T)]/\phi(\lambda_T)<0$，已知 $\hat{t}_\tau$ 为以 τ 为参数的优化问题 $\max\Gamma(t,\ \tau)$ 的最优解，有 $\hat{\Gamma}(\hat{t}_\tau,\ \Gamma)=\partial\Gamma(\hat{t}_\tau,\ \tau)/\partial t_\tau=0$，那么 $\frac{d}{d\tau}\hat{\Gamma}(\hat{t}_\tau,\ \tau)=\frac{\partial\hat{\Gamma}(\hat{t}_\tau,\ \Gamma)}{\partial\hat{t}_\tau}\cdot\frac{d\hat{t}_\tau}{d\tau}+\frac{\partial\hat{\Gamma}(\hat{t}_\tau,\ \Gamma)}{\partial\tau}=0$，整理得 $\frac{d\hat{t}_\tau}{d\tau}=-\frac{\partial\hat{\Gamma}(\hat{t}_\tau,\ \Gamma)}{\partial\tau}\Big/\frac{\partial\hat{\Gamma}(\hat{t}_\tau,\ \Gamma)}{\partial\hat{t}_\tau}$，即有 $\frac{d\hat{t}_\tau}{d\tau}=\frac{\delta\phi(\frac{q-u}{\sigma_t})\left[1+(\frac{q-u}{\sigma_t})^2\right]}{(p+h+s+v)\delta^2[\Phi^{-1}(\lambda_T)]^2\phi[\Phi^{-1}(\lambda_T)]/\phi(\lambda_T)}<0$，即 t_τ^* 关于 τ 单调递减。

若零售商的服务水平 $\lambda_{t(\tau)}>0.68$，意味着产品为高利润产品。命题 7－2 表明，对于高利润产品，碳税越高，零售商订货时间越提前，反之越靠后。

命题 7－2 的含义是：高碳税会促进生产高利润商品的供应商的提前期策略，低碳税不利于生产高利润商品的供应商的提前期策略。

三、总量控制政策

零售商决策问题的最优化模型如式（7－6）所示：

$$\begin{cases}\max\limits_{t,q}\pi_r \\ \text{s.t.}\ \ q\geqslant 0 \\ \qquad 0\leqslant t\leqslant T \\ \qquad (e_0+\gamma t)q\leqslant E\end{cases} \quad (7-6)$$

构造拉格朗日函数：$L=(p+s-w_0-\eta t)q-(p+h+s-v)\int_0^q F(x_t)dx_t-su-\psi[(e_0+\eta t)q-E]$，整理得 $L=[p+s-w_0-\psi e_0-\eta t(1+\psi)]q-su-(p+h+s-v)\left[(u-q)\Phi\left(\frac{q-u}{\sigma_0+\delta t}\right)-(\sigma_0+\delta_t)\phi\left(\frac{q-u}{\sigma_0+\delta t}\right)\right]+\psi E$，则最优解 t、q 满足如下的一阶必要条件：

（1）$\partial L/\partial t=-\eta q(1+\psi)-(p+h+s-v)\frac{\partial}{\sqrt{2\pi}\sigma_t}e^{-\frac{(q-u)2}{2\sigma_t^2}}=0$。

（2）$\partial L/\partial q=(p+s-w_0-\psi e_0)-(1+\psi)\eta t-(p+h+s-v)F_t(q)=0$。

（3）$(e_0+\gamma t)q\leqslant E$。

（4）$\psi[(e_0+\gamma t)q-E]=0$。

（5）$\psi\geqslant 0$。

下面分两种情形解上述方程组。

情形1：$\psi=0$，解与无约束的解相同，总量控制政策下的最优订货时间 $\hat{t}_e$、最优订货量 $\hat{q}_e$ 由式 $\eta q=(p+h+s-v)\frac{\delta}{\sqrt{2\pi}}e^{-\frac{(q-u)2}{2\sigma_t^2}}$ 及式$(p+s-w_0-\eta t)=(p+h+s-v)F_t(q)$确定。此时服务水平 $\lambda_t(e)=\frac{p+s-w_0-\eta t}{p+h+s-v}$，$\hat{q}_e=\Phi^{-1}(\lambda_t)$。令$\Gamma(t)=(p-w_0-\eta t)u-(p+h+s-v)\sigma_t\phi\frac{(q-u)}{\sigma_t}$，鲁其辉和朱道立（2014）已经证得两个约束最优化问题 $\max\pi_r(t,\ q)=\max\Gamma(t)$的最优解相等，且 $\Gamma(t)$关于 t 为凹函数。记 $\hat{t}_e$ 为 $\max\Gamma(t)$的最优解，由于 $\Gamma'_t(t)=-(p+h+s-v)\delta\phi(\Phi^{-1}(\lambda_t))-\eta(u+\sigma_t\Phi^{-1}(\lambda_t))$，令 $\Gamma'_t(t)=0$ 可求得 $\hat{t}_e$。

情形2：$\psi>0$，则$(e_0+\eta t)q=E$，由式（7－1）得 $\phi\left(\frac{q-u}{\sigma_t}\right)=\frac{q\eta(1+\psi)}{(p+h+s-v)\delta}$，由式（7－2）得$(p+s-w_0-\psi e_0)-(1+\psi)\eta t=(p+h+s-v)F_t(q)$，从而求得 $\hat{t}_e=f(\psi,\ \hat{q}_e)$、$\hat{q}_e=f(\psi,\ \hat{t}_e)$，代入$(e_0+\eta t)q=E$ 求得 ψ，当 ψ 已知时，可求得 $\hat{t}_e$、$\hat{q}_e$。

命题7－3 收紧总量控制使得零售商订货时间提前，放松总量控制使得零售商订货时间延后。

证明：由于 $\psi=0$ 时 E 失去约束作用，故仅考虑 $\psi>0$ 的情形，此时有 $(e_0+\eta t)q=E$，最优解 t^*、q^* 与 E 同向变化。这意味着碳配额缩紧导致零售商订货时间提前、订货量减少，碳配额放松则零售商订货时间推迟、订货量增加。

由于 ψ 为碳排放总量控制的影子价格，当 E 减小时 ψ 提高，意味着总量控制缩紧时供应商减排的成本会提高，批发价也相应提高，零售商为了获得较低的

批发价只能尽量提前订货，故缩紧总量控制的政策下零售商虽然提前了订货时间，但按照供应商转嫁了减排成本后的批发价订货只能订购较少的量，出现订货时间提前与订货量减少同时存在的现象。影子价格是市场价格的反映，可以断定：若碳排放许可交易，碳排放许可价格的上升同样会导致零售商的订货时间提前，订货量减少。

命题7－3的含义是：收紧的总量控制有利于供应商的提前期策略，放松的总量控制不利于供应商的提前期策略。

四、碳交易政策

零售商期望利润函数如式（7－7）所示：

$$\pi_r(t,\ q)=(p+s-w_0-\eta_t)q-(p+h+s-v)\int_0^q F(x_t)dx_t-su-\beta[(e_0+rt)q-E] \tag{7-7}$$

化简得到：

$$\pi_r(t,\ q)=[p+s-w_0-\beta e_0-t(\eta+\gamma\beta)]q-su-(p+h+s-v)\left[(u-q)\Phi\left(\frac{q-u}{\sigma_0+\delta t}\right)-(\sigma_0+\delta t)\phi\left(\frac{q-u}{\sigma_0+\delta_t}\right)\right]+\beta E$$

由零售商利润函数对t求导可得式（7－8）：

$$\frac{\sigma\,\pi_r(t,\ q)}{\partial_t}=(p+h+s-v)\frac{\delta}{\sqrt{2\pi}}e^{-\frac{(q-u)2}{2\sigma_t^2}}-q(\eta+\beta\gamma) \tag{7-8}$$

前已证明π_r关于t、q是凹函数，令$\partial\pi_r/\partial q=0$及$\partial\pi_r/\partial t=0$可得式（7－9）：

$$(p+s-w_0-\beta e_0)-(1+\beta)\eta t=(p+h+s-v)F_t(q),\ \phi\left(\frac{q-u}{\sigma_t}\right)=\frac{q\eta(1+\beta)}{(p+h+s-v)\delta} \tag{7-9}$$

联立两式可得碳交易政策下的最优订货时间$\hat{t}_\beta$、最优订货量$\hat{q}_\beta$。

命题7－4　记$\hat{t}_\beta$为π_r的最优解，则$\dfrac{d\hat{t}_\beta}{d\beta}<0$。

证明：已知两个约束最优化问题$\max\pi_r(t,\ q)=\max\Gamma(t,\ \beta)$的最优解相等。令$\Gamma(t,\ \beta)=[p+s-w_0-\beta e_0-\eta t(1+\beta)]u-(p+h+s-v-\tau)\sigma_t\phi\left(\frac{q-u}{\sigma_t}\right)$，则$\Gamma'_t(t,\ \beta)=-(p+h+s-v)\delta\phi\left(\frac{q-u}{\sigma_t}\right)-q(\eta+\beta\gamma)$。对$\Gamma'_t(t,\ \beta)$两端关于$\beta$，$t$求偏导可得$\frac{\partial}{\partial\beta}\left(\frac{\partial\Gamma(t,\ \beta)}{\partial t}\right)=-\eta q<0$，$\frac{\partial}{\partial t}\left(\frac{\partial\Gamma(t,\ \beta)}{\partial t}\right)=-(p+h+s-v)\delta^2\phi$

$\left(\frac{q-u}{\sigma_t}\right)\frac{(q-u)^2}{\sigma_t^2}<0$，从而$\frac{d\hat{t}_\beta}{d\beta}=-\frac{\partial\hat{\Gamma}(\hat{t}_\beta,\ \beta)}{\partial\beta}\Big/\frac{\partial\Gamma(\hat{t}_\beta,\ \beta)}{\partial\hat{t}_\beta}<0$。这意味着 t_β^* 关于 β 单调递减，也意味着碳排放许可价格越高，零售商订货时间越提前，碳排放许可价格越低，零售商订货时间越靠后。

命题 7－4 的含义是：在碳交易减排政策下，碳价较低时妨碍供应商的提前期订货策略，碳价较高时有利于供应商的提前期订货策略。

第四节 数值模拟

报童模型采用了正态分布的需求函数，“由于正态分布函数表达和求解的特殊性，难以用类同前述（均匀分布情形）模型的数学公式表述结果及求解过程”（蔡清波、鲁其辉、朱道立，2003），故本章采用数值模拟的方法验证命题结论，模型中参数如表 7－2 所示。

表 7－2 订货模型中的参数

参数	p	h	s	w_0	w_T	c_0	c_T	u	σ_0	σ_T	T	e_0	e_T	v
值	22	2	2	13.5	15	10	12	1000	550	400	10	10	20	3

先把各减排政策下计算得到的订货时间和订货量汇总在表 7－3 中。

表 7－3 碳税、总量控制、碳交易政策对提前期与订货量的影响

τ	$\hat{t}_\tau$	q_τ^*	E	$\hat{t}_e$	q_e^*	β	$\hat{t}_\beta$	q_β^*
0	7.1672	889.95	15278	7.1672	889.95	0	7.1672	889.95
0.1724	6.1493	881.00	13454	5.3940	873.97	0.0021	5.3940	873.97
0.5172	4.2576	862.91	11849	3.8064	858.21	0.0041	3.8064	858.21
0.8621	2.5381	844.64	10432	2.3788	842.71	0.0062	2.3788	842.71
1.2069	0.9712	826.21	9177.10	1.0905	827.47	0.0083	1.0905	827.47
1.5517	0	807.64	8063.80	0	812.53	0.0103	0	812.53

注：E 取表中序列值时，对应的 ψ 分别为 0、0.0021、0.0041、0.0062、0.0083、0.0103。

从表 7－3 可以看出，随着碳税、碳交易价格（简称碳价）的逐渐增加，或总量控制的收紧，零售商的订货时间 t_{τ}^{*} 越来越提前，订货量越来越小。没有碳排放价格约束时（$\tau=0$），或分配的排放数量不超过制造商需要的排放数量时（$E=15278$，$\alpha=0$），也就是分配的排放数量不构成约束时，零售商的订货时间为 7.1672，与无碳约束时的提前期相同，早于最晚订货时刻 10，供应商的提前期策略有效。当存在碳税时，或制造商的排放数量超过分配的排放数量时（此时 $\psi>0$，$\alpha>0$），订货提前期的长度与碳税税率和碳价成正比，与总量控制的松紧成反比；当碳税极高（$\tau=1.5517$）或总量控制极紧（$E=8063.80$）或碳价极高（$\beta=0.0103$）时，零售商在最早时刻订货（$\hat{t}_{\tau}=0$）。从表 7－3 中可以看出三种碳减排政策的实施增加了零售商的订货提前期长度，有利于供应商的提前期策略实现。

接下来讨论各种减排政策下的提前期对供应链减排量的影响。已知提前期策略下无碳排放约束时的最迟订货时间 $t^{*}=7.1672$ 的排放总量为 $E=15728$，以此为参照，则每一订货时间的减排量为 $e_0q_t=7.1672-(e_0+\gamma t)q_t=t^{*}$，经计算，获得三种减排政策下减排量与订货时间的关系，如图 7－1、图 7－2 所示。从图 7－1、图 7－2 可以看出，不管碳税税率和碳价是否相同，随着减排政策的约束变得越来越紧，订货提前期的延长越来越长，最后直到最早订货时刻。从提前期内减排量的下降速度来看，碳交易政策下的速度总是高于碳税政策，碳税政策总是高于总量控制政策。

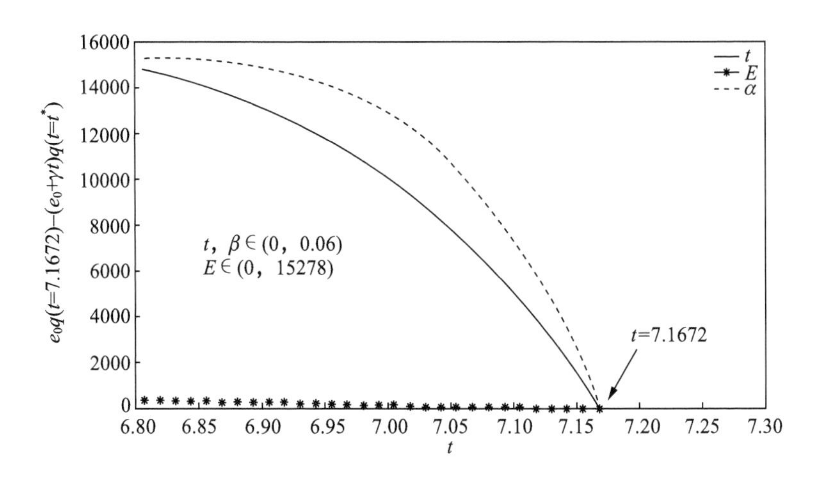

图 7－1　减排量与订货时间的关系（$t=\beta$）

随着订货提前期的延长，供应链在不同政策下的减排量总是遵循碳交易政策、碳税政策、总量控制政策的次序。这说明在含有提前期订货策略的供应链中，就减排目标而言，碳交易政策的效果最好，碳税政策次之，总量控制政策最差。这也表明，实现供应链的减排目标，用市场机制的手段达到目标要优于用行政命令的手段。

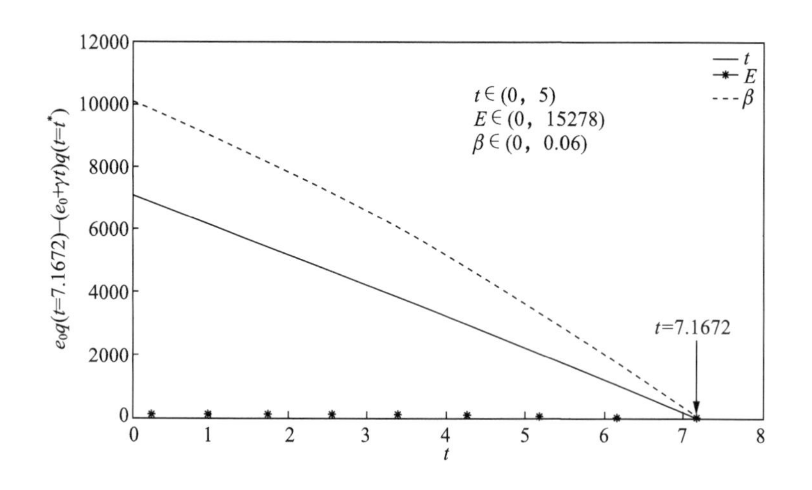

图 7-2　减排量与订货时间的关系（$t\neq\beta$）

第五节　结论与政策建议

一、结论

本章在三种碳减排政策下讨论了供应商的提前期长度如何受减排政策影响以及提前期策略如何影响供应链的减排量，发现随着碳减排政策越来越严厉，零售商的提前期越来越长，订货量越来越少，减排量越来越大，具体结论如下：

在碳税政策下，对于高利润产品，随着碳税的增加，订货提前期延长，订货量减少；在总量控制政策和碳交易政策下，随着总量控制的缩紧，提前期延长，订货量减少。高碳税会促进生产高利润商品的供应商的提前期策略，低碳税不利于生产高利润商品的供应商的提前期策略。收紧的总量控制和低碳价有利于供应商的提前期策略，放松的总量控制和高碳价不利于供应商的提前期策略。就供应链的目标减排而言，为达到相同的提前期，碳交易政策优于碳税政策，碳税政策

优于总量控制政策。

二、政策建议

现今快速响应市场需求成为供应链设计、协调的重点。同样，为了使低碳供应链更快响应市场需求，企业设计低碳供应链应该针对不同的低碳政策采取相对应的策略，政府也应为本国企业相继选择实施不同的低碳政策。

第一，为促进企业快速响应市场需求，政府可优先对供应链核心企业实施从紧的总量控制政策。

第二，政府也可选择实施碳配额及碳交易政策，因为该政策比其他低碳政策在订货提前期相同情况下可最大程度减低企业碳排放。

对于供应链企业来说，应首先确立低碳供应链战略管理的目标，是降低碳减排量、迎合市场低碳产品消费理念还是更快地响应市场需求，再据此选择不同低碳政策下的应对策略。

第八章　收益共享契约下的低碳供应链协调

目前，同时将碳交易和碳配额纳入供应链中的研究较少，大多数的研究集中于单个企业的生产减排决策，但事实上碳减排是供应链各成员共同面临的，而非单一成员面临的问题，因此，进一步加强低碳化供应链成员之间的碳减排合作以及利润协调是本章研究的问题。本章重点考虑在碳配额政策和消费者偏好低碳产品背景下，供应链成员如何参与碳减排和收益共享契约优化设计，使供应链成员各方都有动力参与碳减排，实现整体低碳供应链协调优化，以解决碳减排和利润公平分配等问题。

第一节　文献回顾

从供应链整体层面考虑，本章通过设计不同的合作契约，以促使减排，在增加各方利润的同时，实现整体供应链全局优化。研究低碳下的供应链协调问题大部分都是基于转移支付契约、成本分担契约，很少有研究双方面临政府碳规制下的收益共享契约实现供应链上下游企业的协调。当前研究主要集中于单个契约的结果分析，没有考虑不同契约对企业决策的影响。本章建立制造商—零售商构成的两级低碳供应链，设计两种契约来合作减排：分担减排研发成本契约和分享减排净收益契约。研究这两种契约对制造商和零售商的影响，给联合减排下的契约设计提供相关理论指导。

Tsay、Nahmias 和 Agrawal（1999）及 Cachon（2003）描述了关于不同类型的供应链合作模型和不同契约下的供应链，两者都认为供应链契约是一种协调机制，它通过为所有成员提供激励，使得分散决策达到集中决策下的最优效果，契约参数的选择可以有效地协调参与方之间的决策。随着低碳经济的发展，减排分

担契约出现了，有少数学者开始研究低碳经济下减排成本分担契约对低碳供应链的协调作用。

Cachon 和 Lariviere（2001）研究了收益共享契约可以提高供应链各参与方收益，同时也使得整体供应链得到协调，其深入研究表明，信息不透明和双重边际化效应会影响收益共享契约作用的发挥。Linh 和 Hong（2008）基于两周期下的收益共享模型，构建了不同次数订购机会下的收益共享两种情况下的决策最优值，并研究了收益共享契约系数的合理取值区间及如何通过该契约实现供应链协调。Wang、Jiang 和 Shen（2004）研究了收益共享契约下，无论是供应链整体还是单个企业的行为严格依赖于需求价格弹性与渠道成本，结果表明，当需求价格弹性较低或是零售商的渠道成本接近 100% 时，零售商提取的渠道利润等于集中渠道下的利润。Giannoccaro 和 Pontrandolfo（2004）研究三级供应链的协调情况，结果为在一定条件下收益共享契约可以有效地实现三级供应链协调，为研究多级供应链协调提供了理论基础。Pasteaack（1999）基于单周期的收益共享模型，研究当固定需求变为随机需求时，单周期收益共享契约可以实现供应链整体的协调。Lee、Padmanabhan 和 Tai Lops（2000）将收益共享契约运用于实证，通过对惠普、微软等电脑公司的销售情况的研究分析，证明收益共享契约可以在降低原件成本的同时，满足顾客的特别需求，还可以增加零售商与供应商各自的收益。柳键和马士华（2004）基于博弈论对供应链契约进行研究，并对比了批发价格合同契约和收益共享契约下的不同决策结果，研究表明，收益共享契约在供应链协调上更有优势。邱若臻和黄小原（2006）在收益共享模型的基础上考虑了产品的缺货成本和库存产品收益，构建了具有缺货损失成本的收益共享模型，通过求解模型得出了相关参数的最优值。黄光明和刘鲁（2008）基于两周期供应链，建立了收益共享契约模型，最终得出当两周期的收益共享模型在面临需求和价格同时变化时，同样可以实行供应链协调，即在供应链整体决策达到最优的同时可以实现供应链参与方利润的帕累托改善，讨论了市场需求和价格的变化对供应链协调的效果和契约参数最优值选择的影响。

可见，国内有一些学者开始研究低碳经济下供应链整体协调问题，目前研究低碳下的供应链协调问题大部分都是基于转移支付契约、成本分担契约，很少有研究双方面临政府碳规制下的收益共享契约实现供应链上下游企业的协调。本章立足于碳配额政策及交易机制下，考虑消费者具有低碳偏好，供应链上下游均面临政府碳配额政策及交易机制下的企业决策和整体协调问题，研究收益共享契约对企业生产决策的影响。

第二节　模型假设

一、模型描述

考虑消费者偏好低碳产品背景下低碳化两级供应链（见图 8-1），由一个制造商和一个供应商构成，供应商为制造商提供中间产品，制造商加工成成品，通过直接销售渠道销售给消费者。在低碳政策下，政府期初免费发放给企业一定数量的碳排放配额，如果企业碳排放总额超过政府限制的碳配额，则要在碳交易市场买入碳排放权，当然，企业也可以通过技术创新进行碳减排；如果企业碳排放总额低于政府配额，企业也可将多余的配额售出。通过建立分散决策模型、集中决策模型和收益共享契约模型，探讨低碳下的收益共享契约设计问题，求出博弈均衡解，再通过数值分析，模拟求解实现收益共享的契约参数。

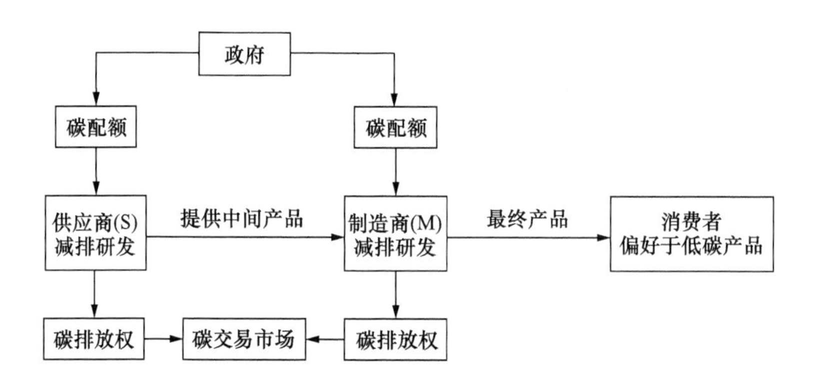

图 8-1　低碳环境下制造商与供应商供应链间的生产和交易

二、模型假设

（1）供应链由一个供应商和一个制造商组成，供应商为制造商提供中间产品，制造商再加工销售给市场，一单位的中间商品对应一单位的成品，即不存在库存和缺货成本。

（2）假定供应链成员都是理性的，即收益共享契约下的中间产品价格（w_s）小于无契约下的中间产品价格（w_d）。

（3）供应商与制造商同时面临政府的碳配额限制，超出或不够的碳排放权

需要在碳交易市场进行交易。

（4）低碳产品逆需求函数为 $p = a - bq + \alpha$，其余假设同第四章。

有关变量及其含义如表 8－1 所示。

表 8－1　变量及含义说明

变量	含义	变量	含义
p	单位产品的市场销售价格	Δe_s	供应商的单位减排量
p_c	单位碳交易价格	Δe_m	制造商的单位减排量
q	市场需求量	e_s	供应商单位初始碳排放量
c_m	制造商加工中间产品的成本	e_m	制造商单位初始碳排放量
c_s	供应商生产单位中间产品的成本	g_s	政府分配给供应商的碳排放总额
w_d	无契约供应链下的中间产品价格	g_m	政府分配给制造商的碳排放总额
w_s	收益共享契约下的中间产品价格	π_s	供应商利润
π_T	集中决策下供应链总利润	π_m	制造商利润

第三节　模型求解

一、分散决策下的模型解

分散决策下，制造商和供应商各自独立减排，以自身利润最大化为前提，供应商和制造商之间进行非合作两阶段博弈。第一阶段，供应商决定单位产品碳减排量和中间产品的价格；第二阶段，制造商确定产品订购量和单位产品碳减排量。下面采用逆向归纳法求解这两阶段博弈。

制造商的利润目标函数如式（8－1）所示：

$$\pi_m = pq - (c_m + w_d)q + p_c[g_m - (e_m - \Delta e_m)q] - \beta_m \Delta e_m^2/2 \tag{8-1}$$

供应商的利润目标函数如式（8－2）所示：

$$\pi_s = (w_d - c_s)q + p_c[g_s - (e_s - \Delta e_s)q] - \beta_s \Delta e_s^2/2 \tag{8-2}$$

将 $p = a - bq + \alpha$ 代入式（8－2），由一阶条件得出式（8－3）：

$$\begin{cases} q = \beta_m(A + c_s - w_d + e_s p_c)/C \\ \Delta e_m = p_c(A + c_s - w_d + e_s p_c)/C \end{cases} \tag{8-3}$$

其中，$A = a + \alpha - c_m - c_s - e_m p_c - e_s p_c > 0$，$C = 2b\beta_m - p_c^2 > 0$。

由式（8－2）得：

$$H_s=\frac{1}{p_c^2-2b\beta_m}\begin{pmatrix}2\beta_m & p_c\beta_m\\ p_c\beta_m & -\beta_s(p_c^2-2b\beta_m)\end{pmatrix}$$

令 $|H_1^s|=\frac{2\beta_m}{p_c^2-2b\beta_m}<0$，$|H_2^s|=\frac{2\beta_m\beta_s}{2b\beta_m-p_c^2}-\frac{p_c^2\beta_m^2}{(p_c^2-2b\beta_m)^2}>0$，即当 $p_c^2<2b\beta_m$ 且 $4b\beta_m\beta_s>p_c^2(\beta_m+2\beta_s)$成立时，式（8－2）有最优解。再由一阶条件得出式（8－4）：

$$\Delta e_s^{d*}=Ap_c\beta_m/B \tag{8-4}$$

其中，$B=4b\beta_m\beta_s-p_c^2(\beta_m+2\beta_s)>0$。

将式（8－4）代入式（8－3）、式（8－2）和式（8－1），可得出式（8－5）：

$$\begin{cases}q^{d*}=A\beta_m\beta_s/B\\ \Delta e_m^{d*}=Ap_c\beta_s/B\end{cases} \tag{8-5}$$

此时利润如式（8－6）所示：

$$\begin{cases}\pi_s^{d*}=(A^2\beta_m\beta_s+2g_sp_cB)/(2B)\\ \pi_m^{d*}=[CA^2\beta_m\beta_s^2+2g_mp_cB^2]/(2B^2)\end{cases} \tag{8-6}$$

二、集中决策下的模型解

集中决策下不再从单个个体最优出发，考虑将整条供应链作为决策主体，以整体利润最优为目标，可得供应链总利润目标函数如式（8－7）所示：

$$\pi_T=(p-c_m-c_s)q-(\beta_m\Delta e_m^2+\beta_s\Delta e_s^2)/2+p_c[(g_m+g_s)-(e_m+e_s)+(\Delta e_m+\Delta e_s)]q \tag{8-7}$$

由一阶条件解得如式（8－8）所示：

$$q=[a+\alpha-c_m-c_s+p_c(\Delta e_m+\Delta e_s-e_m-e_s)]/(2b) \tag{8-8}$$

二阶条件 $\partial^2\pi_T/\partial q^2=-2b<0$，即存在最优的 q 使得利润最优。再将式（8－8）代入式（8－7），海塞矩阵为：

$$H_T=\begin{pmatrix}p_c^2/(2b)-\beta_s & p_c^2/(2b)\\ p_c^2/(2b) & p_c^2/(2b)-\beta_m\end{pmatrix}$$

当 $p_c^2<2b\beta_m$ 且 $2b\beta_m\beta_s>p_c^2(\beta_m+\beta_s)$ 时，H_T 负定，存在最优的 Δe_m，Δe_s，使得利润最优。将式（8－8）代入式（8－7），对 Δe_m，Δe_s 求一阶条件得出式（8－9）：

$$\begin{cases}\Delta e_s^{T*}=Ap_c\beta_m/(B-2b\beta_m\beta_s+p_c^2\beta_s)\\ \Delta e_m^{T*}=Ap_c\beta_s/(B-2b\beta_m\beta_s+p_c^2\beta_s)\end{cases} \tag{8-9}$$

将式（8－9）代入式（8－7）、式（8－8）可得出式（8－10）：

$$\begin{cases}q^{T*}=A\beta_s\beta_m/(B-2b\beta_m\beta_s+p_c^2\beta_s)\\ \pi_T^*=(g_m+g_s)p_c+A^2\beta_m\beta_s/[2(B-2b\beta_m\beta_s+p_c^2\beta_s)]\end{cases} \tag{8-10}$$

三、收益共享契约下的模型解

在收益共享契约下，根据契约协议，制造商从供应商那里以较低的中间产品价格购入 w_s，并承诺给 ϕ（$0<\phi<1$）的销售收益作为回报，与上文的模型相同，博弈仍分两步进行，下面采用逆向归纳法求解。

制造商的利润目标函数如式（8-11）所示：

$$\pi_m^{\phi}=(1-\phi)pq-(c_m+w_s)q+p_c[g_m-(e_m-\Delta e_m)q]-\beta_m\Delta e_m^2/2 \quad (8-11)$$

供应商的利润目标函数如式（8-12）所示：

$$\pi_s^{\phi}=\phi pq+(w_s-c_s)q+p_c[g_s-(e_s-\Delta e_s)q]-\beta_s\Delta e_s^2/2 \quad (8-12)$$

由式（8-11）一阶条件得出式（8-13）：

$$q^{\phi}=(a+\alpha)(1-\phi)-c_m-w_s+p_c(\Delta e_m-e_m)/[2b(1-\phi)] \quad (8-13)$$

将式（8-13）代入式（8-11）中，此时若 $\partial^2\pi_m^{\phi}/\partial\Delta e_m^2=[p_c^2-2b(1-\phi)\beta_m]/[2b(1-\phi)]<0$，即当 $p_c^2<2b(1-\phi)\beta_m$ 时，存在最优单位产品碳减排量。再令 $\partial\pi_m^{\phi}/\partial\Delta e_m=0$，得出式（8-14）：

$$\Delta e_m^{\phi*}=Dp_c/E \quad (8-14)$$

其中，$D=(a+\alpha)(1-\phi)-c_m-e_mp_c-w_s>0$，$E=2b(1-\phi)\beta_m-p_c^2>0$

即如式（8-15）所示：

$$q^{\phi*}=D\beta_m/E \quad (8-15)$$

将式（8-15）代入式（8-12），此时二阶条件 $\partial^2\pi_s^{\phi}/\partial\Delta e_s^2=-\beta_s<0$，满足最大值的条件，令 $\partial\pi_s^{\phi}/\partial\Delta e_s=0$，可得出式(8-16)：

$$\Delta e_s^{\phi*}=Dp_c\beta_m/E\beta_s \quad (8-16)$$

第四节　结果比较

一、分散决策模型与集中决策模型比较

由式（8-5）和式（8-9）可得出式（8-17）：

$$q^{T*}-q^{d*}=\frac{(2b\beta_m-p_c^2)A\beta_s^2\beta_m}{[2b\beta_m\beta_s-p_c^2(\beta_m+\beta_s)]B}>0 \quad (8-17)$$

由于 $A>0$，$\beta_m>0$，且式（8-2）最优解条件即 $p_c^2<2b\beta_m$ 且 $B>0$，式(8-7)最优解条件即 $2b\beta_m\beta_s>p_c^2$（$\beta_m+\beta_s$），可得 $q^{T*}-q^{d*}>0$。

命题8-1　$q^{T*}>q^{d*}$，即实施集中决策比分散决策下订购量（或产品的需求

量）更多。

由式（8－6）和式（8－10）可得出式（8－18）：

$$\pi_T^* - \pi_m^{d*} - \pi_s^{d*} = \frac{A^2\beta_m\beta_s^3C^2}{2[2b\beta_m\beta_s - p_c^2(\beta_m+\beta_s)]B^2} > 0 \tag{8-18}$$

根据 $A = a + \alpha - c_m - c_s - e_m p_c - e_s p_c > 0$，$B = 4b\beta_m\beta_s - p_c^2(\beta_m + 2\beta_s) > 0$，$C = 2b\beta_m - p_c^2 > 0$ 和式（8－7）最优解条件即 $2b\beta_m\beta_s > p_c^2(\beta_m + \beta_s)$，可知 $\pi_T^* - \pi_m^{d*} - \pi_s^{d*} > 0$。

命题 8－2 $\pi_T^* > \pi_m^{d*} + \pi_s^{d*}$，即集中决策下的供应链总利润大于分散决策下的供应链总利润。

由式(8－4)、式(8－5)和式(8－9)可得出式(8－19)：

$$\begin{cases}\Delta e_s^{T*} - \Delta e_s^{d*} = (2b\beta_m - p_c^2)Ap_c\beta_s\beta_m/[2Bb\beta_m\beta_s - p_c^2B(\beta_m+\beta_s)] > 0 \\ \Delta e_m^{T*} - \Delta e_m^{d*} = (2b\beta_m - p_c^2)Ap_c\beta_s^2/[2Bb\beta_m\beta_s - p_c^2B(\beta_m+\beta_s)] > 0\end{cases} \tag{8-19}$$

由于 $A>0$，$\beta_m>0$，$\beta_s>0$，式（8－2）最优解条件即 $p_c^2 < 2b\beta_m$ 且 $B>0$，式（8－7）最优解条件即 $2b\beta_m\beta_s > p_c^2$（$\beta_m + \beta_s$），可知 $\Delta e_s^{T*} - \Delta e_s^{d*} > 0$，$\Delta e_m^{T*} - \Delta e_m^{d*} > 0$。

命题 8－3 $\Delta e_s^{T*} > \Delta e_s^{d*}$，$\Delta e_m^{T*} > \Delta e_m^{d*}$，即实施集中决策比分散决策下制造商和供应商的单位产品碳减排量均比分散决策下的单位产品碳减排量更多。

由命题 8－1、命题 8－2、命题 8－3 可知，以产量、供应链总利润为比较对象，集中决策下的最优解均大于分散决策下的最优解，从单位产品的减排量来说，集中决策下的单位产品碳排放量小于分散决策下的单位产品碳排放量。这说明低碳供应链下，集中决策下的最优产量、总利润和单位产品减排量均优于分散决策下的情况。

二、收益共享契约模型与集中决策模型比较

收益共享契约下，为得到供应链全局协调，供应商与制造商的决策水平应当与集中决策模型下的决策水平相同，要满足这一条件就要使得 $q^{\phi*} = q^{T*}$，$\Delta e_s^{\phi*} = \Delta e_s^{T*}$，$\Delta e_m^{\phi*} = \Delta e_m^{T*}$ 这三个等式同时成立，可得出式（8－20）：

$$\begin{cases}D\beta_m/E = A\beta_s\beta_m/(B - 2b\beta_m\beta_s + p_c^2\beta_s) \\ Dp_c\beta_m/(E\beta_s) = Ap_c\beta_m/(B - 2b\beta_m\beta_s + p_c^2\beta_s) \\ Dp_c/E = Ap_c\beta_s/(B - 2b\beta_m\beta_s + p_c^2\beta_s)\end{cases} \tag{8-20}$$

求解得出式（8－21）：

$$\phi = \frac{p_c^2\beta_m(A + c_s + e_s p_c - w_s) - C\beta_s(c_s + e_s p_c - w_s)}{p_c^2(a+\alpha)(\beta_m+\beta_s) - 2b\beta_m\beta_s(A - a - \alpha)} \tag{8-21}$$

因此，存在 ϕ（w_s）使得 $q^{\phi*} = q^{T*}$，$\Delta e_s^{\phi*} = \Delta e_s^{T*}$，$\Delta e_m^{\phi*} = \Delta e_m^{T*}$ 这三个等式

同时成立，故在进行收益共享契约设计时，如果能使 $\phi(w_s)$ 满足式（8-21），则收益共享契约可以达到集中决策下的各决策目标，即能够实现供应链全局协调。

由式（8-21）可知，在契约参数满足一定条件的情况下，供应商与制造商之间通过收益共享契约，可以使得其利润、产量和单位产品减排量均达到集中决策下的最优解。由于集中决策是基于整体供应链，收益共享契约是基于各参与方自身，而在实际生活中供应链参与方很难从总体利润角度出发，所以与集中决策相比，收益共享契约更具有实际意义。

三、收益共享契约模型与分散决策模型比较

为了保证收益共享契约的顺利实施，除了使得全局协调外，还需要保证供应链成员的协调（参与约束条件），换言之，收益共享契约下的各方利润均要大于分散决策下各自所获得的利润，即$\pi_s^{\phi *} > \pi_s^{d *}$，$\pi_m^{\phi *} > \pi_m^{d *}$，求解得出如式（8-22）所示：

$$\phi_1 < \phi < \phi_2 \tag{8-22}$$

其中，

$$\phi_1 = \{(A^2\beta_m\beta_s + 2Bg_sp_c)/(2B) + \beta_s\Delta e_s^{T*2}/2 - (w_s - c_s)q^{T*} p_c[g_s - (e_s - \Delta e_s^{T*})q^{T*}]\}/[(a - bq^{T*} + \alpha)q^{T*}]$$

$$\phi_2 = 1 - \{[(2b\beta_m - p_c^2)A^2\beta_m\beta_s^2 + 2g_mp_cB^2]/(2B^2) + (c_m + w_s)q^{T*} - p_c[g_m - (e_m - \Delta e_m^{T*})q^{T*}] + \beta_m\Delta e_m^{T*2}/2\} /[(a - bq^{T*} + \alpha)q^{T*}]$$

因此存在 $\phi(w_s)$，能够使得收益共享契约下供应商和制造商的个体利润大于分散决策下的个体理性最优利润。

命题 8-4　如果收益共享契约参数 $\phi(w_s)$ 同时满足式（8-21）和式（8-22），不仅能够使整体供应链得到协调，而且能够使供应链成员的利润也得到帕累托改善。

由命题 8-4 可知，收益共享契约以个体利润最大化为目标，通过契约的设计，既可以达到整体决策最优，又可以使得个体决策得到帕累托改善。与集中决策相比其更易实现；与分散决策相比，供应链参与方更有动力参与契约设计。

第五节　数值模拟

为了进一步验证上文的结论，本章最后设定有关参数如表 8-2 所示。

表 8-2　相关参数值

参数	a	b	α	c_s	c_m	p_c
取值	2000	0.5	0.8	40	50	10
参数	β_m	β_s	g_m	g_s	e_m	e_s
取值	600	800	10000	6000	40	40

根据表 8-2 的参数求解出不同状态下供应链成员的单位产品碳减排量、产量和利润，如表 8-3 所示。从表 8-3 可以看出，与分散决策相比，在收益共享契约下，供应链系统的订购量更多，制造商和供应商的单位产品碳减排量更多，供应链总利润得到提高，且各决策值都达到了集中决策下的最优决策量。这表明，收益共享契约相比分散决策来说，各个决策变量都有了改善，且使得供应链系统得到整体协调。

表 8-3　不同状态下供应链中的最优值

决策量 \ 系统状态	分散决策	集中决策	收益共享契约
q	721	1568	1568
Δe_m	12	26	26
Δe_s	9	20	20
供应链总利润	776487	1030970	1030970

表 8-4 描述了不同（w_s，ϕ）对供应链成员决策的影响。从表 8-4 可以看到，随着 w_s 的增大，ϕ 逐渐变小；随着 ϕ 的变小，制造商利润在递增，供应商利润在递减。在 A、B、C、D 四种情况下，$\phi \in (\phi_1, \phi_2)$，收益共享契约下供应商和制造商的利润都比无契约形式下的要高。而在 E、F 两种情况下，$\phi \notin (\phi_1, \phi_2)$，收益共享契约下供应商的利润小于分散决策下的利润，即此时契约参数的取值无法保证收益共享契约在供应链中顺利实施。所以，为保证收益共享契约达到整体供应链最优，w_s 与 $\phi(w_s)$ 必须同时满足式（8-21），为保证收益共享契约下的决策结果优于分散决策下的结果则必须满足式（8-22），所以在 w_s 与 $\phi(w_s)$ 在分别满足式（8-21）和式（8-22）的条件下，才能使得收益共享契约达到整体与个体最优化。

表 8-4　契约参数对供应链成员利润的影响

序号	w_s	ϕ_1	ϕ	ϕ_2	π_s^{d*}
A	15	0.478	0.529	0.612	460176
B	20	0.474	0.518	0.608	460176
C	30	0.466	0.483	0.599	460176
D	40	0.457	0.472	0.591	460176
E	50	0.449	0.448	0.583	460176
F	60	0.441	0.425	0.575	460176
序号	$\pi_s^{\phi*}$	$\pi_s^{\phi*}-\pi_s^{d*}$	π_m^{d*}	$\pi_m^{\phi*}$	$\pi_m^{\phi*}-\pi_m^{d*}$
A	555133	96937	316311	473857	157546
B	542846	82670	316311	488124	171813
C	514480	54304	316311	516490	200179
D	486059	25883	316311	544911	228600
E	457637	-2539	316311	573333	257022
F	429213	-30963	316311	601757	285446

第六节　结论与展望

在考虑消费者低碳偏好和碳配额政策及碳交易机制情况下，本章通过构建供应商和制造商之间的碳减排合作博弈模型，以探讨是否可以通过收益共享契约来实现产品碳减排和供应链利润的帕累托改善，比较分散决策、集中决策和收益共享契约下的最优单位产品碳减排量和成员利润，并通过数值分析比较收益共享契约和无契约下的各参与方的产量、利润和单位产品碳减排量。

研究结果证明，在消费者低碳偏好和碳配额政策及碳交易机制背景下，收益共享契约能够达到集中决策下的最优，同时又使得分散决策下各参与方的利润增加，单位产品碳减排量也得到了较大的提高。这说明，如果双方谈判能够使收益共享契约参数的选择达到合理区间，则制造商和供应商之间能通过制定收益共享契约以实现集中决策下最优，同时还使得各参与方利润相比分散决策得到改善，并降低单位产品碳排放量。

本章不足之处在于，为了更符合实际模型加入的参数较多，而最终契约的选择也要满足个体与整体的最优，这就影响契约参数的取值，w_s 与 ϕ 是一一对应、不方便契约参与者的决策，以后的研究方向是要放宽这个条件，求解参数取值区间更利于企业的实际决策。

第九章　合作减排契约下的低碳供应链协调

与第八章选取的供应链对象不同，本章选取制造商与零售商两级供应链为研究对象，考虑在碳配额政策和碳交易机制下制造商的减排行为。首先，分析制造商单独减排下的情形；其次，通过设计两种契约，分别是零售商分担一部分减排研发成本以及零售商分享减排净收益，并希望通过契约的设计，能够使得制造商和零售商的个体决策的利润及产量均优于分散决策下的情况；最后，进行数值分析，验证该契约参数对制造商和零售商决策的影响。

第一节　文献回顾

减排成本分担契约是成本分担契约的扩展，成本分担契约即指供应链成员之间通过分担研发成本、努力成本可以实现供应链上下游企业之间的协调。Leng和 Parlar（2010）建立了多供应商和单制造商的模型，设计回购和缺货成本契约，研究表明，成本分担契约可以实现供应链的全局协调。薛君、刘伟和游静（2010）构建了知识创新成本模型，并将成本分担契约加入该模型的构建，结果表明，成本分担契约对于提升系统的集成质量有很大的帮助。Kaya（2011）基于减排努力程度影响市场需求的供应链模型，研究了成本分担契约对于协调供应链的效果，并对比分析了其他契约下的情况。关于减排成本分担契约的研究大多是考虑减排研发成本的分担，分担减排研发成本契约是指不具有减排研发能力的企业通过分担一部分具有减排研发企业的减排研发成本，达到间接减排效果的契约。目前，国内关于减排成本分担契约的研究主要集中于少数几个学者：王芹鹏和赵道致（2014）研究了由零售商与制造商构成的两级低碳供应链，然后运用微分博弈理论求解出了三种不同情况下的最优解（不合作减排、成本分担契约以及

合作减排），并分别比较了不同情况对供应链成员的不同影响，结果表明，制造商和零售商的促销及减排水平合作契约优于不合作契约，同时也优于减排成本分担契约。勾杰（2013）研究了联合减排机制对制造商和供应商决策的影响，这里的联合减排机制设计的是减排研发成本分担契约，结果表明，分担减排成本契约可以实现供应商和制造商利润同时增加，当税率可变时，税率越高，减排研发成本契约所带来利润的增加越多；当税率不变时，减排研发成本分担契约下的碳排放总量大于独立减排下的情况，即分担减排研发成本契约的有效性（实现供应商和制造商利润增加）并不能同时保证对碳排放总量的控制。

关于考虑低碳因素下的供应链协调问题，Yang 和 Zhang（2011）为了应对国际和国内政策形势的变化，企业应该运用低碳管理生产方式来提高自身竞争力，在这种情况下低碳供应链中成员之间的合作显得尤为重要。李媛和赵道致（2013）研究了基于政府免费碳配额和市场碳交易机制下两级供应链期权契约协调问题，通过期权契约模型的构建进行求解与分析，分析结果表明，期权契约可以在协调供应链的同时得到帕累托改善，期权契约参数如何选择取决于制造商和零售商在市场中的地位，相比较而言，零售商更愿意选择大的期权契约参数，而制造商则愿意选择期权小的契约参数。徐春秋、赵道致和原白云（2014）以双寡头制造商和零售商组成的两级供应链系统为研究对象，考虑低碳产品与普通产品价格制定问题，通过求解不同情况下的模型（包括无政府补贴的分散决策模型及有政府补贴下的分散决策模型和集中决策模型），结果表明，在政府补贴情况下，对于低碳产品与普通产品实行不同的定价方式可以协调两者之间的利润分配问题，但是无法达到整体供应链最优值；对于分散决策不能达到最优情况，可以采用 Shapley 值法进行契约协调。何龙飞、赵道致和刘阳（2011）考虑碳配额及碳交易机制下由供应商与制造商构成的两级供应链之间的合作减排研究，通过设计自执行旁支付契约解决合理和公平问题，结果表明，当两者之间为斯坦克尔伯格博弈时，主导者在减排方面可以引导跟随者，当两者之间执行的是静态信息博弈时，可以通过提前信息的传递使得双方的减排量同时都得到提高，同时新的契约能够使得决策参与方在以个人理性为基础上实现集体最优。

第二节　模型假设

一、模型描述

考虑在碳配额政策以及消费者对低碳产品的偏好下，研究两级供应链之间的博弈与优化，这里的两级供应链由一个制造商和一个零售商组成，零售商面对消费者，制造商为零售商提供产品，在低碳背景下，制造商具有减排技术、决定单位产品的减排量，零售商则决定其订购量（见图9－1）。

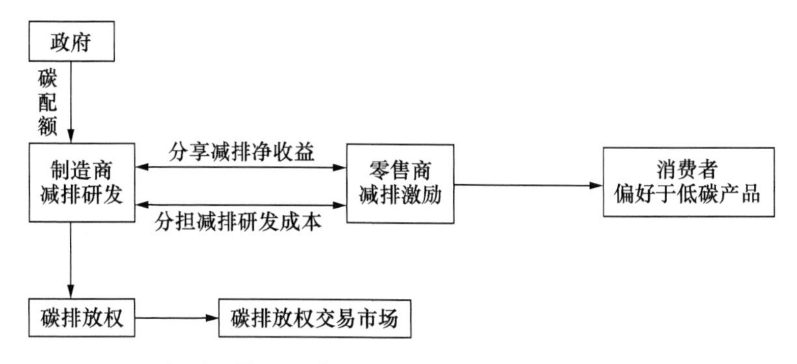

图9－1　低碳环境下制造商与零售商之间的生产决策与减排分担

二、模型假设

（1）供应链由一个制造商和一个零售商组成，零售商从制造商那里直接采购产品，不存在库存与缺货成本。

（2）制造商面临政府的碳配额约束，且具有减排技术，零售商没有碳排放行为，也不具备减排技术。

（3）零售商愿意分享的减排成本系数为$\theta(0<\theta<1)$，故其分担的减排成本为$\theta[p_c g-p_c(e-\Delta e)q-\beta(\Delta e)^2/2]$。

(4)不考虑零售商的促销成本。

(5)生产产品的减排研发成本为$\beta(\Delta e)^2/2$，$\beta>0$为减排系数。

(6)低碳产品逆需求函数为：$p=a-bq+\alpha$，其余假设同第四章。

有关变量及其含义如表9－1所示。

表9－1　变量及含义说明

变量	含义	变量	含义
p	单位产品的市场销售价格	Δe	制造商的单位产品减排量
p_c	单位碳交易价格	e	制造商的初始单位产品碳排放量
q	市场需求量	g	政府分配给制造商的碳排放总额
c	制造商单位产品生产成本	w	制造商单位产品批发价格
θ_1	减排研发成本分担系数	θ_2	减排净收益分享系数
π_m	制造商利润	π_r	零售商利润

第三节　模型求解

一、分散决策下制造商独立减排

一般情况下，供应链上下游企业由于信息不对称以及一些外在因素，其力量是不对等的，在这种情况下，双方进行斯坦克尔伯格博弈。这里假定制造商为领导者，制造商先确定其单位产品减排量 Δe 及零售商向其的订购价格 w（即批发价格），然后零售商再根据其单位产品减排量和订购价格确定向制造商的订购量。下面采用逆向归纳法求解这两阶段博弈。

零售商的利润目标函数如式（9－1）所示：

$$\pi_r = (p - w)q = (a - bq + \alpha - w)q \tag{9-1}$$

制造商的利润目标函数如式（9－2）所示：

$$\pi_m = wq - cq + p_c[g - (e - \Delta e)q] - \beta \Delta e^2/2 \tag{9-2}$$

根据式（9－1），令 $d\pi_r/dq = 0$，可得出式（9－3）：

$$q = (a - w + \alpha)/(2b) \tag{9-3}$$

此时二阶导数 $d^2\pi_r/dq^2 = -2b < 0$，故存在 q 使得式(9－1)有最优利润。

将 $p = a - bq + \alpha$ 以及式(9－1)代入式(9－2)，其有最优解的条件是海塞矩阵为负定，根据式(9－2)，其海塞矩阵为：$H_m = \begin{pmatrix} -1/b & -p_c/(2b) \\ -p_c/(2b) & -\beta \end{pmatrix}$，则 $|H_1^m| = -1/b < 0$，令 $|H_2^m| = \beta/b - p_c^2/(4b^2) > 0$，可得：$p_c^2 < 4b\beta$。即当 $p_c^2 < 4b\beta$ 成立时，式(9－2)具有最优解，由一阶条件可得出如式(9－4)所示：

$$\begin{cases} w = [(a - c + \alpha + ep_c)2b\beta - (a + \alpha)p_c^2]/(4b\beta - p_c^2) \\ \Delta e = [(a - c + \alpha)p_c - ep_c^2]/(4b\beta - p_c^2) \end{cases} \tag{9-4}$$

再将 w 代入式（9－3）式可得出式（9－5）：

$$q = \beta(a - c + \alpha - ep_c)/(4b\beta - p_c^2) \tag{9-5}$$

将式（9－4）、式（9－5）代入式（9－1）、式（9－2），可得出式（9－6）：

$$\begin{cases} \pi_r = b\beta^2(a - c + \alpha - ep_c)^2/(p_c^2 - 4b\beta)^2 \\ \pi_m = (a - c + \alpha - ep_c)^2\beta/(8b\beta - 2p_c^2) + gp_c \end{cases} \tag{9-6}$$

二、分担减排研发成本契约

在减排研发成本分担契约下，零售商愿意分担制造商的部分减排研发成本，这样可以激励制造商的减排研发，零售商可以获取消费者低碳偏好带来的价格激励，假设零售商分担制造商的减排研发成本契约参数为 θ_1，那么零售商承担的减排研发成本为 $\theta_1\beta(\Delta e)^2/2$，制造商承担的减排研发成本为 $(1-\theta_1)\beta(\Delta e)^2/2$。

零售商的利润目标函数如式（9－7）所示：

$$\pi_r=(p-w)q-\theta_1\beta(\Delta e)^2/2 \tag{9-7}$$

制造商的利润目标函数如式（9－8）所示：

$$\pi_m=wq-cq+p_c[g-(e-\Delta e)q]-(1-\theta_1)\beta\Delta e^2/2 \tag{9-8}$$

将 $p=a-bq+\alpha$ 代入式(9－7)并求一阶导数 $d\pi_r/dq=0$ 可得：$q=(a-w+\alpha)/(2b)$，再将 $q=(a-w+\alpha)/(2b)$ 代入式(9－8)，此时海塞矩阵为：$H_m^{\theta_1}=\begin{pmatrix}-1/b & -p_c/(2b)\\ -p_c/(2b) & -(1-\theta_1)\beta\end{pmatrix}$，则 $|H_1^{m\theta_1}|=-1/b<0$，令 $|H_2^{m\theta_2}|=[4(1-\theta_1)b\beta-p_c^2]/(4b^2)>0$，因为 $0<\theta_1<1$，可得：$p_c^2<4(1-\theta_1)b\beta$，即存在最优 w，Δe 使得制造商有最优解。

将 $q=(a-w+\alpha)/(2b)$ 代入式(9－8)，通过一阶求导可得出式(9－9)与式(9－10)：

$$\begin{aligned}w^{\theta_1}=[&(a+\alpha)p_c^2+2b\beta(a+c+\alpha)(\theta_1-1)+\\&2b\beta ep_c(\theta_1-1)]/[4b\beta(\theta_1-1)+p_c^2]\end{aligned} \tag{9-9}$$

$$\Delta e^{\theta_1}=[(a+\alpha-c)p_c-ep_c^2]/[4b\beta(1-\theta_1)-p_c^2] \tag{9-10}$$

将式（9－9）、式（9－10）代入 $q=(a-w+\alpha)/(2b)$，可得出式（9－11）：

$$q^{\theta_1}=(a-c+\alpha-ep_c)(1-\theta_1)\beta/(4b\beta(1-\theta_1)-p_c^2) \tag{9-11}$$

将式（9－9）、式（9－10）、式（9－11）分别代入式（9－7）、式（9－8），可得零售商和制造商利润分别如式（9－12）与式（9－13）所示：

$$\pi_r^{\theta_1}=\beta(a-c+\alpha-ep_c)^2(2b\beta(1-\theta)^2-p_c^2\theta_1)/[2(p_c^2+4b\beta(\theta_1-1))^2] \tag{9-12}$$

$$\pi_m^{\theta_1}=\beta(a-c+\alpha-ep_c)^2(\theta_1-1)/[2(p_c^2+4b\beta(\theta_1-1))]+gp_c \tag{9-13}$$

三、分享减排净收益契约

前面分析了零售商给予制造商减排补贴，这里所涉及的不仅是减排研发的分担，更包括了分担制造商在碳交易市场的收益($p_c[g-(e-\Delta e)q]>0$)或者是买进碳排放权的支出($p_c[g-(e-\Delta e)q]<0$)，即零售商愿意分担的减排净支出为 $\theta_2[p_cg-p_c(e-\Delta e)q-\beta(\Delta e)^2/2]$，该种契约在碳交易价格比较高的情形下，能够促使零售商主动参与该种契约的协商，前面分析的分担减排研发契约($\theta_1\beta$

$(\Delta e)^2/2)$中零售商只有碳减排的支出，当加入分享碳交易市场的收益（亏损）时，在参数满足一定的情况下，零售商有可能分享碳减排所得，这更能促进制造商和零售商之间契约参数的协调。

在制造商和零售商合作减排的情况下，零售商与制造商协定分担的减排净收益（净支出）契约参数为 θ_2，此时制造商的减排净收益（净支出）为 $(1-\theta_2)[p_c g - p_c(e-\Delta e)q - \beta(\Delta e)^2/2]$，零售商的减排净收益（净支出）为 $\theta_2[p_c g - p_c(e-\Delta e)q - \beta(\Delta e)^2/2]$，博弈仍分两步进行，制造商为领导者，制造商决定单位产品减排量和产品的批发价格，零售商再根据产品的批发价格和单位产品减排量决定订购量，各自的利润函数如下：

零售商的利润目标函数如式（9－14）所示：

$$\pi_r = (p-w)q + \theta_2[p_c g - p_c(e-\Delta e)q - \beta(\Delta e)^2/2] \tag{9-14}$$

制造商的利润目标函数如式（9－15）所示：

$$\pi_m = wq - cq + (1-\theta_2)[p_c g - p_c(e-\Delta e)q - \beta(\Delta e)^2/2] \tag{9-15}$$

用逆向归纳法求解式（9－14）、式（9－15），由一阶条件得出式（9－16）：

$$q^{\theta_2} = (a+\alpha-w-e\theta_2 p_c + \theta_2 p_c \Delta e)/2b \tag{9-16}$$

将式（9－16）代入式（9－14），此时海塞矩阵为：$H_m^{\theta_2} = \begin{pmatrix} -1/b & (2\theta_2-1)p_c/(2b) \\ (2\theta_2-1)p_c/(2b) & (\theta_2-1)(b\beta-\theta_2 p_c^2)/b \end{pmatrix}$，则 $|H_1^{m\theta_2}| = -1/b < 0$，令 $|H_2^{m\theta_2}| = [4(1-\theta_2)b\beta - p_c^2]/(4b^2) > 0$，因为 $0<\theta_2<1$，可得：$p_c^2 < 4(1-\theta_2)b\beta$，即存在最优 w，Δe 使得制造商有最优解。根据一阶条件求解可得出式（9－17）与式（9－18）：

$$\Delta e^{\theta_2} = [(a-c+\alpha)p_c - ep_c^2]/[4b\beta(1-\theta_2)-p_c^2] \tag{9-17}$$

$$w^{\theta_2} = [(a-c-\alpha+ep_c)(1-\theta_2)2b\beta + 2b\beta e(1-3\theta_2+2\theta_2^2)p_c - (a+\alpha)p_c^2 + (a-c+\alpha)\theta_2 p_c^2]/[4b\beta(1-\theta_2)-p_c^2] \tag{9-18}$$

再将式（9－17）、式（9－18）代入式（9－16）可得出式（9－19）：

$$q^{\theta_2} = (a+\alpha-c-ep_c)(1-\theta_2)\beta/[4b\beta(1-\theta_2)-p_c^2] \tag{9-19}$$

此时，零售商和制造商的利润分别如式（9－20）与式（9－21）所示：

$$\pi_r^{\theta_2} = (a-c+\alpha-ep_c)^2[2b\beta^2(\theta_2-1)^2 - \beta\theta_2 p_c^2]/[2(p_c^2+4b\beta(\theta_2-1))^2] + \theta_2 g p_c \tag{9-20}$$

$$\pi_m^{\theta_2} = \beta(a-c+\alpha-ep_c)^2(1-\theta_2)/[2(p_c^2+4b\beta(\theta_2-1))] + (1-\theta_2)gp_c \tag{9-21}$$

第四节 结果比较

由式（9－11）、式（9－5）可得出式（9－22）：

$$q^{\theta_1}-q=\frac{\beta p_c^2\theta_1(a+\alpha-c-ep_c)}{(4b\beta-p_c^2)[4b\beta(1-\theta_1)-p_c^2]}>0 \tag{9-22}$$

证明：由于 $a+\alpha-c-ep_c>0$，以及使得零售商和制造商有最优解的二阶条件 $p_c^2<4b\beta$，$p_c^2<4(1-\theta_1)b\beta$，可知 $q^{\theta_1}-q>0$，同理可得 $q^{\theta_2}-q>0$。

命题 9－1 $q^{\theta_1}-q>0$，$q^{\theta_2}-q>0$。

命题 9－1 表明：在碳配额政策和碳交易机制下，制造商可以单独减排，也可以通过与零售商缔结一种契约，即减排研发成本分担契约或者分享减排收益契约，在这两种契约下，零售商参与到减排行动中，可以通过碳减排研发成本的分担或者碳减排收益的分享使得最优需求量增加。

由式（9－11）、式（9－4）可得：$\Delta e^{\theta_1}-\Delta e=\dfrac{4b\beta p_c\theta_1(a+\alpha-c-ep_c)}{(4b\beta-p_c^2)(4b\beta(1-\theta_1)-p_c^2)}>0$，由于 $a+\alpha-c-ep_c>0$，$b>0$，$\beta>0$，以及使得零售商和制造商有最优解的二阶条件 $p_c^2<4b\beta$，$p_c^2<4(1-\theta_1)b\beta$，可知 $\Delta e^{\theta_1}-\Delta e>0$。同理可得 $\Delta e^{\theta_2}-\Delta e>0$。

命题 9－2 $\Delta e^{\theta_1}-\Delta e>0$，$\Delta e^{\theta_2}-\Delta e>0$。

命题 9－2 表明：在碳配额政策和碳交易机制下，减排研发成本契约即零售商参与减排研发成本的分担，分享减排收益契约即分担减排研发成本也分担减排收益，这两种契约都可以激励制造商的减排行为，可以使得单位产品的减排量增加，多余的碳配额可以在碳交易市场卖出，同时也满足了消费者对于低碳产品的偏好。

由式（9－19）、式（9－17）和式（9－11）、式（9－9）可得出式（9－23）和式（9－24）：

$$q^{\theta_1}-q^{\theta_2}=\frac{\beta p_c^2(\theta_1-\theta_2)(a+\alpha-c-ep_c)}{[4b\beta(1-\theta_2)-p_c^2][4b\beta(1-\theta_1)-p_c^2]} \tag{9-23}$$

$$\Delta e^{\theta_1}-\Delta e^{\theta_2}=\frac{4b\beta p_c(\theta_1-\theta_2)(a+\alpha-c-ep_c)}{[4b\beta(1-\theta_2)-p_c^2][4b\beta(1-\theta_1)-p_c^2]} \tag{9-24}$$

证明：当 $\theta_1=\theta_2$ 时，由上面化简的式子可得：$q^{\theta_1}=q^{\theta_2}$，$\Delta e^{\theta_1}=\Delta e^{\theta_2}$；当 $\theta_1>\theta_2$ 时，同理可得：$q^{\theta_1}>q^{\theta_2}$，$\Delta e^{\theta_1}>\Delta e^{\theta_2}$；当 $\theta_1<\theta_2$ 时，同理可得：$q^{\theta_1}<q^{\theta_2}$，$\Delta e^{\theta_1}<\Delta e^{\theta_2}$。

命题9-3　当 $\theta_1=\theta_2$ 时，$q^{\theta_1}=q^{\theta_2}$，$\Delta e^{\theta_1}=\Delta e^{\theta_2}$，即当分担减排研发成本契约参数 θ_1 与减排收益分享契约系数 θ_2 相等时，两种契约下的最优需求量（订购量）与单位产品减排量是相等的。

命题9-4　当 $\theta_1>\theta_2$ 时，$q^{\theta_1}>q^{\theta_2}$，$\Delta e^{\theta_1}>\Delta e^{\theta_2}$，即当分担减排研发成本契约参数 θ_1 大于减排收益分享契约系数 θ_2 时，分担减排研发成本契约下的最优需求量与最优单位产品减排量均大于分享减排收益契约下的最优需求量和最优单位产品减排量。

命题9-5　当 $\theta_1<\theta_2$ 时，$q^{\theta_1}<q^{\theta_2}$，$\Delta e^{\theta_1}<\Delta e^{\theta_2}$，即当分担减排研发成本契约参数 θ_1 小于减排收益分享契约系数 θ_2 时，分担减排研发成本契约下的最优需求量与最优单位产品减排量均小于分享减排收益契约下的最优需求量和最优单位产品减排量。

命题9-3、命题9-4、命题9-5表明：制造商和零售商之间的合作减排下的最优，需求量和单位产品减排量最优，取决于契约参数的大小，与其他参数无关，即分担减排研发成本契约和分享减排收益契约在需求量和单位产品减排量上的决策是没有任何影响的，需求量和单位产品减排量的大小是由契约参数 θ_1、θ_2 决定的。

最后，进行制造商和零售商两种契约下的合作减排与分散决策下独立减排利润大小的比较，由于参数比较多，下一节中将用数值分析来对比不同情况下的利润大小。

第五节　数值模拟

根据前面的分析可知，在碳配额政策和碳交易机制下零售商参与碳减排可以提高产量和单位产品减排量，但零售商与制造商选择哪一种减排契约来合作减排与减排契约参数有关，下面的算例分析契约参数对产量、单位产品碳减排量和各主体利润的影响。

为了验证契约参数取值对各主体利润的影响，假设 $a=500$，$b=0.5$，消费者对低碳产品的价格激励因子 $\alpha=1$，制造商的单位产品成本 $c=20$，单位碳排放权的交易价格为 $p_c=8$，制造商的减排成本系数 $\beta=100$，政府总的碳排放总额 $g=1000$，制造商的初始单位产品碳排放量 $e=40$，此时假设契约参数 $\theta_1=0.2$，$\theta_2=0.3$，制造商与零售商在不同情况下的决策量如表9-2所示。

表 9-2 不同系统状态下的最优决策值

不同状态 决策变量	分散决策制造商独立减排	分担减排研发成本 $\theta_1=0.2$	分享减排净收益 $\theta_2=0.3$
q	118.38	134.17	148.29
Δe	9.47	13.42	16.95
π_r	7007.19	7200.28	9086.68
π_m	17529.8	18800.4	17537.3
π_t	24536.99	26000.68	26623.98

从表 9-2 中可以验证上面的命题，当契约参数 $\theta_1=0.2$，$\theta_2=0.3$ 时，两种契约下的最优产量、最优单位减排量均大于分散决策下的情况，这说明存在契约参数的取值能够使得制造商和零售商合作减排下的各决策值均优于分散决策制造商独立减排下的情况。与此同时，两种契约下制造商和零售商的利润大于分散决策下制造商和零售商的利润，而且供应链的总利润均大于分散情况下的总利润，这说明，制造商和零售商之间无论形成哪种契约，只要存在契约参数 θ_1、θ_2，便能够使得合作减排下的产量、减排量和利润均优于独立减排下的情况。

表 9-2 的分析中，由于 θ_1、θ_2 的取值是固定且不相等的，无法比较分担减排研发成本契约与分享减排净收益契约下的各决策值，所以为了进一步分析在这两种契约下，哪一种契约在具体的契约值下是优于另一种的，下面分析最优决策值随契约参数 θ_1、θ_2 的变化关系。在这个算例分析中假设 $\theta_1=\theta_2$，由命题9-3可知，当 $\theta_1=\theta_2$ 时，这里统一将其表示为 $q^{\theta_1}=q^{\theta_2}=q^{\theta}$，$\Delta e^{\theta_1}=\Delta e^{\theta_2}=\Delta e^{\theta}$。

从表 9-3 的数值分析中可以看出，当 $\theta_1=\theta_2$ 时，$q^{\theta_1}=q^{\theta_2}=q^{\theta}$，$\Delta e^{\theta_1}=\Delta e^{\theta_2}=\Delta e^{\theta}$，命题 9-3 得到验证，当契约参数 $\theta_1=\theta_2$ 增大时，q^{θ}、Δe^{θ} 也相应地增大，这说明，当零售商愿意分担减排研发成本的比例越大，制造商的减排效果越明显，契约的建立能够有效地降低单位产品的碳排放量，同时消费者对低碳产品的需求也随之增大，命题 9-4、命题 9-5 得到验证。分担减排研发成本契约下供应链的总利润$\pi_t^{\theta_1}=\pi_r^{\theta_1}+\pi_m^{\theta_1}$，分享减排净收益契约下供应链的总利润$\pi_t^{\theta_2}=\pi_r^{\theta_2}+\pi_m^{\theta_2}$，从表 9-3 中数值可以看出无论 $\theta_1=\theta_2$ 取何值，$\pi_t^{\theta_1}=\pi_t^{\theta_2}$，这说明，从供应链整体出发，分担减排研发成本契约与分享减排净收益契约没有差别，产生的供应链总利润相等。随着契约参数的增大，供应链总利润是先增加后减少，从供应链整体出发存在一个最优的契约参数值使得整体利润最大。当分担减排研发成本契约参数 θ_1 增大时，零售商的利润先增大后减小，最后随着 θ_1 的继续增大，利润变为负值，这从零售商个体的角度来说，契约参数值不能无限增大，存在一个值使得零售商的利润最大。从制造商角度来看，θ_1 越大，制造商的利润越高，零售商参

与减排分担越多，制造商的利润越大。分享减排净收益契约参数 θ_2 增大时，零售商的利润先增加后减少，最后变为负，制造商的利润随着 θ_2 的增大而增大。

表 9-3 主体最优值随契约参数 θ_1，θ_2 的变化值

序号	$\theta_1=\theta_2$	q^θ	Δe^θ	$\pi_r^{\theta_1}$	$\pi_r^{\theta_2}$	$\pi_m^{\theta_1}$	$\pi_m^{\theta_2}$	$\pi_t^{\theta_1}$	$\pi_t^{\theta_2}$
1	0.1	124.9	11.1	7185.3	7985.3	18055.6	17255.6	25240.9	25240.9
2	0.15	129.1	11.2	7226.6	8426.6	18392.9	17192.6	25619.5	25619.5
3	0.2	134.2	13.4	7200.3	8800.3	18800.4	17200.4	26000.7	26000.7
4	0.25	140.4	15.0	7053.3	9053.3	19302.8	17302.8	26356.1	26356.1
5	0.3	148.3	17.0	6686.7	9086.7	19937.3	17537.3	26624.0	26624.0
6	0.35	158.6	19.5	5906.0	8706.0	20764.1	17964.1	26670.1	26670.1
7	0.4	172.5	23.0	4298.1	7498.1	21886.3	18686.3	26184.4	26184.4
8	0.45	192.5	28	888.1	4488.1	23496.3	19896.3	24384.4	24384.4
9	0.5	223.6	35.8	-7000.3	-3000.3	26000.7	22000.7	19000.4	19000.4
10	0.55	278.7	49.5	-28662.6	-24262.6	30431.6	26031.6	1769.0	1769.0

从表 9-3 可以看出，两种契约参数相等时，对于零售商来说，$\pi_r^{\theta_1}<\pi_r^{\theta_2}$，表明分享减排净收益优于分担减排研发成本，因为分享减排净收益契约下，零售商分享了制造商在碳交易市场获取的净收益，当制造商减排增加时，零售商可以获取正的碳交易收益，当各参数值一定时，对于零售商来说，零售商更愿意选择分享减排净收益契约。相反，制造商愿意选择分担减排研发成本契约，因为碳交易市场碳排放权交易所得不需要与零售商分享。为了更直观地看出契约参数 θ_1、θ_2 对制造商与零售商利润的影响，下面进行图形上的分析（见图 9-2）。

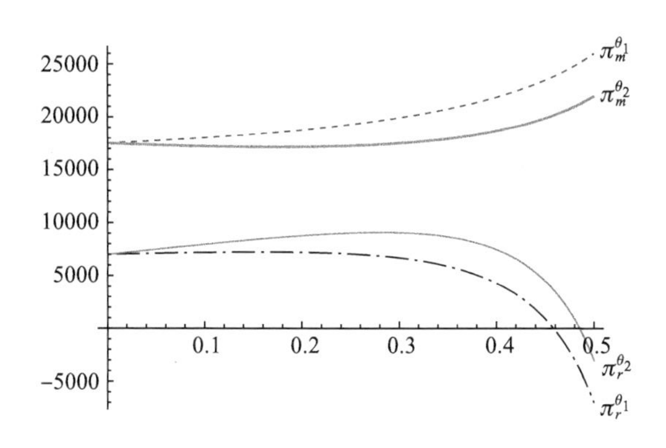

图 9-2 契约参数 θ_1、θ_2 对制造商与零售商利润大小的影响

从表9－3可知，当$\theta_1=\theta_2=0.5$时，两种契约下零售商的利润均为负值，所以从零售商个体理性出发，图9－1选取$0<\theta_1=\theta_2<0.5$，从中可以看到，在分担减排研发成本契约下零售商的利润小于分享减排净收益契约下零售商的利润，而制造商的利润大小是相反的。说明分担减排研发成本契约对制造商有利，分享减排净收益契约对零售商有利。随着契约参数值的增大，两种契约下，制造商的利润均增加，零售商的利润先增加后减小。两种契约下合作减排的最优决策均优于分散决策下，而具体选择分担减排研发成本还是分享减排净收益，以及契约参数的决定，取决于双方的谈判能力。

第六节　结论与展望

本章选取一个制造商和一个零售商构成的两级低碳供应链，在面临政府碳配额政策和交易机制下，分别讨论制造商和零售商在分散减排、分担减排研发成本契约和分享减排净收益契约下合作减排的最优决策，并通过数值分析比较不同状态下的制造商和零售商的产量、减排量、利润。分析结果证明，在消费者低碳偏好和碳配额政策以及碳交易机制下，分担减排研发成本契约与分享减排净收益契约的最优决策均优于分散决策下制造商独立减排的情况。对比分担减排研发成本契约与分享减排净收益契约下的各决策值，当$\theta_1=\theta_2$时，两种契约下的需求量，单位产品减排量均相等，不同的是各主体的利润值，零售商在分享减排净收益契约下的利润更大，制造商在分担减排研发成本契约下的利润更大，这说明分担减排研发成本契约与分享减排净收益契约不能同时实现制造商和零售商利润均优于另一种契约，在实际情况中，具体选择哪一种契约则由双方的谈判能力决定。

第十章　混合契约下双渠道低碳供应链协调

随着全球环境问题的恶化，可持续发展的概念深入各国政府和企业的决策过程中，业界广泛接受了包括低碳经济、绿色 GDP 等观念。在控制全球温室气体排放方面，各国在过去的几十年中做出许多努力来控制碳排放总量，1997 年的“京都谈判”旨在建立一套跨国的碳总量控制与交易机制；2005 年，欧盟成立了欧盟碳排放交易体系（EU - ETS）。目前，EU - ETS 已成为全球间最大的碳交易市场，根据世界银行《碳定价现状与趋势 2015》报告，2015 年使用碳定价工具覆盖的碳排放量如下：EU - ETS 为 2 亿吨二氧化碳当量，中国为 1 亿吨二氧化碳当量，美国为 0. 5 亿吨二氧化碳当量①。《中美气候变化联合声明》宣布，中国计划在 2030 年左右实现二氧化碳排放峰值，明确了应对气候变化低碳发展的战略方向，给中国企业的节能减排提出新的挑战。

除来自政府要求碳减排的压力，消费者环保观念的觉醒同样促使生产商、零售商重视生产环节、销售运输环节的节能减排，而且许多消费者已经愿意为低碳产品支付更高的价格。以传统家电——空调产业为例，消费者对空调产品的消费越来越重视节能和环保。美的集团旗下的 EOC 变频空调，每年可以省电超过 12 亿千瓦时，折合减少标准煤使用量 50 万吨，减少碳排放 121 万吨②。对中国生产商而言，更现实的问题是越来越多的外国市场对中国出口产品设置绿色壁垒，严格的市场准入标准要求生产商努力提高出口产品的碳减排水平。因此，如何减少生产、运输、销售、消费中的碳排放已经成为摆在各个企业案头的重要问题。在这一大环境下，供应链低碳化已是大势所趋。即在供应链的各个环节中既要考虑企业的经济效益，又要考虑碳足迹，减少碳排放量。

---

① Alexandre Kossoy, G. P. , Klaus Oppermann, Nicolai Prytz, Noémie Klein, Kornelis Blok, Long Lam, Lindee Wong, Bram Borkent. State and Trends of Carbon Pricing 2015 [R] . World Bank and Ecofys, 2015: 10.

② 美的集团 . 美的携手 WWF，带你去看中国最美的星空 [EB/OL] . http: //www. midea. com/cn/news_ center/Group_ News/201603/t20160318_ 199610. shtml.

近几年电商产业成为中国经济的一大亮点，电商渠道供应链管理也逐渐被国内学者所提及。根据中国电子商务研究中心发布的《中国电子商务市场数据监测报告》，2015 年前二季度的电商交易额已达 7.63 万亿元，同比增长 30.4%[①]。由于电商渠道拥有中间环节少、高效率、速度快等特点，许多企业都开始创建电商渠道，以此来提高供应链的管理水平。但电商渠道具有不同于传统渠道的特点，这使得生产商重新审视电商渠道供应链低碳化管理。总的来说，研究电商渠道出现后供应链管理具有十分必要的理论和实际意义。

面对上述现状，提出以下问题：生产商面对来自政府和市场的压力，它如何节能减排？生产商减排成本如何影响供应链决策？渠道销售中产生的碳排放成本会对供应链运营产生何种影响？本章将碳排放成本、生产商投资减排考虑进市场需求函数，试图找到一些关键变量诸如消费者对零售渠道的忠诚度、碳排放成本、投资减排成本对低碳供应链定价、利润、碳减排以及供应链协调的影响。

第一节　文献综述

一、关于双渠道供应链的竞争研究

Chiang、Chhajed 和 Hess（2003）发现，当大部分消费者倾向于从零售商处购买产品时，直销渠道并不会给生产商产生额外利润，给零售商带来的威胁也可以被忽略；而当越来越多的消费者愿意从直销渠道购买时，零售商则会削价销售，与生产商竞争。对生产商来说，最好的渠道战略是新增直销渠道，但并不通过它销售产品，这样既可以缓和“双重边际化”效应，又能让生产商得到更多利润，而零售商的利润也有可能增加。Park 和 Ken（2003）探讨了生产商愿意新增直销渠道的条件，认为成本结构、市场需求大小、渠道话语权决定了供应链双方的利润。Tsay 和 Narendrs（2004）认为，直销渠道并不一定对零售商有坏处，生产商可以通过降低批发价格来保持零售商的销售努力程度，使双方都得到帕累托改进，甚至存在零售商希望生产商增加直销渠道而生产商只愿通过零售商销售的情况。Yan 和 Zhi（2009）认为，生产商新增直销渠道会促使零售商提高服务水平以和生产商抗衡，存在着双方都得到帕累托改进的区间，并提高整个供应链的利润水平。Chen、Fang 和 Wen（2013）考虑了零售商同时销售来自不同生产

① 曹磊，张周平，莫岱青等．中国电子商务市场数据监测报告［R］．中国电子商务研究中心，2015.

商的两种替代产品的双渠道供应链，认为零售商提升服务水平可以缓解直销渠道给零售渠道带来的压力，同时使双方的利润都得到增加，而提高消费者品牌忠诚度可以增加生产商和零售商的利润。Hua、Wang 和 Cheng（2010）将生产周期引入双渠道供应链，发现生产周期对供应链成员定价和利润有巨大影响，容易在直销渠道销售的产品，零售商定价会低于直销渠道。Ghosh 和 Shah（2012）考虑了渠道结构对供应链决策的影响，讨论了在生产商作为斯坦克尔伯格领导者、零售商作为斯坦克尔伯格领导者、垂直纳什博弈三种结构下的定价、减排策略，发现合作的确可以提高减排率，但也会因此提高零售价格。Cattani、Gilland 和 Heesee 等（2006）分析了生产商引入直销渠道时的定价策略，发现当直销渠道价格与零售价格一致时，当直销渠道销售成本很低、消费者接受直销渠道能力变强时，生产商会倾向于差别定价，零售商利益则受损。Dumrongsiri、Fan 和 Jain 等（2008）研究了随机需求下的双渠道供应链，发现零售渠道销售成本过高，生产商可以轻松获得整个市场；反之，零售商则可以得到整个市场。同样在随机需求下进行研究的学者还有 Hsieh、Chang 和 Wu（2014），考虑多个生产商和一个零售商构成的供应链，当生产商都倾向于双渠道策略时，产品价格竞争加剧，直销价格的差异会缩小；当消费者倾向于零售渠道策略时，直销渠道中价格竞争也会加剧，导致直销价格下降。Cai（2010）考虑了传统零售渠道、直销渠道、两个零售商组成的传统线下渠道、直销和线下渠道并存的双渠道四种渠道模式，发现双渠道并非总是最优，给出了直销渠道优于传统线下渠道的条件，而当直销渠道需求很小时，供应商更倾向于传统线下渠道而非直销和线下渠道并存的双渠道。

二、关于双渠道供应链的协调研究

Kurata、Yao 和 Liu（2007）考虑了两种产品的双渠道协调问题，发现批发价格并不总能实现协调，但可以通过设定一个合理的批发价加价或者零售价格折扣来实现供应链协调。Cai、Zhang 和 Zhang（2009）分析了生产商作为博弈领导者、零售商作为博弈领导者、纳什博弈三种情况下价格折扣契约的作用，发现不使用价格折扣契约而且渠道间不统一定价时，供应链存在“领导者陷阱”，领导者拥有更大话语权但利润却比作为跟随者时的利润小；统一定价时，策略取决于消费者对直销渠道的接受程度。Boyaci（2005）研究了随机需求下的双渠道供应链协调，发现绝大部分简单协调契约（如批发价格、回购、收益共享等）都不能完成协调，但可以通过设计一个恰到好处的惩罚契约来实现协调，只是问题是这个惩罚契约很难实行。Ryan、Sun 和 Zhao（2013）研究了随机需求下双渠道协调，分析最低价格限制下的收益共享契约和收益损失共享契约，发现当产品的价格弹性较高、消费者对渠道选择有明确偏好时，供应链的协调效果最好。Chen、

Zhang 和 Sun（2012）发现，当直销渠道、零售渠道价格不同时，生产商可设定一个批发价格和直销渠道的价格来协调供应链。另外，两部收费制契约和利润共享契约也可以有条件地实现协调。Ma、Wang 和 Shang（2013）在双渠道供应链中考虑生产商愿意改进产品质量、零售商愿意提升销售努力两个因素，发现两部收费制契约不能协调供应链，但质量改进成本和销售努力提高成本都采取共享契约，则可以完美协调供应链。Yan、Wang 和 Zhou（2010）研究表明，无论斯坦克尔伯格博弈还是伯川德博弈，供应链整合都是必须的，品牌差异化战略能够有效缓解渠道竞争，但无法实现完全协调，而借助利润共享契约则能实现供应链协调。

三、低碳政策下单渠道供应链博弈分析

Choi（2013）研究了服装行业征收碳税对零售商选择生产商的影响，考虑批发价格契约和折价销售契约，得到零售商选择本地生产商的条件。Benjaafar、Li 和 Daskin（2013）在碳配额和碳税政策下，供应链成员通过调整库存、订货量来达到减排的效果，且供应链成员合作可以减轻减排成本。Du、Zhu 和 Liang 等（2013）研究了一个由生产商和碳排放权提供商组成的供应链，碳配额越高，生产商的产量越大、利润越高，而碳排放权提供商利润越小。Carrillo、Vakharia 和 Wang（2014）考虑产品销售过程中会产生碳排放成本，发现消费者对直销渠道的认可度以及不同渠道的碳排放成本区别会影响零售商的渠道选择；碳税和碳配额无异于放大了渠道间的碳成本差异，因此，政府需要认真考虑碳税对不同行业的影响。Fahimnia、Sarkis 和 Choudhary 等（2015）在供应链中考虑低碳政策限制，发现征收碳税会导致减排，需要设计更有效的碳交易机制。

四、低碳供应链的优化协调研究

Corbett 和 DeCroix（2001）考虑了一个使用某种“有害原材料”的供应链的协调问题，发现供应链双方都愿意互相协调减少对该原料的使用，但供应商和消费者之间普遍使用的契约并不一定会减少“有害原材料”的使用。Swami 和 Shah（2011）考虑生产商试图缩小包装体积来减排并节省成本，零售商决定安排货架空间。发现在集中决策下，货物包装体积更小，货架空间更大，双方利润增加。Chen 和 Shu（2014）研究太阳能光伏产品供应链中的协调，结果表明，政府补贴可以提高整个供应链的效用，但过高补贴会导致供应链过度生产，发现收益共享契约协调供应链成员，可以实现供应链最优。Barari、Agarwal 和 Zhang（2012）建立演化博弈模型，将减排成本纳入需求函数，生产商负责生产绿色产品，零售商负责销售，最后供应链成员之间能达到经济层面和环境层面上的协调。Li、

Zhu 和 Jiang 等（2015）将生产商提高减排率纳入需求函数，在双渠道供应链模型下讨论了低碳产品的定价、减排率和供应链双方利润，分析了消费者对零售渠道的忠诚度、生产商提高减排率的成本对双渠道供应链的影响，并运用两部收费契约来协调供应链成员的利益。

可见，越来越多的国外学者开始关注双渠道供应链问题，主要侧重于供应链定价、库存、利润、协调等方面的研究，部分学者在单渠道供应链中加入低碳约束，得到碳减排成果的结论，但对双渠道供应链低碳化及其协调的成果不多。而且，由于库存、包装、运输产生碳足迹要求生产商和零售商支付成本，而目前的研究成果中均未考虑。国内学者则较少涉及低碳双渠道供应链的研究。本章借鉴前人研究成果，考虑单位产品减排量直接影响市场需求，在需求函数中引入生产商愿意投资减排因素，同时考虑零售商在销售产品过程中支付碳排放成本，分析生产商和零售商在单一渠道、双渠道分散决策和集中决策下的行动决策与供应链协调。

本章的主要贡献在于以下几方面：一是建立双渠道供应链低碳化模型，比较了单一传统零售渠道、双渠道分散决策、双渠道集中决策的结果，分析了生产商选择新增直销渠道的条件；二是同时考虑零售渠道销售单位产品的碳排放成本和消费者对零售渠道的忠诚度对整个供应链决策的影响；三是提出了一个“成本共担＋利润共享”契约实现供应链协调。

第二节　模型假设

生产商考虑在传统的零售渠道外开拓新的直销渠道，零售商只通过线下传统零售渠道来销售该低碳产品，假设消费者拥有一定的环保意识，其对该低碳产品的需求随着单位低碳产品碳减排量的提高而上升。在市场中，消费者根据他们自身偏好来选择传统零售渠道或者直销渠道来购买（见图 10－1）。

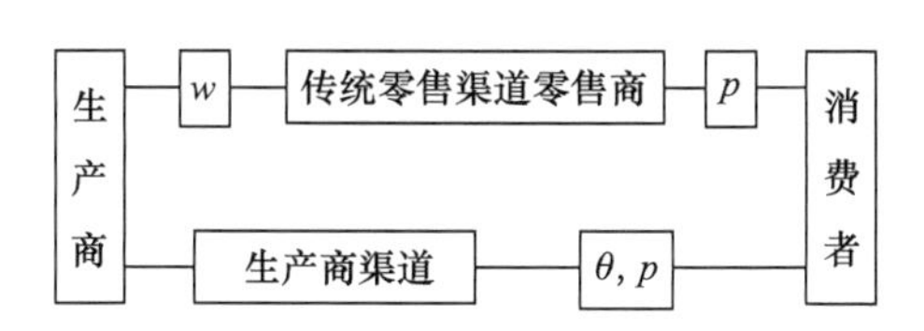

图 10－1　双渠道供应链

模型假设如下：

（1）生产商、零售商面临的需求均为单位产品减排量与该低碳产品价格的线性函数，需求随着价格上升而下降，随着单位产品减排量上升而上升。采用统一定价方式，直销渠道和零售渠道中产品价格是一样的，且没有库存（Ghosh、Shah，2012）。

需求函数假设如式（10－1）所示：

$$\begin{cases} Q_r = \rho a - bp + \beta_r \theta \\ Q_m = (1-\rho)a - bp + \beta_m \theta \end{cases} \tag{10-1}$$

其中，$0<\rho<1$，$0<w<p$。假设市场潜在需求足够大，即 a 足够大；$b>\beta_r$，意味着渠道需求的价格效应要大于单位商品减排量变化对渠道需求的影响；$\beta_r>\beta_m$，在零售渠道中，消费者可以直观地体验产品，消费者可以接受导购的专业指导和服务，当生产商提高单位产品减排水平时，零售渠道的需求增长量会大于直销渠道的需求增长量。

（2）不考虑单位产品生产成本，直销渠道中的碳排放量为0，生产商直销渠道缴纳的碳税为0；传统零售渠道销售单位产品所支付的碳排放成本为 e（来自政府的碳税政策、承担社会责任和维护公共关系等）。根据 Weber、Hendrickson 和 Jaramillo 等（2008）的研究，直销渠道销售产品比传统零售渠道销售产品所产生的碳排放量少得多，具体表现为传统零售渠道存在大量的货物库存、货物运输成本，而直销渠道可以通过集中库存来降低碳足迹。

（3）生产商需要投入成本来更新生产技术、机械设备以减排，投资成本为单位低碳产品减排量的凹函数 $C(\theta)=\eta\theta^2/2$，η 为减排投资成本系数，其中固定成本假设为0。

本章使用的变量及其含义如表10－1所示。

表10－1　变量及含义说明

变量	含义	变量	含义
Q_r	直销渠道对低碳产品的需求	θ	单位低碳产品的减排量
Q_m	零售渠道对低碳产品的需求	p	单位低碳产品的价格
β_m	直销渠道需求的减排率弹性	π	供应链总利润，$\pi=\pi_m+\pi_r$
β_r	零售渠道需求的减排率弹性	e	零售渠道销售单位产品的碳排放成本
π_m	生产商利润	w	生产商的单位产品批发价格
π_r	零售商利润	ρ	消费者对零售渠道的忠诚度

第三节　模型求解

一、单一传统零售渠道决策

此时只存在传统零售商一个渠道，所有的产品都通过该渠道进行销售，市场需求变为如式（10-2）所示：

$$Q = a - bp + \beta_r\theta \tag{10-2}$$

生产商决定批发价格和减排量，零售商决定零售价格，此时生产商和零售商的利润函数变为如式（10-3）所示：

$$\begin{cases}\pi_m^s = w(a - bp + \beta_r\theta) - \eta\theta^2/2 \\ \pi_r^s = (p - w - e)(a - bp + \beta_r\theta)\end{cases} \tag{10-3}$$

对零售商利润函数求一阶条件，解得如式（10-4）所示：

$$p = (a + \beta_r\theta + bw + be)/(2b) \tag{10-4}$$

将式（10-4）代入生产商利润函数中，得海塞矩阵：$H^s = \begin{pmatrix} -b & \beta_r/2 \\ \beta_r/2 & -\eta \end{pmatrix}$，当 $\Delta_1 = 4b\eta - \beta_r^2 \geqslant 0$ 即 $\eta > \beta_r^2/(4b)$ 时，π_m^s 有最大值。由一阶条件解得如式（10-5）所示：

$$\begin{gathered} w^s = 2\eta(a - be)/\Delta_1，\ \theta^s = \beta_r(a - be)/\Delta_1 \\ Q = b\eta(a - be)/\Delta_1 \\ p^s = (3a\eta - \beta_r^2 e + be\eta)/\Delta_1 \end{gathered} \tag{10-5}$$

此时，生产商和零售商的利润分别如式（10-6）所示：

$$\begin{cases}\pi_r^s = b\eta^2(a - be)^2/\Delta_1^2 \\ \pi_m^s = \eta(a - be)^2/(2\Delta_1^2)\end{cases} \tag{10-6}$$

二、双渠道分散决策

此时，生产商作为领导者，率先决定单位产品减排量、批发价格；零售商决定零售价格。生产商和零售商的利润函数分别如式（10-7）所示：

$$\begin{cases}\pi_m^d = w(\rho a - bp + \beta_r\theta) + p[(1 - \rho)a - bp + \beta_m\theta] - \eta\theta^2/2 \\ \pi_r^d = (p - w - e)(\rho a - bp + \beta_r\theta)\end{cases} \tag{10-7}$$

由零售商利润函数的一阶条件，解得如式（10-8）所示：

$$p = (\rho a + \beta_r\theta + bw + be)/(2b) \tag{10-8}$$

将式（10-8）代入生产商利润函数中，海塞矩阵为 $H^d = \begin{pmatrix} -3b/2 & \beta_m/2 \\ \beta_m/2 & \beta_m(2\beta_m-\beta_r)/2b-\eta \end{pmatrix}$，当 $\Delta_2 = 3\beta_r^2 - \beta_m^2 - 6\beta_r\beta_m + 6b\eta > 0$ 即 $\eta > (\beta_m^2 - 3\beta_r^2 + 6\beta_r\beta_m)/(6b)$ 时，π_m^d 有最优解，求一阶条件解得如式(10-9)所示：

$$\begin{cases} w^d = [(\rho a + be)\beta_m^2 + \Omega_1(\beta_r^2 + 2b\eta) - (a - 3be)\beta_r\beta_m]/(b\Delta_2) \\ \theta^d = (3\Omega_8\beta_r + \Omega_2\beta_m)/\Delta_2 \\ p^d = [\Omega_3\beta_r^2 - (2\rho a + be)\beta_r\beta_m + \Omega_2 b\eta]/(b\Delta_2) \\ \pi_r^d = [\Omega_1\beta_r^2 + (\Omega_8 + 3be)\beta_r\beta_m - \rho a\beta_m^2 - \Omega_4 b\eta]^2/(b\Delta_2) \\ \pi_m^d = [2\Omega_6\beta_r^2 + 2\Omega_7\beta_r\beta_m + (2\Omega_4 - be)b^2e\eta + \Omega_5]/(2b\Delta_2^2) \\ Q^d = [\Omega_3\beta_r^2 - 2a\beta_r\beta_m + (2\rho a + be)\beta_m^2 + 2\Omega_3 b\eta]/\Delta_2 \end{cases} \tag{10-9}$$

其中，$\Omega_1 = (1-\rho)a - 2be$，$\Omega_2 = (1+2\rho)a + be$，$\Omega_3 = 2(1-\rho)a - be$，$\Omega_4 = (1-4\rho)a + be$，$\Omega_5 = 2(be+\rho a)\rho a\beta_m^2 + a^2b\eta(4\rho - 8\rho^2 + 1)$，$\Omega_6 = b^2e^2 + abe(\rho-1) + a^2(\rho-1)^2$，$\Omega_7 = 2\rho a^2(\rho-1) + abe(2\rho-1) - b^2e^2$，$\Omega_8 = (1-2\rho)a - be$。

三、双渠道集中决策

生产商与零售商共同决定单位产品减排量、面对消费者的价格等决策变量，以取得利润最大化。此时，供应链的利润函数如式（10-10）所示：

$$\pi^c = p[a - 2bp + (\beta_r + \beta_m)\theta] - e(\rho a - bp + \beta_r\theta) - \eta\theta^2/2 \tag{10-10}$$

经计算可得其海塞矩阵为：$H^c = \begin{pmatrix} -4b & \beta_r + \beta_m \\ \beta_r + \beta_m & -\eta \end{pmatrix}$，当 $\Delta_3 = 4b\eta - (\beta_r + \beta_m)^2 \geqslant 0$ 即 $(\beta_r + \beta_m)^2 \leqslant 4b\eta$ 时，式（10-10）有最优解。求一阶条件，解得如式（10-11）所示：

$$\begin{cases} p^c = [(a+be)\eta - (\beta_r + \beta_m)e\beta_r]/\Delta_3,\ \theta^c = [(a+be)\beta_m + (a-3be)\beta_r]/\Delta_3 \\ Q^c = [be(\beta_m^2 - \beta_r^2) + 2(a-be)b\eta]/\Delta_3 \\ \pi^c = [2\rho ae\beta_m^2 - 2e\beta_r\beta_m(\Omega_8 + 2be) - 2e\beta_r^2(\Omega_1 + be) + a^2\eta + (2\Omega_4 - be)be\eta]/(2\Delta_3) \end{cases} \tag{10-11}$$

四、优化协调

比较集中决策、分散决策下供应链的总利润，由式（10-9）和式（10-11）计算得出式（10-12）：

$$\pi^c - \pi^d = \frac{2(2\beta_r^2 - 2\beta_r\beta_m + b\eta)[\Omega_1\beta_r^2 + (\Omega_8 + 3be)\beta_r\beta_m - \rho a\beta_m^2 - \Omega_4 b\eta]^2}{b\Delta_2^2\Delta_3} \tag{10-12}$$

因为 $2\beta_r^2-2\beta_r\beta_m+b\eta=2\beta_r(\beta_r-\beta_m)+b\eta>0$ 恒成立，因此从式（10－12）得 $\pi^c>\pi^d$ 恒成立，其原因为在分散决策下，生产商和零售商各自寻求各自最优，从而使得供应链整体利润下降，导致“双重边际化”，使得分散决策下供应链总利润不如双渠道集中决策下的总利润。为了缓解“双重边际化”，提出一个协调供应链成员的机制就很有必要。

Boyaci（2005）认为，简单形式的协调机制如批发价格契约、回购契约、收益共享契约并不能协调双渠道分散决策下的供应链，因此，本章不考虑批发价格契约、两部收费制契约等单一形式契约，直接考虑“成本共担契约＋收益共享契约”的契约形式。学者们假设提高减排水平的成本完全由生产商承担，这里考虑零售商承担一部分减排成本，并在销售结束后将传统渠道销售收益的一部分转移给生产商，生产商则提供给零售商一个较低的批发价格，以此来达到供应链的协调。记 λ 和 γ 分别为收益共享因子和减排成本共担因子。此时，生产商和零售商的利润函数分别如式（10－13）所示：

$$\begin{cases}\pi_m^*=(\lambda p+w)(\rho a-bp+\beta_r\theta)+p[(1-\rho)a-bp+\beta_m\theta]-(1-\gamma)\eta\theta^2/2\\ \pi_r^*=[(1-\lambda)p-w-e](\rho a-bp+\beta_r\theta)-\gamma\eta\theta^2/2\end{cases}\tag{10-13}$$

对采用了协调机制后的生产商和零售商利润函数求最优化，由零售商利润函数一阶条件得到式（10－14）：

$$w=-[(\rho a+\beta_r\theta)(1-\lambda)+be]/b\tag{10-14}$$

要实现供应链协调，就要实现协调机制下的分散决策与集中决策下的最优决策相同，即 $p^*=p^c$ 且 $\theta^*=\theta^c$，所以将 p^c、θ^c 代入式（10－14）中，得到生产商设置的批发价格 w^* 如式（10－15）所示：

$$w^*=\Omega_9\beta_r^2+[\rho a(1-\lambda)+be](\beta_m^2-4b\eta)+\Omega_{10}\beta_r\beta_m/(b\Delta_3)\tag{10-15}$$

其中，$\Omega_9=[a(\rho-1)(1-\lambda)-be(3\lambda-4)]$，$\Omega_{10}=[a(2\rho-1)(1-\lambda)+be(1+\lambda)]$。

λ 和 γ 取决于供应链中生产商与零售商的谈判能力大小。在 w 取上述值时，要求供应链分散决策下总利润与集中决策下总利润一致，实现供应链协调。由于 λ 和 γ 无法得到解析解，故在数值模拟部分分析 λ 和 γ 的取值。

第四节　结果分析

一、解存在的条件

为使双渠道供应链存在解，需满足两个渠道需求非负且供应链成员利润非负，有 $0<w<p<\min\{(\rho a+\beta_r\theta)/b,\ [(1-\rho)a+\beta_m\theta]/b\}$；将分散决策下所求得的解代入不等式，可得：当消费者对零售渠道的忠诚度 $\rho\in(\rho_1,\ \rho_2)$ 之间时，双渠道供应链才存在解。其中，$\rho_1=\max\{0,\ [(2be-a)\beta_r^2-(a+2be)\beta_r\beta_m+b\eta(a+be)]/(a\Delta_3)\}$，$\rho_2=[(a+be)\beta_r^2-(3a+2be)\beta_r\beta_m+be\beta_m^2+b\eta(5a-be)]/(a\Delta_4)$，$\Delta_4=\beta_r^2-2\beta_r\beta_m+8b\eta-3\beta_m^2$。

二、参数比较

由式（10－5）、式（10－9）和式（10－11），可得出式（10－16）：

$$\begin{cases}\theta^d-\theta^s=[6\beta_r^3(\Omega_1+3be)+6b\eta\beta_r(\Omega_4-2be)+\beta_r^2\beta_m\Omega_9+4b\eta\Omega_2+\beta_m^2\beta_r(a-be)]/(\Delta_1\Delta_2)\\ \theta^c-\theta^d=-2(3\beta_r-\beta_m)[\rho a\beta_m^2+\Omega_4 b\eta-(\Omega_8+3be)\beta_r\beta_m-\Omega_1\beta_r^2]/(\Delta_2\Delta_3)\end{cases}\tag{10-16}$$

其中，$\Omega_{11}=(5-2\rho)a-7be$。

当 $e>e_1$ 时，$\theta^d<\theta^s$；当 $e>e_2$ 时，有 $\theta^c<\theta^d$。其中，$e_1=-a[6\beta_r^3(1-\rho)+\beta_r^2\beta_m(2\rho-5)-4b\eta\beta_m(1+2\rho)+6b\eta\beta_r(4\rho-1)-\beta_r\beta_m^2]/(b\Delta_5)$，$e_2=a[(1-\rho)\beta_r^2-\rho\beta_m^2+(1-2\rho)\beta_r\beta_m+b\eta(4\rho-1)]/[b(2\beta_r^2-2\beta_r\beta_m+b\eta)]$，$\Delta_5=-6\beta_r^3+7\beta_r^2\beta_m+6b\eta\beta_r+\beta_m^2\beta_r-4b\eta\beta_m$。

命题 10－1 当 $e>e_1$ 时，有 $\theta^d<\theta^s$ 成立；当 $e>e_2$ 时，有 $\theta^c<\theta^d$ 成立。

三、边际分析

首先来分析消费者对零售渠道忠诚度 ρ 对供应链的影响，由式（10－9）得出式（10－17）：

$$\begin{cases}\partial w^d/\partial\rho=-(a\beta_r^2-a\beta_m^2+2ab\eta)/(b\Delta_2)<0\\ \partial\theta^d/\partial\rho=-(3\beta_r-\beta_m)/\Delta_2<0\end{cases}\tag{10-17}$$

命题 10－2 双渠道分散决策下有：$\partial w^d/\partial\rho<0$，$\partial\theta^d/\partial\rho<0$。

考虑零售渠道销售产品产生的碳排放成本对供应链的影响，由式（10－9）计算得出式（10－18）：

$$\begin{cases}\partial w^d/\partial e=-(-\beta_m^2-3\beta_r\beta_m+2\beta_r^2+4b\eta)/(\Delta_2)<0\\ \partial\theta^d/\partial e=(b\beta_m-3\beta_r)/\Delta_2<0\end{cases}\tag{10-18}$$

命题 10－3 双渠道分散决策下有：$\partial w^d/\partial e<0$，$\partial\theta^d/\partial e<0$。

四、供应链减排比较

由于假设不存在库存，供应链减排量为产品销量与单位产品减排量之积。经计算可得，不同渠道结构下不同渠道的减排量如式（10－19）所示：

$$\begin{cases}\Phi^s=\theta^s Q^s=[(a-be)^2 b\eta]/(\Delta_1)^2\\ \Phi^d=\theta^d Q^d=[(2\rho a+be)\beta_m^2-2a\beta_r\beta_m+\Omega_3\beta_r^2+2\Omega_3 b\eta][3\Omega_8\beta_r+\Omega_2\beta_m]/(\Delta_2)^2\\ \Phi^c=\theta^c Q^c=\{[be\beta_m^2+2(\Omega_8+3be)\beta_r\beta_m+(\Omega_3-4be)\beta_r^2+2(a-be)b\eta]\\ \qquad [(a-3be)\beta_r+(a+be)\beta_m]\}/(\Delta_3)^2\end{cases}\tag{10-19}$$

将式（10－19）对 e 求偏导，得出式（10－20）：

$$\begin{cases}\partial\Phi^s/\partial e=2(be-a)b^2\eta/(\Delta_1)^2<0\\ \partial\Phi^d/\partial e=(\partial Q^d/\partial e)\theta^d+(\partial\theta^d/\partial e)Q^d\\ \partial\Phi^c/\partial e=(\partial Q^c/\partial e)\theta^c+(\partial\theta^c/\partial e)Q^c\end{cases}\tag{10-20}$$

由于 $\partial Q^c/\partial e=b(\beta_m^2-\beta_r^2-2b\eta)/\Delta_3<0$，$\partial\theta^c/\partial e=b(\beta_m-3\beta_r)/\Delta_3<0$，得 $\partial\Phi^c/\partial e<0$。而 $\partial Q^d/\partial e=b(\beta_m^2-\beta_r^2-2b\eta)/\Delta_2<0$ 且 $\partial\theta^d/\partial e=b(\beta_m-3\beta_r)/\Delta_2<0$，得 $\partial\Phi^d/\partial e<0$。

命题 10－4　$\partial\Phi^i/\partial e<0$，$i=s$，$d$，$c$。即在单一零售渠道、双渠道分散决策、集中决策下，供应链减排量均与产品销售碳成本负相关。

第五节　数值模拟

假设 $a=1200$，$b=20$，$\beta_r=12$，$\beta_m=9$，$e=10$，$\eta=12$。

首先来观察生产商利润随着 $1-\rho$ 变化的结果。图 10－2 中表明，当 $1-\rho$ 很小时，π_m^d 小于 π_m^s，当 $1-\rho=0.3812$ 时，$\pi_m^d=0$。在 $1-\rho=0.494$ 时，有 $\pi_m^d=\pi_m^s$，当 $1-\rho>0.494$ 时，π_m^d 迅速上升，远大于 π_m^s。可见，ρ 的大小是生产商选择双渠道供应链的前提条件。

图 10－3 表明，e 是生产商新增直销渠道与否的决定因素，当 $e<17.077$ 时，$\pi_m^d>\pi_m^s$，生产商新增直销渠道可以增加其利润；当 $e>17.077$ 时，$\pi_m^d<\pi_m^s$，生产商没有动力新增直销渠道。

图 10－4 的含义为双渠道分散决策和集中决策下的供应链总利润都随 e 的提高而下降，同时 $\pi^c>\pi^d$ 恒成立，但“双重边际化”导致的利润差随着 e 的提高而变小。

图 10－5 的含义为 e 影响着单位产品减排量，当 $e<38.09$ 时，$\theta^d>\theta^s$；当 $e<41.15$ 时，$\theta^c>\theta^d$，验证了命题 10－1。

图 10－6 的含义是，在使用“成本分担＋收益共享”契约后，供应链可以达

到协调，生产商和零售商的利润之和等于集中决策下供应链的总利润，协调后的供应链总利润恒大于分散决策下的总利润。

图 10－7 表明了在不同渠道结构下，产品销售碳排放成本对供应链总减排量的影响。可以看到，双渠道集中决策中的减排量远高于分散决策与单一零售渠道时的减排量。这是因为集中决策下整个供应链的总需求得到扩大，而且减排水平在一定条件下也比分散决策和单一零售渠道时高，验证了命题 10－4。

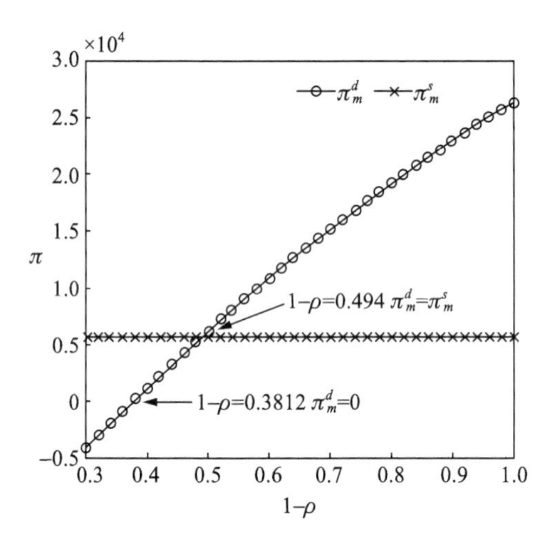

图 10－2　1－ρ 对供应链利润的影响

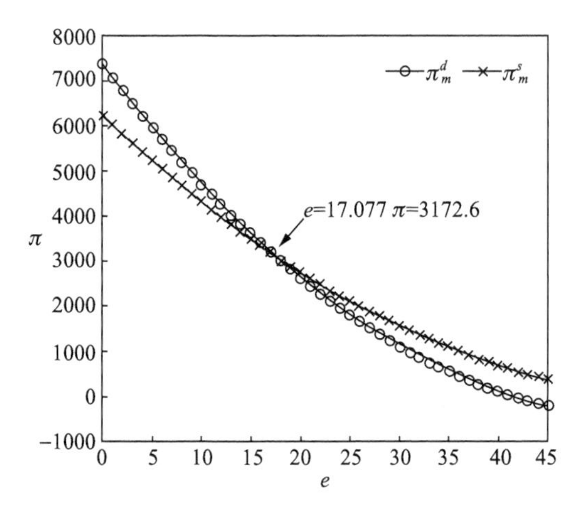

图 10－3　e 对生产商渠道选择的影响

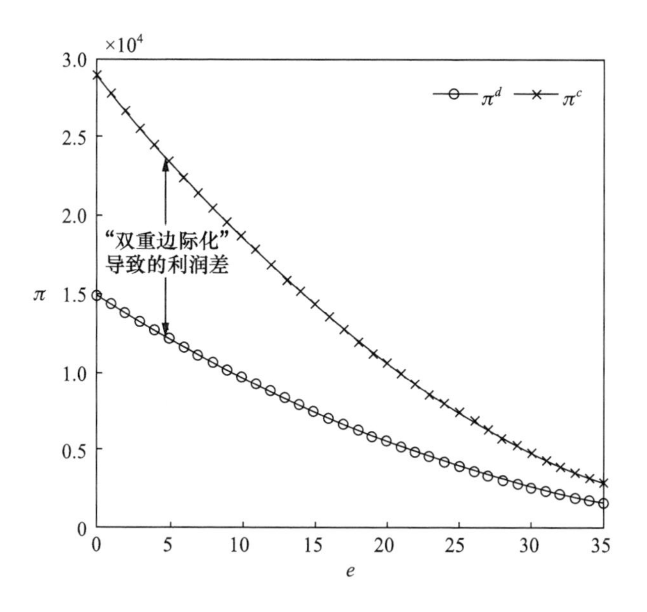

图 10－4　*e* 对供应链利润的影响

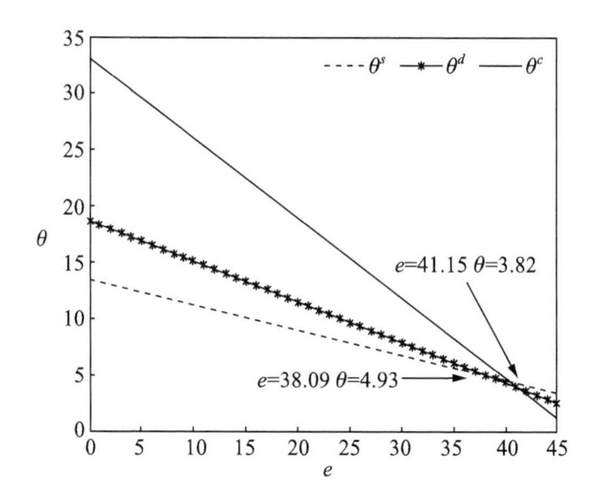

图 10－5　*e* 对单位产品减排量的影响

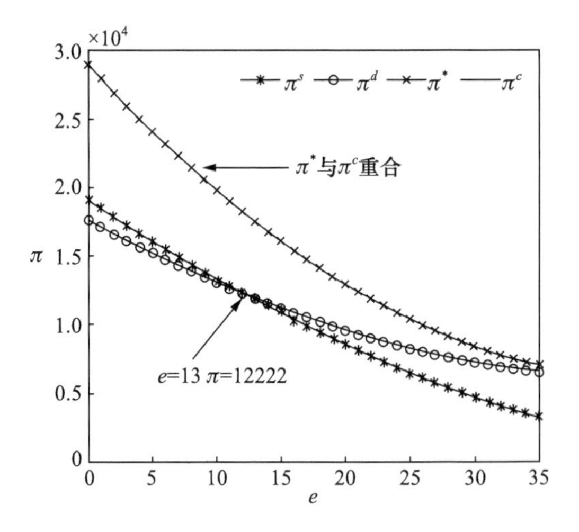

图 10－6　供应链协调

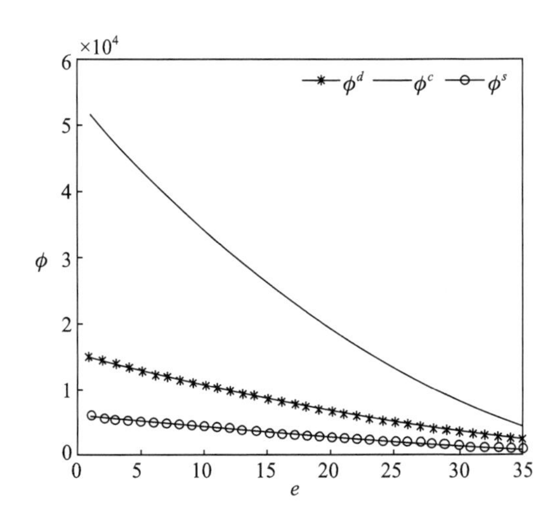

图 10－7　*e* 对供应链碳减排总量的影响

从图 10－8 和图 10－9 可以看到，消费者对零售渠道忠诚度 ρ、零售渠道销售产生的碳排放成本 e 对单位产品减排量 θ 以及分散决策下生产商批发价格 w 的影响，θ 和 w 都与 e 和 ρ 呈负相关关系，验证了命题 10－2 和命题 10－3。

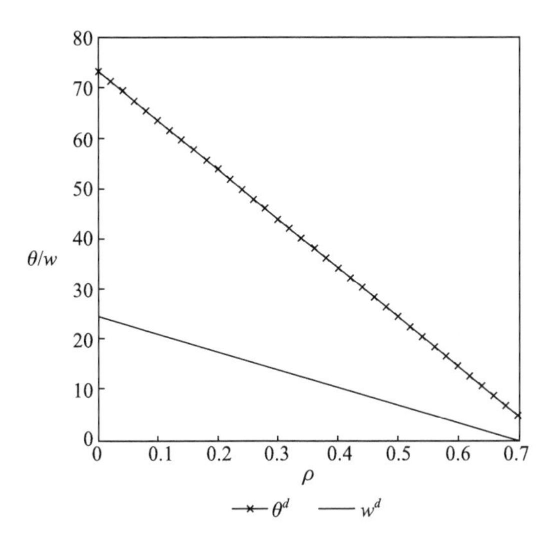

图 10-8　**ρ 对 θ 和 w 的影响**

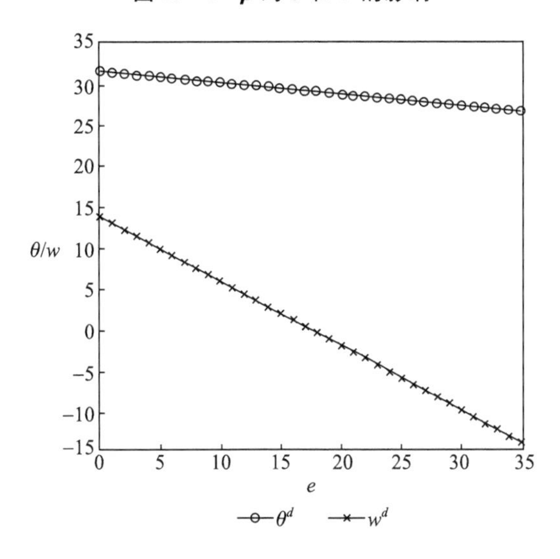

图 10-9　**e 对 θ 和 w 的影响**

第六节　结论与展望

本章考虑渠道销售产品所产生的碳排放成本、单位低碳产品的减排量和消费者对零售渠道的忠诚度三个因素下的低碳供应链协调优化问题。假设供应链由一个生产商和一个零售商组成，生产商作为斯坦克尔伯格竞争领导者，分析双渠道供应链决策及其协调问题。通过数理分析和数值模拟，得到了双渠道供应链选择的条件、在不同渠道结构下的最优解以及关键变量对整个供应链的影响。研究结论表明：

（1）给出了生产商建立双渠道供应链前提条件的临界值（消费者对零售渠道忠诚度的大小）。如果消费者都倾向于从零售渠道购买，直销渠道需求太小而导致生产商无意新增直销渠道；如果消费者都倾向于从直销渠道购买，则零售价格过低，零售商不会销售该产品。

（2）单位产品碳排放成本是决定双渠道供应链是否存在的关键因素。当单位产品碳排放成本较小时，生产商新增直销渠道可以增加其利润，否则生产商没有动力新增直销渠道。

（3）由于存在“双重边际化”，使用“成本分担 + 收益共享”契约后，供应链可以达到协调，具体的成本共担因子和收益共享因子由双方谈判力量决定。

（4）产品销售碳排放成本越高，供应链总减排量和单位产品碳减排量越低，反之则反。

本章也存在一些不足，如假设市场需求为确定性的线性需求函数，这与现实中的报童模型不同，因为没有考虑需求的波动性，本章结论的普遍适用性还有待检验；另外，现实中零售商也开始使用线上渠道，因此建立一个包含三渠道的供应链模型，考虑三渠道之间的竞争与协调也是未来的研究方向。

第十一章　转移支付契约下的低碳供应链协调

碳税作为国家宏观调控的手段在低碳减排中如何发挥作用，政府应该制定怎样的政策才能使相关企业更好地减排，政府的政策力度如何把握，减排对企业利润会有怎样的影响，企业减排量的影响因素有哪些，供应链企业对政府的政策又会做出怎样的反应？这些都是值得深入探讨和重点解决的问题，也是本章的写作目的。本章根据消费者低碳偏好的基本假设，建立了两级供应链的斯坦克尔伯格博弈模型，根据逆向求解法和利润最大化原则，研究了政府规制下供应链企业的供应商和制造商低碳减排的决策选择，探讨了政府在实现低碳减排过程中发挥的作用以及政府是如何恢复市场的自发调节功能的。

第一节　文献综述

一、国外研究动态

国外学者很早就对供应链的分散决策和集中决策类型以及契约政策的制定进行过研究，所涉及的契约包括回购契约、数量折扣契约、价格折扣契约、收益共享契约和批发价格契约等。Cachon（2003）比较了报童模型等几种不同的契约模型，证实了通过契约可以组成供应链利益共同体，从而实现供应链绩效的最优化。Mahesh（2008）讨论了两级供应链的几种不同的利润分配模式，并在供应链模型中深入探讨了收入可行域的构建。Benjaafar、Li 和 Daskin（2009）率先将碳排放权引入到供应链减排体系中，构建了碳排放限额模型、碳税与碳交易模型和碳抵消模型，证明了契约可以实现供应链更优的减排决策。

在供应链的决策分析中，碳税作为契约模型的重要组成部分，最早来源于福利经济学，是“庇古税”的一种。庇古（1920）在其著作《福利经济学》一书中详尽阐述了政府如何通过税收和补贴政策的综合运用纠正企业的外部性行为，实现企业外部性的内部化，改变企业传统的营利模式，促进整体经济效率的提高和整个社会福利的增加。Bernard、Fischer 和 Fox（2007）研究了碳税政策对温室气体排放的影响，指出碳税是通过税收实现外部成本内部化，从而影响经济主体的决策行为以达到减少排放的目的，其本质是一种“庇古税”。Pearce（1991）的“双重红利理论”表明，碳税不仅可以抑制污染改善环境，而且碳税收入可以降低现有税种对资本和劳动力的扭曲，使社会在获得环境福利的同时获得经济福利，即实现“绿色红利”和“蓝色红利”。Andrew（2008）认为，碳税是一种比碳交易更有优势的制度设计，由于碳交易没有有效的内部激励，每个国家出于本国经济发展的考虑，并不能严格地执行既定的碳排放上限，相比较而言，碳税是一种有效的解决碳排放问题的方法。Goulder 和 Parry（2008）认为，污染税政策优于其他的政策工具，但是由于存在信息不对称、制度约束和技术外溢等原因，污染税也并不总是有效的和可靠的。

在消费者和国家政策宣传层面上，Jacobs、Singhal 和 Subramanian（2010）认为，当消费者的消费偏好影响企业产品的生产选择时，企业以追求短期经济收益为主的运营方式将得到根本的转变，逐步转向可持续发展的道路。Linton、Klassen 和 Jayaramen（2007）认为，消费者的低碳意识和政府的监管压力使得企业更加注重经济与环境的协调关系，更加注重环境与绩效的协调和经济的可持续发展。Liu 和 Trisha（2004）研究了斯坦克尔伯格动态博弈模型下三种供应链的博弈关系，认为由于消费者存在低碳偏好，在缺少竞争的情况下，环保水平较低的企业可以获得更大的利益，但是在有效竞争的情况下，环保水平较高的企业可以获得更大的利益。Moon、Florkowski 和 Bruckner（2002）认为，在消费者愿意为低碳产品支付更高价格时将吸引更多的制造商进行减排投资，以此提升产品的竞争能力，扩大市场份额从而实现企业利润的增加。Mitraa 和 Websterb（2008）分析了制造商和再制造商的两阶段博弈模型，讨论了政府补贴的分配对供应链生产活动的影响，他们指出，当政府补贴完全倾向于再生产部门时，会使再生产商利润增加而生产商利润减少，因此政策制定者应该考虑一些对生产商有利的补贴方案，同时政府补贴能够刺激制造商生产更适合再生产活动的产品。

二、国内研究动态

国内有很多文献对供应链决策和契约政策进行研究，唐宏祥、何建敏和刘春林（2003）提出了一种线性的旁支付机制，通过零售商的最优促销水平可以促使供应商进行相应的协调，实现供应链整体效益的改进。何飞龙、赵道致和刘阳

(2011) 指出，供应链的集中决策比各主体的分散决策更有利于总收益最大化，在旁支付契约下，有更多的利益可以分享，这就是合作博弈的动力。张美华(2013) 分析了两种不同绩效衡量方式下契约主体的行为反馈，讨论了契约主体选择绩效衡量方式的决策依据。夏良杰、赵道致和李友东（2013）提出了转移支付契约，通过供应链之间的转移支付实现联合减排，最终达到碳足迹的优化和利润的帕累托改进。赵道致和焉旭（2012）分析了供应链企业的价值和碳排放转移机制，构建了供应链价值和碳排放流动的投入—产出模型。李媛和赵道致(2013) 基于“总量限制交易”模式，研究了两级供应链的期权契约协调问题，证明期权可以有效协调供应链企业，决策主体的风险偏好会对利润分配产生重要影响。王芹鹏、赵道致和何龙飞（2013）研究了低碳偏好下两级供应链的斯坦克尔伯格模型，构建了不同行为策略的支付矩阵，得到了上下游企业减排投资行为的演化稳定策略以及减排投资系数和分担比例对演化稳定均衡的影响。赵道致和吕金鑫（2012）运用博弈论的方法，通过对供应链低碳策略前后减排水平和订货量的比较，得出了使制造商和零售商利润都增加的最优价格区间，即满足供应链企业整体低碳化策略的必要条件。在实证研究方面，兰涛、张晓瑜和武征(2014) 以福建省为例，通过计量经济学的方法论证了经济发展水平和单位产值二氧化碳排放量的关系。饶清华、邱宇和许丽忠等（2012）通过对钢铁企业氮氧化物减排途径和减排措施的研究指出，减排的重点应该放在落实脱销政策和加大技术研发的层面上来。

在碳税和国家政策层面上，王齐（2004）依据经济学原理解释了企业肆意排污的原因，介绍了中国环境管制制度的基本情况，并在此基础上建立了排污管制的分析模型，对政府管制与企业排污进行了博弈分析，提出了加强环境保护的建议。李媛、赵道致和祝晓光（2013）研究了征收碳税的背景下政府与企业间的三阶段博弈模型，给低碳供应链中政府和企业的决策提供了重要的理论依据。曹静(2009) 明确提出中国需要走可持续发展道路，并从理论上对各种政策进行比较，证实了碳税政策是更适合中国国情的制度选择。赵道致、原白云和徐春秋(2014) 研究了消费者低碳偏好下低碳产品的定价问题，得出了低碳产品的最佳单位产品减排量和零售价格的最佳加价额，并通过算例进一步验证了供应链企业的最优定价策略。李媛和赵道致（2013）在低碳背景下分析了政府征收碳税对企业减排的影响，研究发现，碳税对企业减排具有有效的激励作用，但是对产品的价格影响较小。李友东和赵道致（2014）分析了两级供应链下低碳研发成本的分摊系数和政府补贴对供应链低碳研发投入的影响，得出了不同博弈形式下企业的低碳研发政策和相应的政府补贴策略。周永务和杨萍（2010）研究了两级供应链下制造商给供应商技术补贴的博弈模型，分析了技术补贴的判断标准以及实现供应链整体利益的最优策略。方海燕、达庆利和朱长宁（2012）研究了政府和双寡头博弈的三阶段模型，分析了企业研发补贴和产品创新补贴两种不同模式下研发投入水平和社会福利水平的大小。夏良杰、赵道致和李友东（2013）的研究表明，转移支付能有效激励供应商提高减排量，制造商的最优转移支付系数与双方的减排成本系数无关，无论是否实施联合减排，制造商都可以通过提高自己的减排量来促使供应商提高减排量。

第二节　模型设计

本章以一个供应商和一个制造商组成的两级供应链为研究对象，供应商为制造商提供原材料，制造商把原材料加工成商品并出售给消费者。在供应链体系中，供应商和制造商是两个独立的决策主体，它们各自决定是否进行减排投资，并根据自己的利润最大化原则确定批发价格和最优产量。供应链主体的博弈过程遵循斯坦克尔伯格模型，供应商作为领导者首先做出决策，制造商作为追随者，在供应商最优决策的基础上做出自己的最优决策。在模型求解的过程中，根据逆向求解法要首先求出制造商利润最大化的最优产量，在此基础上再求出供应商的最优批发价格。政府作为宏观调控的主体，为了激励和促进供应链企业减排，对供应链中实施低碳减排的一方进行补贴，对没有实施低碳减排的另一方进行征税，补贴的金额来自政府对非减排企业的征税所得，并且补贴额同减排效率成正比。如果供应链的上下游企业都进行减排投资，则政府不对任何一方进行征税和补贴，这种情况下政府制定的政策并不会被真正地实施。在供应链的博弈过程中，政府只以政策制定者的身份存在，并不会参与到企业的生产决策和减排决策中，供应链的博弈主体只有供应商和制造商。

一、参数设定

本章相关参数设定如表 11－1 所示。

表 11－1　变量及含义说明

变量	含义	变量	含义
q	产品的销售量	t	政府对非减排企业单位产品的征税额
s	供应商	$\bar{t}$	政府对减排企业单位产品的转移支付额
m	制造商	I	减排投资额

续表

变量	含义	变量	含义
c_s	供应商的边际生产成本	a	消费者愿意为产品支付的价格上限
c_m	制造商的边际生产成本	b	消费者的产量价格系数
θ_1	供应商的减排效率	k	供应链企业的低碳研发成本系数
θ_2	制造商的减排效率	λ	消费者的低碳偏好系数
w	供应商的批发价格	p	制造商的销售价格

二、模型假设

（1）生产过程中没有原材料的损耗，一单位原材料对应一单位的最终产品。

（2）消费者具有低碳偏好，愿意为低碳产品支付更高的价格。

（3）供应商和制造商的减排成本系数相同。

（4）供应商和制造商的边际成本 MC 固定，即：$MC_j = c_j$，$j = s$，m，c_j 为常数。

（5）销售价格是产量和减排效率的线性函数。销售价格和产量呈负相关，和企业的减排效率呈正相关，即：$p = a - bq + \lambda\theta_i$，$i = 1$，$2$。

（6）减排投资是一次性投资，单位产品减排的边际成本递增，即：$I = k\theta_i^2/2$，$i = 1$，2。

（7）政府对非减排企业进行征税，对减排企业进行转移支付。单位产品的征税额为 t，单位产品的转移支付和减排企业的减排效率成正比，即：$\overline{t} = \theta_i t$，$i = 1$，$2$。

（8）为保证供应链整体有利可图，消费者支付的价格上限必须大于供应商和制造商各自的边际成本和单位产品征税额之和，即：$a \geqslant 2t + c_m + c_s$。

考虑如下几种情况：供应链企业同时减排、供应链企业均不减排、供应链企业其中一方减排。其中，w^* 为最优批发价格，p^* 为最优销售价格，q^* 为最优产量，θ_1^* 为供应商的最优减排效率，θ_2^* 为制造商的最优减排效率。

三、模型求解

1. 供应商和制造商均不减排

供应商（标记为 s）和制造商（标记为 m）利润函数如式（11－1）所示：

$$\begin{cases} \pi_s^N = (w - c_s)q - tq \\ \pi_m^N = (p - w - c_m)q - tq \end{cases} \tag{11-1}$$

制造商的逆需求函数如式（11－2）所示：

$$p = a - bq \tag{11-2}$$

当上下游企业都不减排时，政府同时对上下游企业征收碳税，此模型为最简单的斯坦克尔伯格博弈模型。供应商作为领导厂商首先做出决策，并确定最优的批发价格 w；制造商作为追随者，在供应商做出决策后根据自身利润最大化的原则确定最优的产量 q。根据逆向求解法，一阶条件解得如式（11－3）所示：

$$q=(a-t-w-c_m)/(2b) \tag{11-3}$$

容易验证，π_m^N 为凹函数，方程有最大值。从而解得如式（11－4）所示：

$$\begin{cases} w^*=(a-c_m+c_s)/2 \\ q^*=(a-2t-c_m-c_s)/(4b) \\ p^*=(3a+2t+c_m+c_s)/4 \\ \pi_s^N(1)=(a-2t-c_m-c_s)^2/(8b) \\ \pi_m^N(1)=(a-2t-c_m-c_s)^2/(16b) \end{cases} \tag{11-4}$$

2. 供应商不减排，制造商减排

供应商和制造商的利润函数如式（11－5）所示：

$$\begin{cases} \pi_s^N=(w-c_s)q-tq \\ \pi_m^T=(p-w-c_m)q-k\theta_2^2/2+\theta_2 tq \end{cases} \tag{11-5}$$

制造商的反需求函数如式（11－6）所示：

$$p=a-bq+\lambda\theta_2 \tag{11-6}$$

供应商不减排，制造商减排的情况下，政府对供应商征收碳税，对制造商进行转移支付。供应商作为领导者，首先做出决策，并确定最优的批发价格 w；制造商作为追随者，在供应商做出决策后根据自身利润最大化原则确定最优的产量 q 和最优减排效率 θ_2。

同理可得：海塞矩阵 $H_1=\begin{pmatrix} -2b & t+\lambda \\ t+\lambda & -k \end{pmatrix}$，制造商的利润存在最大值的条件为：$2bk>(t+\lambda)^2$。从而解得如式（11－7）所示：

$$\begin{cases} w^*=\dfrac{a+t-c_m+c_s}{2} \\ q^*=\dfrac{k(a-t-c_m-c_s)}{2[2bk-(t+\lambda)^2]} \\ \theta_2^*=\dfrac{(t+\lambda)(a-t-c_m-c_s)}{2[2bk-(t+\lambda)^2]} \\ \pi_s^N(2)=\dfrac{k(a-t-c_m-c_s)^2}{4[2bk-(t+\lambda)^2]} \\ \pi_m^T(2)=\dfrac{k(a-t-c_m-c_s)^2}{8[2bk-(t+\lambda)^2]} \end{cases} \tag{11-7}$$

3. 供应商减排，制造商不减排

供应商和制造商的利润函数如式（11－8）所示：

$$\begin{cases}\pi_s^T=(w-c_s)q-k\theta_1^2/2+\theta_1 tq\\ \pi_m^T=\pi_m^N=(p-w-c_m)q-tq\end{cases}\tag{11-8}$$

制造商的反需求函数如式（11－9）所示：

$$p=a-bq+\lambda\theta_1\tag{11-9}$$

同理可得：海塞矩阵 $H_2=\frac{1}{2b}\begin{pmatrix}-2 & \lambda-t\\ \lambda-t & 2t\lambda-2bk\end{pmatrix}$，供应商的利润存在最大值的条件为：$4bk>(t+\lambda)^2$。从而解得如式（11－10）所示：

$$\begin{cases}w^*=\dfrac{(a-t-c_m+c_s)[2bk-t(t+\lambda)]}{4bk-(t+\lambda)^2}\\ q^*=\dfrac{k(a-t-c_m-c_s)}{4bk-(t+\lambda)^2}\\ \theta_1^*=\dfrac{(t+\lambda)(a-t-c_m-c_s)}{4bk-(t+\lambda)^2}\\ \pi_s^T(3)=\dfrac{k(a-t-c_m-c_s)^2}{2[4bk-(t+\lambda)^2]}\\ \pi_m^N(3)=\dfrac{bk^2(a-t-c_m-c_s)^2}{[4bk-(t+\lambda)^2]^2}\end{cases}\tag{11-10}$$

4. 同时减排

供应商和制造商的利润函数如式（11－11）所示：

$$\begin{cases}\pi_s^T=(w-c_s)q-k\theta_1^2/2\\ \pi_m^T=(p-w-c_s)q-k\theta_2^2/2\end{cases}\tag{11-11}$$

制造商的反需求函数如式（11－12）所示：

$$p=a-bq+\lambda\theta_2\tag{11-12}$$

同理可得：海塞矩阵 $H_3=\begin{pmatrix}-2b & \lambda\\ \lambda & -k\end{pmatrix}$，供应商的利润和制造商的利润都存在最大值的条件是：$2bk>\lambda^2$，从而解得如式（11－13）所示：

$$\begin{cases} w^* = \dfrac{bk(a-c_m+c_s)-\lambda^2 c_s}{2bk-\lambda^2} \\ q^* = \dfrac{k(a-c_m-c_s)}{2(2bk-\lambda^2)} \\ \theta_1^* = \theta_2^* = \dfrac{\lambda(a-c_m-c_s)}{2(2bk-\lambda^2)} \\ \pi_s^T(4) = \dfrac{k(4bk-\lambda^2)(a-c_m-c_s)^2}{8(2bk-\lambda^2)^2} \\ \pi_m^T(4) = \dfrac{k(a-c_m-c_s)^2}{8(2bk-\lambda^2)} \end{cases} \quad (11-13)$$

$\pi_s^T(4)$表示情况 4 下供应商减排时的最优利润，$\pi_m^T(4)$表示情况 4 下制造商减排时的最优利润。

为了便于比较，在不失一般性的情况下做数值分析，假设：$a-t-c_m-c_s=A$，$t+\lambda=B$。把上述四种结果汇总如表 11－2 所示。

表 11－2　不同情况下的主要结果比较

指标	情况 1	情况 2	情况 3	情况 4
供应商利润	$\frac{(A-t)^2}{8b}$	$\frac{kA^2}{4[2bk-B^2]}$	$\frac{kA^2}{2[4bk-B^2]}$	$\frac{k(4bk-\lambda^2)(A+t)^2}{8(2bk-\lambda^2)^2}$
制造商利润	$\frac{(A-t)^2}{16b}$	$\frac{kA^2}{8[2bk-B^2]}$	$\frac{bk^2A^2}{[4bk-B^2]^2}$	$\frac{k(A+t)^2}{8(2bk-\lambda^2)}$
最优产量	$\frac{A-t}{4b}$	$\frac{kA}{2[2bk-B^2]}$	$\frac{kA}{4bk-B^2}$	$\frac{k(A+t)}{2(2bk-\lambda^2)}$
供应商减排效率			$\frac{BA}{4bk-B^2}$	$\frac{\lambda(A+t)}{2(2bk-\lambda^2)}$
制造商减排效率		$\frac{BA}{2[2bk-B^2]}$		$\frac{\lambda(A+t)}{2(2bk-\lambda^2)}$

第三节　决策分析

一、制造商的减排决策分析

若制造商采取低碳减排的决策分析，需要满足下面两个条件约束：

（1）供应商不减排时，制造商需要满足$\pi_m^T(2)-\pi_m^N(1)>0$。

$\pi_m^T(2)-\pi_m^N(1)>(a-2t-c_m-c_s)^2(t+\lambda)^2/\{2b[2bk-(t+\lambda)^2]\}>0$ 对于任意的 $t>0$、$\lambda>0$ 恒成立，其含义是供应商不减排时，制造商减排会带来其利润的增加，因此该情况下，制造商一定会进行减排。制造商的最优减排效率和最优产量分别如下所示：

$$\theta_2^*=\frac{(t+\lambda)(a-t-c_m-c_s)}{2[2bk-(t+\lambda)^2]},\quad q^*=\frac{k(a-t-c_m-c_s)}{2[2bk-(t+\lambda)^2]}$$

（2）供应商减排时，制造商需要满足$\pi_m^T(4)-\pi_m^N(3)>0$。

若 $k<\dfrac{(t+\lambda)^4}{8b(t^2+2t\lambda)}$时，$\pi_m^T(4)-\pi_m^N(3)>\dfrac{bk^2(a-t-c_m-c_s)^2}{[4bk-(t+\lambda)^2]^2}-\dfrac{k(a-c_m-c_s)^2}{8(2bk-\lambda^2)}>0$ 成立，其含义是在供应商减排时，只要制造商和供应商的低碳研发成本系数都非常小，制造商减排就会带来其利润的增加；若 $k>(t+\lambda)^4/[8b(t^2+2t\lambda)]$时，由 $4bk>(t+\lambda)^2$ 得碳税需满足 $t^2+2t\lambda-\lambda^2>0$，即 $t>(\sqrt{2}-1)\lambda$，才能保证制造商利润增加，其含义是在供应商减排时，低碳研发成本系数较大，碳税只有大于一定的值时，制造商不减排的碳税征收额大于其节约的成本，此时，减排可以使制造商的利润增加，制造商根据自身利益的最大化会选择减排。

由于目前供应链减排决策系统还处于初始阶段，企业减排技术还有待完善，企业的研发成本系数还比较大。因此，这里只讨论 $k>(t+\lambda)^4/[8b(t^2+2t\lambda)]$的情况。在这种情况下，制造商的最优减排效率和最优产量分别为：$\theta_2^*=\lambda(a-c_m-c_s)/[2(2bk-\lambda^2)]$和$q^*=k(a-c_m-c_s)/[2(2bk-\lambda^2)]$。

命题 11－1　征收碳税后，供应商不减排时，制造商减排时的利润均高于其不减排时的利润，因此制造商会选择减排；供应商减排时，由于供应链处于低碳减排的初始阶段，碳税在一定区间才能保证制造商利润的增加，制造商减排的可行域为 $t>(\sqrt{2}-1)\lambda$。

命题 11－2　当供应商不减排时，制造商选择减排；当供应商减排时，由于供应链系统处于低碳减排的初始阶段，只要政府制定合理的碳税政策，制造商就会选择减排。因此，在政府的宏观调控下，无论供应商是否进行减排决策，制造商都会进行减排。

命题 11－3　在征收碳税后，无论供应商是否减排，制造商减排时的最优产量均高于其不减排时的最优产量，因此供应商希望制造商减排。

二、供应商的减排决策分析

可知无论供应商是否减排，制造商都会进行减排。由于供应商是供应链的主导厂商，需要首先做出是否减排的决策，因此，如果供应商决定减排，需要满足在制造商减排的情况下，供应商减排时的利润大于其不减排时的利润。即$\pi_s^T(4)>\pi_s^N(2)$。

若$\pi_s^T(4)-\pi_s^N(2)>0$需满足$(t^2+2t\lambda-\lambda^2)[(t^2+2t\lambda)^2+\lambda^4]>0$成立，由于供应链处于低碳减排的初始阶段，制造商减排时满足$t>(\sqrt{2}-1)\lambda$，即$(t^2+2t\lambda-\lambda^2)>0$成立。所以只要碳税满足一定的条件，供应商和制造商就会联合减排。联合减排时，供应链最优产量为$k(a-c_m-c_s)/[2(2bk-\lambda^2)]$，供应商和制造商最优减排效率均为$\lambda(a-c_m-c_s)/[2(2bk-\lambda^2)]$。

可见，供应商和制造商联合减排时，其最优减排效率相同，都和低碳研发成本系数和消费者的低碳偏好系数正相关。供应链低碳减排的初始阶段，低碳研发成本较高，如果政府制定碳税和转移支付政策，只要碳税在合理的范围内，就可以促使供应商和制造商联合减排。供应商和制造商联合减排阶段，政府不进行碳税的征收和税收的转移支付，该阶段最优的减排量和最优产量受供应链低碳研发成本系数和消费者的低碳偏好系数的影响，和单位产品的征税额无关。

第四节 数值模拟

将参数取值汇总如表11-3所示，设$a=100$，$b=10$，$c_m=c_s=20$，$k\geqslant10$，$0<\lambda<4$，$0<t<10$，则$A=60$。R表示供应链企业的利润。

表11-3 参数取值

a	b	k	λ	t
100	10	10	$0<\lambda<4$	$0<t<10$
100	10	$k\geqslant10$	2	$0<t<10$
100	10	$k\geqslant10$	$0<\lambda<4$	5

一、制造商减排决策的数值模拟

（1）供应商不减排时，制造商减排和不减排时制造商利润的动态变化。由图11-1可见，在供应商不减排时，不管t、λ和k如何变化，制造商减排时的

利润总是大于其不减排时的利润，因此，制造商减排对其本身是有利的，制造商会选择减排。

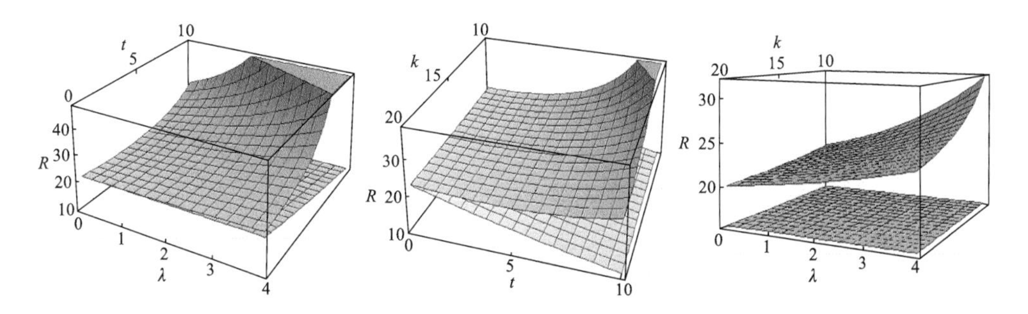

图 11 -1 供应商不减排时制造商利润随 t 和 λ、k 和 t、k 和 λ 的变化

（2）供应商减排时，制造商减排和不减排时制造商利润的动态变化。由图 11 -2 可知，在供应商减排时，随着 t、λ 和 k 的动态变化，制造商减排时的利润并不总大于其不减排时的利润，只有当单位产品的征税额在一定区间时制造商减排才是有利可图的。

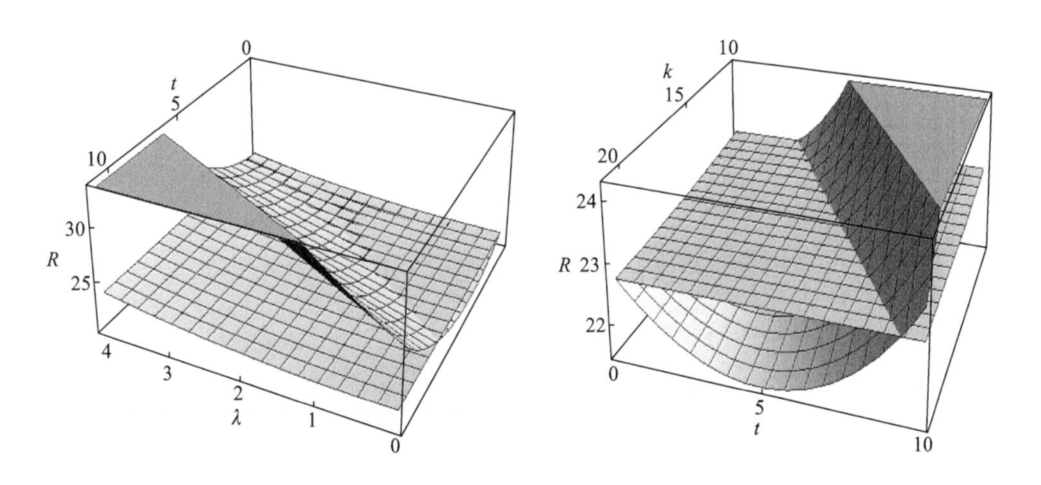

图 11 -2 供应商减排时制造商利润随 t 和 λ、t 和 k 的变化

二、供应商减排决策的数值模拟

（1）制造商减排时，供应商减排和不减排时供应商利润的动态变化。由图 11 -3 前两幅图可见，在制造商减排时，如果没有条件约束，供应商减排的利润并不总大于其不减排的利润，只有当单位产品的征税额在一定的区间时供应商减排才是有利可图的。图 11 -3 最后一幅图进一步分析了在约束条件 $t>(\sqrt{2}-1)\lambda$ 时，供应商减排和不减排时利润的动态变化，结果表明，只要单位产品的征税额满足 $t>(\sqrt{2}-1)\lambda$，供应商减排的利润总是大于其不减排时的利润，供应商会选择减排，此时，供应链实现联合减排。

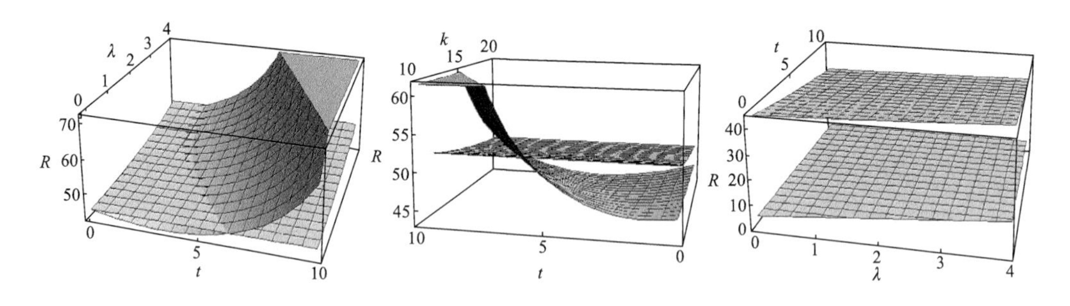

图 11 -3　制造商减排时，供应商利润随 t 和 λ、k 和 t、$t>(\sqrt{2}-1)\lambda$ 时的变化

（2）供应商和制造商联合减排阶段，最优减排量和最优产量的动态变化。由图 11 -4 可知，在联合减排阶段，政府不征收碳税也不进行转移支付，此时供应链的最优产量 q^* 和消费者的低碳偏好呈正相关，和低碳研发成本系数呈负相关；供应链的最优减排效率 θ^* 和消费者的低碳偏好呈正相关，和低碳研发成本系数呈负相关。

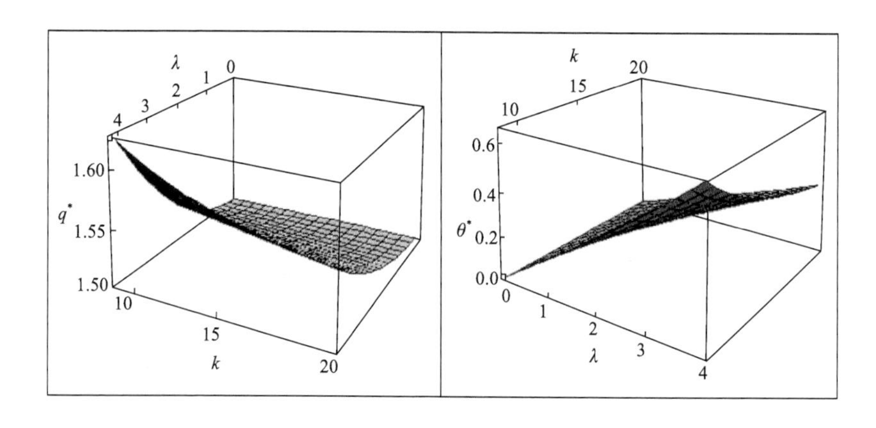

图 11 -4　最优产量 q^* 和最优减排量 θ^* 随 k 和 λ 的变化

第五节　结论与展望

假设消费者具有低碳偏好，政府为了实现供应链的低碳减排，对不同的企业采取征收碳税和进行转移支付两种不同的决策策略，在供应商和制造商根据利润最大化原则各自独立行动的四种组合中，采用斯坦克尔伯格博弈模型并运用逆向求解法求得均衡解，最后运用数值模拟的方法对不同的情况进行模拟。结果表明，在低碳减排的初始阶段，供应链企业并没有动力进行低碳研发和低碳减排，但是政府征收合理的碳税并制定转移支付政策后，制造商根据自身利润最大化会进行低碳减排；对供应商而言，在已知制造商减排的情况下，根据自身的利润最大化也会进行低碳减排。最终，政府的低碳政策能够使供应商和制造商实现联合减排。因此，在中国当前低碳研发成本比较大的背景下，由于市场的自发调节功能不能实现低碳减排效果的最优化，政府有必要制定相应的碳税和转移支付政策实现供应链的联合减排，这样市场才能发挥自我调节功能实现最优的减排决策，即政府的宏观调控政策可以促进供应链的联合减排，进而改善市场失灵，恢复市场看不见的手的自发调节功能。

第十二章　成本分担契约下的低碳供应链协调

全球气候变暖下的迫切减排行动方案已成为世界各国关注的热点，绿色供应链成为生产和运营管理的热点话题（Choi，2013）。对本国企业的生产活动征收碳税已经成为瑞典、加拿大、澳大利亚等国应对节能减排的主要手段之一，我国早在2009年设定到2020年碳强度比2005年下降40%～45%的目标，在第十三个五年规划建议中也提到“生产方式和生活方式绿色、低碳水平上升……碳排放总量得到有效控制，主要污染物排放总量大幅减少”。因此，研究企业生产经营活动如何受到碳税的影响具有重要的现实意义，然而现有研究较多关注单个企业在碳税政策下的最优决策，较少关注碳税对供应链上下游企业决策的影响（程永宏、熊中楷，2015；Toptal、Cetinkaya，2015）。如果减排只关注单个企业而不能有效地解决上下游企业的协同问题，就不能从根本上约束碳排放，要想实现整体碳排放减少只有从供应链协调的视角进行研究（鲁力、陈旭，2014）。本章以成本分担契约的协调机制为研究对象探讨了碳税政策下协调机制存在的可能性及与碳税的关系，具有积极的现实意义和理论意义。

第一节　文献综述

对于碳税政策下的供应链协调机制，现有文献提供了多种协调契约作为选择：成本分担契约（鲁力，2014；周艳菊、黄雨晴、陈晓红等，2015）；WP契约和MM契约（Choi，2013）；全单位数量批发契约（Yang、Zheng、Xu，2014；碳信贷分享契约（Toptal、Cetinkaya，2015）；回购契约（鲁力、陈旭，2014）；收益分享契约（鲁力，2014）。这些研究共同的特征表现为：供应链层级上由制造商和零售商或供应商与零售商组成两级供应链；线性碳税；模型以斯坦克尔伯

格主从博弈为主；供应链协调机制采用契约设计，但也在研究对象、模型构建、协调形式、需求假设等方面存在差别。

碳排放约束下供应链的契约协调机制或成本分担契约是有效的。Ghosh 和 Shah（2012）引入产品绿色程度因素用博弈的方法分析了零售商主导、制造商主导和垂直纳什三种供应链结构下两级供应链参与人单独行动和合作行动时的决策模式及其对参与人的影响，并提出了两部收费契约来协调供应链。此外，Ghosh 和 Shah（2015）还分析了产品绿色水平、利润如何被响应绿色倡议的上下游企业建立的收入分享契约协调机制所影响。Benjaafar、Li 和 Daskin 等（2010）讨论了多个碳政策在多个企业有无合作情形下对企业成本的影响，发现通过调整运营策略能够在不会显著增加成本的情况下达到减排目标。Choi（2013）研究了面临不确定需求的两级时装供应链中征收线性碳税和非线性碳税对零售商的最优供应商选择的影响，研究表明，对于零售商而言，本地供应商提供的回购契约能增加被选中为供应商的可能性。Yang、Zheng 和 Xu（2014）采用斯坦克尔伯格博弈模型比较了包含碳税在内的四种碳政策对一个零售商和一个供应商组成的两级供应链协调的影响，建立了一个全单位批发数量折扣契约来协调供应链。鲁力和陈旭（2014）研究了不同碳排放政策下基于回购契约的两级供应链协调问题，研究表明，碳税政策下回购契约能实现供应链协调。

环境政策约束背景下对契约协调的研究不仅肯定了契约形式作为供应链协调机制的有效性，而且还分析了成本分担契约得以成立的条件，即成本分担比例需要高于某一临界值。李友东和赵道致（2014）构建了二级供应链的纳什博弈和斯坦克尔伯格博弈模型，分析了政府补贴下低碳研发成本分摊系数对制造商的低碳研发投入的影响，发现零售商分摊研发投入的条件是零售商单位产品固定收益与制造商单位产品不变收益的比例必须大于某个边界条件，而边界条件与消费者低碳偏好及制造商低碳研发投入弹性有关。李前进、周颖和孟令彤等（2014）研究了二级供应链在碳政策下的碳税成本分担契约的协调问题，分析了碳税成本在零售商完全承担和与制造商分担两种情况下的供应链采购量决策，发现制造商需要分担产品边际利润与碳税税率比值的碳税成本，才能协调供应链。周艳菊、黄雨晴和陈晓红等（2015）从斯坦克尔伯格模型出发探讨了成本分担比例对利润、定价和产量的影响，发现成本分担契约是有帕累托有效的。杨仕辉和付菊（2015）考虑了政府对消费者是否提供补贴对供应链减排效果与定价、产量的影响，在两级供应链框架下比较了消费者补贴的有无对供应链减排优化策略的影响，并设计了鲁宾斯坦议价的协调契约机制，发现单位减排补贴额满足一定条件才能实现供应链排放总量降低和供应链协调。

上述有关多种契约形式的供应链协调机制的研究表明，多数文献认为契约形式可以在碳政策约束下实现供应链的协调，但也不尽然。鲁力（2014）研究了碳税政策下考虑两级供应链中产品碳敏感需求的成本分担契约的协调问题，发现碳敏感需求下成本分担契约不能协调供应链，但未分析不考虑碳敏感需求的成本分担契约。此外，对非契约形式的协调机制的研究也表明，碳约束下供应链协调虽然有利于绩效的改善，却并不一定有利于减排。Toptal 和 Cetinkaya（2015）研究了碳交易和碳税政策下单个产品确定性需求的批量采购对买卖双方的协调，考察了集中补货决策和分散补货决策对供应链排放总量的影响，研究表明，即使协调机制能削减双方成本，也有可能使碳排放增加。Benjaafar 和 Chen（2014）研究了分散决策供应链中碳罚金的有效性，发现零售商和供货商协调订货量会使供应链利润最大化，但如果买方的库存碳排放密度足够大，会导致供应链更多的碳排放。

尽管现有文献对多种契约形式和多种运营策略调整的供应链协调机制做出了相当多的分析，得出了难以统一的研究结论，但上述有关成本分担契约的研究并未聚焦于减排成本分担比例及与碳税政策的关系，对此还缺乏具体的研究。鉴于以上研究现状，本章拟从成本分担契约着眼，探讨零售商如何在面临碳税政策约束下确定减排成本分担比例来建立供应链协调机制，保证供应链双方的双赢。本章不同于已有文献的地方在于：①供应链渠道结构不同。现有文献对成本分担是否可行的探讨主要基于主从博弈框架，本章对成本分担是否可行的探讨基于力量均等的纳什博弈框架。②政策约束条件不同。有关现有文献没有考虑减排政策背景，本章设定了碳税政策背景。③需求假设不同。有关现有文献假设市场需求对产品碳含量敏感，本章假设产品碳含量不影响市场需求。④结论不同。有关现有文献认为成本分担契约不能协调供应链，本章研究发现结果相反。本章的贡献在于发现了碳税政策下供应链减排成本分担比例局限于某个取值范围，随碳税税率变化而变化。

第二节 模型构建与求解

一、基本假设与变量定义

考虑由一个零售商和一个制造商组成的两级供应链，制造商生产一种产品，零售商售卖该种产品。由于产品污染环境，政府对产品制造环节开征碳税，征税额根据总的碳排放量确定，制造商投资环保技术进行清洁生产。市场需求来自环境不敏感型的消费者。

（1）市场需求函数为 $q=a-bp$，此处 $a>bp\quad b>0$。

（2）$p=w+m$，$m>0$。满足 $w\geqslant e+et\geqslant 0$。

（3）制造商实施减排措施的投资为 $I\ (e_0-e)^2$。

（4）不存在信息不对称和生产能力约束。

变量符号及含义如表 12－1 所示。

表 12－1　变量及含义说明

变量	含义	变量	含义	变量	含义
a	市场需求潜力	e	单位产品碳排放量	ϕ	减排成本分担比例
b	需求对价格的敏感度	e^{vn}	分散时单位产品碳排放量	π_r	分散时零售商利润
w	制造商的批发价格	e^{ϕ}	协调后单位产品碳排放量	π_m	分散时制造商利润
m	零售商的边际利润	e_0	单位产品初始碳排放量	$\pi_r(\phi)$	协调后零售商利润
c	制造商生产成本	t	单一碳税税率	$\pi_m(\phi)$	协调后制造商利润
I	减排投资成本系数	E^{ϕ}	协调后供应链总减排量		

博弈规则：无领导者的渠道结构下（简称 VN），制造商依据零售商的 m 来决定 w 和 e，零售商依据制造商的 w 来决定 m，双方同时行动。

二、模型求解

1. 分散决策

根据假设，得到制造商利润 π_r、零售商利润 π_m 分别如式(12－1)和式(12－2)所示：

$$\pi_m=(w-c)(a-bp)-I(e_0-e)^2-ept \tag{12－1}$$

$$\pi_r=m[a-b(w+m)] \tag{12－2}$$

由式(12－1)得到海塞矩阵 $\begin{pmatrix}\partial^2\pi_m/\partial w^2 & \partial^2\pi_m/\partial w\partial e\\ \partial^2\pi_m/\partial w\partial e & \partial^2\pi_m/\partial w^2\end{pmatrix}=\begin{pmatrix}-2b & bt\\ bt & -2I\end{pmatrix}$，由于 $\partial^2\pi_m/\partial w^2=2b<0$，且当 $I\geqslant bt^2/4$ 时，$|H|=4Ib-b^2t^2\geqslant 0$，则 π_m 是关于 w 与 e 的联合凹函数，故其关于 w、e 存在最大值，可得 w、e 关于 m 的最优解表达式。由式(12－2)可得 $\partial^2\pi_r/\partial m^2=-2b<0$，则 π_r 是凹函数，关于 m 存在最大值，由式(12－2)可得 m 的最优解表达式。联立 $\begin{cases}w=a/(2b)+(c+et-m)/2\\ e=e_0-t(a-bw-bm)/(2I)\\ m=a/(2b)-w/2\end{cases}$，解得 e^{vn}、q^{vn}、π_r、π_m 的值如表 12－2 所示。

表 12-2 分散决策模型求解结果

渠道状态	求解结果
分散	$e^{vn}=e_0-t[a-b(c+e_0t)]/(6I-bt^2)$ $q^{vn}=\dfrac{2I[a-b(c+e_0t)]}{6I-bt^2}$ $\pi_r=4I^2[a-b(c+e_0t)]^2/[b(6I-bt^2)^2]$ $\pi_m=4I^2[a-b(c+e_0t)]^2/[b(6I-bt^2)^2]$
协调	$e^{\phi}=e_0-t[a-b(c+e_0t)]/[6I(1-\phi)-bt^2)]$ $q(\phi)=\dfrac{2I(1-\phi)[a-b(c+e_0t)]}{b[6I(1-\phi)-bt^2]^2}$ $\pi_r(\phi)=\dfrac{I[a-b(c+e_0t)]^2[4I(1-\phi)^2-b\phi t^2]}{b[6I(1-\phi)-bt^2]^2}$ $\pi_m(\phi)=\dfrac{I(1-\phi)[a-b(c+e_0t)]^2[4I(1-\phi)-bt^2]}{b[6I(1-\phi)-bt^2]^2}$

2. 协调决策

供应链无论是减排还是不减排，由于双重边际化和“牛鞭效应”的存在，集中决策模式都优于分散决策模式（Pasternack，2008；Cachon，2003；Bhattacharya、Bandyopadhyay，2011）。为了改进供应链的帕累托效率，有必要对供应链进行协调，设计协调机制如下：零售商为了吸引制造商进行渠道合作，提出一个减排投资成本分担契约，如果制造商接受契约，则零售商承担 ϕ 比例的减排投资成本，制造商承担 $1-\phi$ 比例的减排投资成本（$0<\phi\leqslant1$）。成本分担契约下双方利润函数分别如式（12-3）和式（12-4）所示：

$$\pi_m(\phi)=(w-c-et)[a-b(w+m)]-(1-\phi)I(e_0-e)^2 \tag{12-3}$$

$$\pi_r(\phi)=m[a-b(w+m)]-\phi I(e_0-e)^2 \tag{12-4}$$

由式(12-3)得到关于 w、e 的海塞矩阵$\begin{pmatrix}\partial^2\pi_m(\phi)/\partial w^2 & \partial^2\pi_m(\phi)/\partial w\partial e\\ \partial^2\pi_m(\phi)/\partial w\partial e & \partial^2\pi_m(\phi)/\partial w^2\end{pmatrix}=\begin{pmatrix}-2b & bt\\ bt & -2I(1-\phi)\end{pmatrix}$，有 $\partial^2\pi_m(\phi)/\partial w^2=-2b<0$，当 $I\geqslant bt^2/[4(1-\phi)]$时 $|H|=4(1-\phi)Ib-b^2t^2\geqslant0$，知$\pi_m(\phi)$是关于 w 和 e 的联合凹函数，故其关于 w 和 e 存在最大值，求其一阶导得到 w 和 e 的最优解表达式。

由式（12-4）得到 $\partial^2\pi_r(\lambda)/\partial m^2=-2b<0$，已知式(12-4)存在最大值，可求得 m 的最优解表达式。联立 w、e、m 的最优解表达式可得：

$$\begin{cases} w = a/(2b) + (c + et - m)/2 \\ e = e_0 - t(a - bw - bm)/[2(1-\phi)I] \\ m = a/(2b) - w/2 \end{cases}$$，解得 e^{ϕ}、q^{ϕ}、$\pi_r(\phi)$、$\pi_m(\phi)$的值如表 12－2 所示。

第三节 结果分析

命题 12－1 零售商和制造商双方都接受的 ϕ 值不仅存在，且 $\phi \in [1/7, 1/3]$。

证明：零售商提出分担产品减排成本时，会以自身利益最大化为原则提出分担比例。由零售商利润函数 $\pi_r(\phi)$ 对其关于 ϕ 求一阶导和二阶导，得到如下结果：

$$\frac{\partial \pi_r(\phi)}{\partial \phi} = \frac{I^2t^2[a - b(c + e_0t)]^2[2I(1-7\phi) - bt^2]}{[6I(1-\phi) - bt^2]^3}$$

$$\frac{\partial^2 \pi_r(\phi)}{\partial \phi^2} = \frac{-8I^2t^2[a - b(c + e_0t)]^2[3I(2+7\phi) - 4bt^2]}{[6I(1-\phi) - bt^2]^4}$$

当 $3I(2+7\phi) \geqslant 4bt^2$ 时，$\partial^2 \pi_r(\phi)/\partial\phi^2 \leqslant 0$，$\pi_r(\phi)$ 取得全局最大值，此时最优解 $\phi = 1/7 + \frac{bt^2}{14I}$。考虑 $3I(2+7\phi) \geqslant 4bt^2$ 与 $4I(1-\phi) \geqslant bt^2$，则 ϕ 的取值范围为 $[1/7, 1/3]$。故 $\phi \in [1/7, 1/3]$ 为零售商自愿承担的减排投资成本比例。

由制造商的利润函数 $\pi_m(\phi)$ 对其关于 ϕ 求一阶导和二阶导，得到如下结果：

$$\frac{\partial \pi_m(\phi)}{\partial \phi} = \frac{I^2t^2[a - b(c + e_0t)]^2[2I(1-\phi) - bt^2]}{[6I(1-\phi) - bt^2]^3}$$

$$\frac{\partial^2 \pi_m(\phi)}{\partial \phi^2} = \frac{-8I^2t^2[a - b(c + e_0t)]^2[3I(1-2\phi) - 4bt^2]}{[6I(1-\phi) - bt^2]^4}$$

当 $3I(1-\phi) \leqslant 2bt^2$ 时，$\partial^2 \pi_m(\phi)/\partial\phi^2 \leqslant 0$，$\pi_m(\phi)$ 取得全局最大值，此时最优解 $\phi = 1 - \frac{bt^2}{2I}$。考虑 $3I(1-\phi) \leqslant 2bt^2$ 与 $4(1-\phi)I \geqslant bt^2$，则 ϕ 的取值范围为 $[0, 1]$。故 $\phi \in [0, 1]$ 为制造商自愿承担的减排投资成本比例。综合制造商和零售商的减排成本比例分担意愿，可知 $\phi \in \left[\frac{1}{7}, \frac{1}{3}\right]$ 为双方都接受的最优比例值。命题得证。

命题 12－1 的经济含义：成本分担比例受到减排成本系数、产品需求敏感度、税率的约束，过低（$\phi < 1/7$）时对制造商的成本和定价的影响不大，过高（$\phi > 1/7$）时则支出太多减排成本，两种情况都使得零售商因分担成本而增加的利润补偿不了分担成本造成的损失，导致利润受损。可见，当碳税税率给定时，减排成本分担比例是唯一的。

命题 12-2 若成本分担比例 ϕ 的最优解存在，总有$\pi_r(\phi)\geqslant\pi_r$；若 $t\leqslant\sqrt{(29-\sqrt{193})I/9b}$，则有$\pi_m(\phi)\geqslant\pi_m$。

证明：由零售商协调前后的利润差值可得 $\pi_r(\phi)-\pi_r=\frac{t^2[a-b(c+e_0t)]^2[2I+bt^2]^2}{[8(6I-bt^2)^2(18I-5bt^2)]}$。已知协调决策下有 $I\geqslant bt^2/4(1-\phi)$，又由命题 12-1 已知 $3I(2+7\phi)\geqslant 4bt^2$，$\phi=1/7+bt^2/(14I)$，则可得 $18I\geqslant 5bt^2$，因此有$\pi_r(\phi)\geqslant\pi_r$。另由制造商协调前后的利润差值可得如式(12-5)所示：

$$\pi_m(\phi)-\pi_m=\frac{t^2[9b^3t^6-40b^2It^4-44bI^2t^2+144I^3][a-b(c+e_0t)]^2}{8(5b^2t^4-48bIt^2+108I^2)^2} \tag{12-5}$$

令$f(t)=9b^3t^6-40b^2It^4-44bI^2t^2+144I^3$，$g(t)=9b^2t^4-58bIt^2+72I^2$，则$f(t)=g(t)(2I+bt^2)$。当 $bt^2\leqslant(29-\sqrt{196})I/9$，即 $t\leqslant\sqrt{(29-\sqrt{193})I/9b}$时，$g(t)\geqslant 0$，$f(t)\geqslant 0$，有$\pi_m(\phi)\geqslant\pi_m$。命题得证。

命题 12-2 的经济含义：当产品的减排技术和市场需求弹性一定时，减排成本分担契约的协调机制能否形成，取决于税率的高低。当零售商提出 ϕ 比例的成本分担契约时，成本分担契约下双方利润不低于分散决策模式下的保留利润，即有$\pi_r(\phi)\geqslant\pi_r$、$\pi_m(\phi)\geqslant\pi_m$，而 $\phi=1/7+bt^2/(14I)$满足成本分担契约成立的前提条件。减排成本分担契约能协调供应链。

命题 12-3 协调机制下，$\partial\phi/\partial t>0$，$\partial c^\phi/\partial\phi>0$，$\partial E^\phi/\partial\phi>0$。

证明：由 ϕ 的表达式分别对 t 求导得：$\partial\phi/\partial t=bt/(7I)>0$。由 e^ϕ 对 ϕ 求导可得 $\partial e^\phi/\partial\phi=-6It[a-b(c+e_0t)]/[6I(1-\phi)-bt^2]^2<0$。再根据定义有 $E^\phi=(e_0-e^\phi)q^\phi$，则$\frac{\partial E^\phi}{\partial\phi}=\frac{2It[a-b(c+e_0t)]^2[6I(1-\phi)+bt^2]}{[6I(1-\phi)-bt^2]^3}$。又由 e^ϕ 和 q^ϕ 存在的最优解的条件可知 $I\geqslant bt^2/4(1-\phi)$，故有 $6I(1-\phi)>bt^2$，从而有 $\partial E^\phi/\partial\phi>0$。这表明随着零售商承担减排成本的比例上升，总的减排量上升。命题得证。

命题 12-3 的经济含义：减排成本分担契约成立时，碳税税率增加，产品的减排成本增加，零售商愿意分担的减排成本比例随之增加，当零售商愿意分担的减排成本比例增加时，不管产品的初始清洁程度如何，产品的单位减排量和总减排量总是增加，而不会由于产品初始清洁度不高出现碳税税率超过临界值后产品减排量反而下降的情况。

由命题 12-1 和命题 12-2 可知，在一定条件($t\leqslant(20-\sqrt{193})I/9b$)下成本分担契约的协调机制使得制造商和零售商的利润均有提高，供应链绩效改善，而

减排量上升，是碳税政策下行之有效的供应链协调机制。

命题 12－3 提出了供应链中减排成本分担契约作为协调机制发挥作用的一个重要条件，即碳税税率要低于临界值，而临界值与产品需求敏感度、减排成本系数有关，这与现有文献的发现既相同又不同。相同的是都认为成本分担比例存在临界值，不同的是成本分担比例的影响因素不同。在现有文献中，减排成本分担比例与消费者低碳偏好及研发投入弹性有关（李友东、赵道致，2014），或与消费者低碳认知和低碳情感、单位产品净化率等有关（周艳菊、黄雨晴、陈晓红等，2015），或与制造商的边际利润及碳税本身有关（李前进、周颖、孟令彤等，2014）。

第四节　数值模拟

基于假设，取 $a=100$，$b=1$，$c=20$，$I=100$，$t\in(0,\ 16)$和 $t\in(0,\ 20)$，对上述命题和推论进行验证。由于初始单位产品排放量的大小会影响产品的减排成本，故设 $e_0=2$ 和 $e_0=4$ 两种情况，得到图 12－1、图 12－2 和图 12－3。

如图 12－1 所示，当产品属低碳产品($e_0=2$)时，无论是分散决策模式下还是成本分担协调机制下的供应链总减排量随着税率增加而上升；当产品属高碳产品($e_0=4$)时，分散决策模式下的总减排量随着税率的增加先增加后下降，成本分担协调机制下的总减排量始终随税率增加而增加。比较之下可知，成本分担协调机制总是有利于供应链减排的。

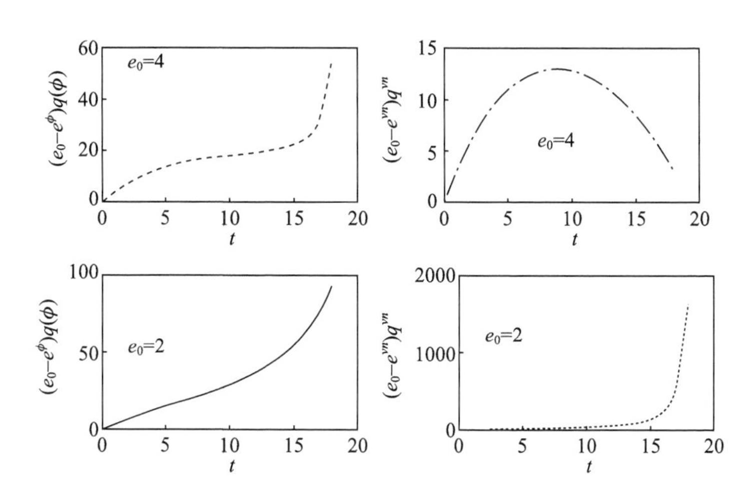

图 12－1　协调机制对供应链总减排量的影响

如图 12－2 所示，左图为协调前后零售商的利润差，右图为协调前后制造商的利润差。当零售商提出比例 $\phi = 1/7 + bt^2/14I$ 的减排投资分担比例并被制造商接受时，无论碳税税率有多高，零售商的利润差始终随着税率增加而增加，而制造商的利润差先随着税率增加而增加，当税率高到一定程度后，随着税率增加而减少，当税率更高时（$t > 12.96$），制造商的利润差值已小于 0，此时制造商拒绝接受零售商提出的成本分担契约。因此，成本分担契约协调机制发挥作用是有条件的，即碳税税率不能高于临界值（$t = 12.96$）。

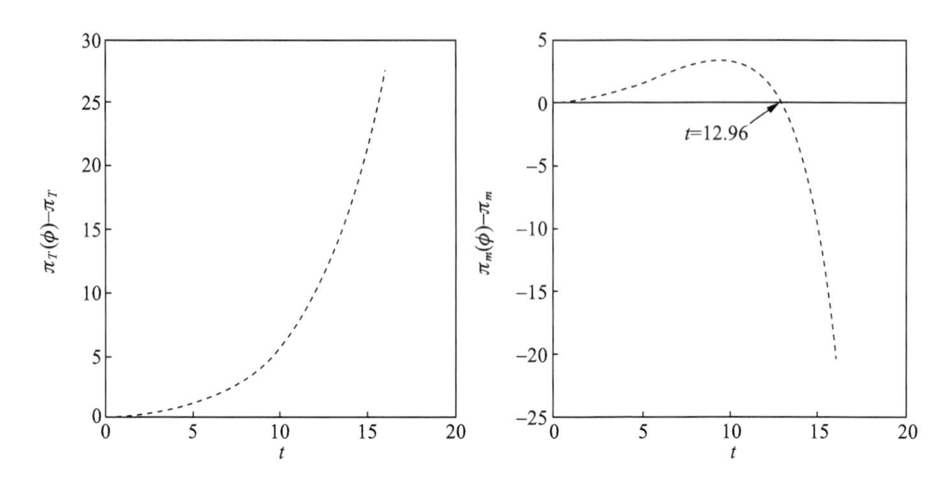

图 12－2　供应链企业利润比较

如图 12－3 所示，t 与 ϕ 的关系为同向变化。可见，碳税税率越高，ϕ 值越高，但存在上下限，分别为 1/3 和 1/7。

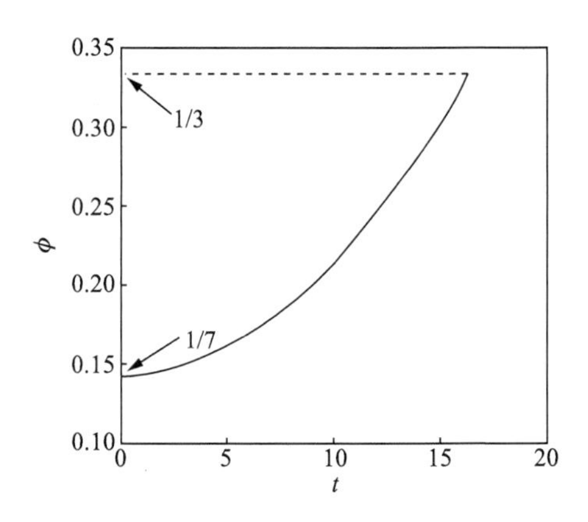

图 12－3　碳税对分担比例的影响

第五节　结论与展望

本章从无领导者的供应链渠道结构出发建立博弈模型，讨论了碳税政策下成本分担契约作为二级供应链协调机制的前提条件、成本分担比例的确定及对减排的影响，得到如下结论：零售商在确定成本分担比例时，会在考虑碳税税率的影响基础上，在一个合理的范围内确定最优的成本分担比例。虽然成本分担协调机制的形成有利于供应链的减排，但能否形成取决于作为前提条件的碳税税率的大小。当税率较低时，碳税政策下成本分担契约是一个行之有效的供应链协调机制；当税率过高时，尽管零售商的成本分担比例越高，制造商的单位产品减排量越大，总的排放量越低，但制造商的利润会降低，导致制造商拒绝接受零售商的提议，成本分担的协调机制难以形成。因此，政府应根据行业属性实施有差异化的碳税政策，特别是对于高碳排放、污染密集的企业，要严格实施低碳政策，以促进经济可持续发展。

参考文献

[1] Andrew B.. Market failure, government failure and externalities in climate change mitigation: The case for a carbon tax [J]. Public Administration and Development, 2008, 28 (5): 393 -401.

[2] Aspremont C. D., Jacquemin A.. Cooperative and non - cooperative R&D in duopoly with spillovers [J]. The American Economic Review, 1988, 78 (5): 1133 -1137.

[3] Aust G., Buscher U.. Cooperative advertising models in supply chain management: A review [J]. European Journal of Operational Research, 2014, 234 (1): 1 -14.

[4] Aust G., Buscher U.. Vertical cooperative advertising and pricing decisions in a manufacturer - retailer supply chain: A game - theoretic approach [J]. European Journal of Operational Research, 2012, 223 (2): 473 -482.

[5] Barari S., Agarwal G., Zhang W. J., et al.. A decision framework for the analysis of green supply chain contracts: An evolutionary game approach [J]. Expert Systems with Applications, 2012, 39 (3): 2965 -2976.

[6] Benjaafar S., Li Y., Daskin M.. Carbon footprint and the management of supply chains: Insights from simple models [J]. IEEE Transactions on Automation Science and Engineering, 2013, 10 (1): 99 -116.

[7] Bernard A. L., Fischer C., Fox A. K.. Is there a rationale for output - based rebating of environmental levies? [J]. Resource & Energy Economics, 2007, 29 (2): 83 -101.

[8] Boyaci T.. Competitive stocking and coordination in a multiple - channel distribution system [J]. IIE Transactions, 2005, 37 (5): 407 -427.

[9] Cachon G., Lariviere M.. Contacting to Assure Supply: How to share demand forecast in a supply chain [J]. Management Science, 2001, 47 (5): 629 -646.

[10] Cachon G.. Supply chain coordination with contracts, in: A. G. de Kok,

S. C. Graves (Eds.), Handbook in Operations Research and Management Science, Volume on Supply Chain Management: Design, Coordination and Operation, North Holland, Amsterdam, 2003: 229 -339.

[11] Cai G. S. , Zhang Z. G. , Zhang M. . Game theoretical perspectives on dual - channel supply chain competition with price discounts and pricing schemes [J]. Int. J. Production Economics, 2009, 117 (1): 80 -96.

[12] Cai G. S. . Channel Selection and Coordination in Dual - Channel Supply Chains [J]. Journal of Retailing, 2010, 86 (1): 22 -36.

[13] Caro F. , Corbett C. J. , Tan T. , Zuidwijk R. A. . Carbon - Optimal and Carbon - Neutral Supply Chains [R]. working paper, Anderson Graduate School of Management - Decisions, UCLA, 2011.

[14] Carrillo J. E. , Vakharia A. J. , Wang R. X. . Environmental implications for online retailing [J]. European Journal of Operational Research, 2014, 239 (3): 744 -755.

[15] Cattani K. , Gilland W. , Heese H. S. , et al. . Pricing strategies for a manufacturer adding a direct channel that competes with the traditional channel [J]. Production and Operations Management, 2006, 15 (1): 40 -56.

[16] Chen J. , Zhang H. , Sun Y. . Implementing coordination contracts in a manufacturer Stackelberg dual - channel supply chain [J]. Omega, 2012, 40 (5): 571 -583.

[17] Chen X. , Benjaafar S. , Elomri A. . The carbon - constrained EOQ [J]. Operations Research Letters, 2013, 41 (2): 172 -179.

[18] Chen X. , Hao G. . Sustainable pricing and production policies for two competing firms with carbon emissions tax [J]. International Journal of Production Research, 2015, 53 (21): 6408 -6420.

[19] Chen Y. C. , Fang S. C. , Wen U. P. . Pricing policies for substitutable products in a supply chain with Internet and traditional channels [J]. European Journal of Operational Research, 2013, 224 (3): 542 -551.

[20] Chen Z. S. , Su S. I. . Photovoltaic supply chain coordination with strategic consumers in China [J]. Renewable Energy, 2014, 68 (1): 236 -244.

[21] Chiang W. K. , Chhajed D. , Hess J. D. . Direct marketing, indirect profits: A strategic analysis of dual channel supply chain design [J]. Management Science, 2003, 49 (1): 1 -20.

[22] Choi T. M. . Carbon footprint tax on fashion supply chain systems [J]. The In-

ternational Journal of Advanced Manufacturing Technology, 2013, 68 (1): 835 –847.

[23] Corbett C. J. , DeCroix G. A. . Shared – savings contracts for indirect materials in supply chains: Channel profits and environmental impacts [J]. Management Science, 2001, 47 (7): 881 –893.

[24] Cramton A. , D. Ganberra. Essenticial elements of tradable permits schemes, trading greenhouse emission: Some Australian perspectives [R] . Canberra: Bureau of Transport Economics, 1998.

[25] Cramton P. , S. Kerr. Tradeable carbon permit auctions: How and why to auction not grandfather [J] . Energy Policy, 2002 (30): 333 –345.

[26] Ding Z. , Duan X. , Ge Q. , et al. . Control of atmospheric CO_2 concentration by 2050: Anallocation on the emission rights of different countries [J]. Science China Series D: Earth Sciences, 2009 (39): 1448 –1471.

[27] Dobos L. . The effects of emission trading on production and inventories in the Arrow: Karlin model [J]. International Journal of Production Economics, 2005, 94 (93): 301 –308.

[28] Du S. F. , Ma F. , Fu Z. L. et al. . Game – theoretic analysis for an emission – dependent supply chain in a "cap and trade" system [J]. Annals of Operations Research, 2015, 228 (1): 135 –149.

[29] Du S. F. , Zhu L. L. , Liang L. , et al. . Emission – dependent supply chain and environment – policy – making in the "cap – and – trade" system [J]. Energy Policy, 2013, 57 (1): 61 –67.

[30] Dumrongsiri A. , Fan M. , Jain A. , et al. . A supply chain model with direct and retail channels [J]. European Journal of Operational Research, 2008, 187 (3): 691 –718.

[31] Ellerman A. D. , Jacoby H. D. , Decaux A. . The effects on developing countries of the kyoto protocol and carbon dioxide emissions trading [R]. World Bank Policy Research Working Paper, 1998.

[32] Fahimnia B. , Sarkis J. , Choudhary A. , et al. . Tactical supply chain planning under a carbon tax policy scheme: A case study [J]. Int. J. Production Economics, 2015, 164 (1): 206 –215.

[33] Farinelli U. , Johansson T. B. , McCormick K. , et al. . "White and Green": Comparison of market – based instruments to promote energy efficiency [J]. Journal of Cleaner Production, 2005, 13 (10 –11): 1015 –1026.

[34] Farrow S. . The dual political economy of taxes and tradable permits [J].

Economics Letters, 1995, 49 (2): 217 -220.

[35] Ferguson M., Tokay L. B.. The effect of competition on recovery strategies [J]. Production and Operations Management, 2006, 115 (3): 351 -368.

[36] Field B. C.. Environmental economics: An introduction, 2nd edition [M]. New York: McGraw - Hill, Inc., 1997.

[37] Fischer C., Parry I. W. H., Pizer W. A.. Instrument choice for environmental protection when technological innovation is endogenous [J]. Journal of Environmental Economics and Management, 2003, 45 (3): 523 -545.

[38] Ghosh D., Shah J.. A comparative analysis of greening policies across supply chain structures [J]. Int. J. Production Economics, 2012, 135 (2): 568 -583.

[39] Giannoccaro, Pontrandolfo. Supply chain coordination by revenuesharing Contracts [J]. International Journal of Production Economies, 2004, 89 (2): 131 -139.

[40] Giri B. C., Sharma S.. Manufacturer' s pricing strategy in a two - level supply chain with competing retailers and advertising cost dependent demand [J]. Economic Modelling, 2014 (38): 102 -111.

[41] Goulder L. H., Parry I. W. H.. Instrument choice in environmental Policy [J]. Review of Environment Economics and Policy, 2008, 2 (2): 152 -274.

[42] Goulder L. H., Schein A. R.. Carbon taxes versus cap and trade: A critical review [J]. Climate Change Economics, 2013, 4 (3).

[43] Harrison F.. Supply chain management workbook [M]. Oxford: Butterworth Heinemann, 2001.

[44] He L. F., Zhao D. Z., Xia L. J.. Carbon theoretic analysis of carbon emission abatement in fashion supply chains considering vertical incentives and channel structures [J]. Sustainability, 2015, 7 (4): 4280 -4309.

[45] He P., Zhang W., Xu X. Y., et al.. Production lot - sizing and carbon emissions under cap - and - trade and carbon tax regulations [J]. Journal of Cleaner Production, 2015 (103): 241 -248.

[46] Hsieh C. C., Chang Y. L., Wu C. H.. Competitive pricing and ordering decisions in a multiple - channel supply chain [J]. Int. J. Production Economics, 2014, 154 (1): 156 -165.

[47] Hua G. W., Wang S. Y., Cheng T. C. E.. Price and lead time decisions in dual - channel supply chains [J]. European Journal of Operational Research, 2010, 205 (1): 113 -126.

[48] Jacobs B. W., Singhal V. R., Subramanian R.. An empirical investigation

of environmental performance and the market value of the firm [J]. Journal of Operations Management, 2010, 28 (5): 430 - 441.

[49] James A., Masao F., Meng F. W., Takahiro N., Sun J.. Establishing Nash equilibrium of the manufacturer - supplier game in supply chain management [J]. Journal of Global Optimization, 2013, 56 (4): 1297 - 1312.

[50] Kaya O.. Outsourcing vs. in - house production: A comparison of supply chain contracts with effort dependent demand [J]. Omega, 2011, 39 (2): 168 - 178.

[51] Klingelhofer H. E.. Investments in EOP - technologies and emissions trading - Results from a linear programming approach and sensitivity analysis [J]. European Journal of Operational Research, 2009, 196 (1): 370 - 383.

[52] Krugman P.. Building a green economy [EB/OL]. New York: New York Times, http: //www. nytimes. com/2010/04/11/magazine/11Economy - t. html.

[53] Kurata H., Yao D. Q., Liu J. J.. Pricing policies under direct vs. indirect channel competition and national vs. store brand competition [J]. European Journal of Operational Research, 2007, 180 (1): 262 - 281.

[54] Lee H. L., Billington C.. Managing supply chain inventory: Pitfalls and opportunities [J]. Sloan Management Review, 1992, 33 (3): 65 - 73.

[55] Lee H. L., Padmanabhan V., Tai Lops T. A.. Price protection in the personal corn puller industry [J]. Management Science, 2000, 46 (4): 467 - 482.

[56] Leimbach M.. Equity and carbon emissions trading: A model analysis [J]. Energy Policy, 2003, 31 (10): 1033 - 1044.

[57] Leng M., Parlar M.. Game - theoretic analyses of decentralized assembly supply chains: Non - cooperative equilibria vs. coordination with cost - sharing contracts [J]. European Journal of Operational Research, 2010, 204 (1): 96 - 104.

[58] Li Bo, Zhu M. Y., Jiang Y. S., et al.. Pricing policies of a competitive dual - channel green supply chain [J]. Journal of Cleaner Production, 2015, 112 (3): 2029 - 2042.

[59] Li F., Dong S. C., Xue L., et al.. Energy consumption - economic growth relationship and carbon dioxide emissions in China [J]. Energy Policy, 2011, 39 (2): 568 - 574.

[60] Li J., Du W. H., Yang F. M., Hua G. W.. The carbon subsidy analysis in remanufacturing closed - loop supply chain [J]. Sustainability, 2014, 6 (6): 3861 - 3877.

[61] Li S. J., Zhu Z. B., Huang L. H.. Supply chain coordination and decision

making under consignment contract with revenue sharing [J]. International Journal of Production Economics, 2009, 120 (1): 88 -99.

[62] Linh C. T., Hong Y.. Channel coordination through a revenue sharing contrast in a two - period newsboy problem [J]. European Journal of Operational Research, 2008.

[63] Linton J. D., Klassen R., Jayaramen V.. Sustainable supply chains: An introduction [J]. Journal of Operations Management, 2007, 25 (6): 1075 -1082.

[64] Liu Q., Ding H. P.. Research on collaborative pricing decisions of enterprises in supply chain under constraints of carbon emission [C]. Proceedings of International Conference on Low - carbon Transportation and Logistics, and Green Buildings, 2013.

[65] Liu S., Xu Z.. Stackelberg game models between two competitive retailers in fuzzy decision environment [J]. Fuzzy Optimization and Decision Making, 2014, 13 (1): 33 -48.

[66] Liu Z. G., Anderson T. D., Cruz J. M.. Consumer environmental awareness and competition in two - stage supply chains [J]. European Journal of Operational Research, 2012, 218 (3): 602 -613.

[67] Liu Z. G., Trisha D., Anderson M.. Environmental quality competition and eco - labeling [J]. Journal of Environment Economics and Management, 2004 (47).

[68] Lu Y. J., Zhu X. Y., Cui Q. B.. Effectiveness and equity implications of carbon policies in the United States construction industry [J]. Building and Environment, 2012 (49): 259 -269.

[69] Luo R., Fan T.. Influence of government subsidies on carbon reduction technology investment decisions in the supply chain [C] // International Conference on Service Systems and Service Management. IEEE, 2015.

[70] Ma P., Wang H. Y., Shang J.. Contract design for two - stage supply chain coordination: Integrating manufacturer - quality and retailer - marketing efforts [J]. International Journal of Production Economics, 2013, 146 (2): 745 -755.

[71] Ma W. M., Zhao Z., Ke H.. Dual - channel closed - loop supply chain with government consumption - subsidy [J]. European Journal of Operational Research, 2013, 226 (2): 221 -227.

[72] Mahesh N.. Game theoretic analysis of cooperation among supply chain agents: review and extensions [J]. European Journal of Operational Research, 2008,

187 (3): 719 - 745.

[73] Mitraa S., Websterb S.. Competition in remanufacturing and the effects of government subsidies [J]. International Journal of Production Economics, 2008, 111 (2): 287 - 298.

[74] Molt M. J. G., Georgantis N., Orts V.. Cooperative R&D with endogenous technology differentiation [J]. Journal of Economics & Management Strategy, 2005, 14 (2): 461 - 476.

[75] Moon W., Florkowski W. J., Brückner B., et al.. Willingness to pay for environmental practices implications for eco - labeling [J]. Land Economics, 2002, 78 (1): 88 - 102.

[76] Nordhaus W. D.. After Kyoto: Alternative mechanisms to control global warming [J]. The American Economic Review, 2006, 96 (2): 31 - 34.

[77] Oliveira F. S., R. Carlos, Conejo A. J.. Contract design and supply chain coordination in the electricity industry [J]. European Journal of Operational Research, 2013, 227 (3): 527 - 537.

[78] Park S. Y., Ken H. T.. Modelling hybrid distribution channels: a game - theoretic analysis [J]. Journal of Retailing and Consumer Services, 2003, 10 (3): 155 - 167.

[79] Pasteraaek B.. Using revenue sharing to achieve channel coordination for newsboy type inventory model [R]. CSU Fullerton Working Paper, 1999.

[80] Petrakis E., Poyago - Theotoky J.. R&D Subsidies versus R&D Cooperation in a Duopoly with Spillovers and Pollution [J]. Australian Economic Papers, 2002, 41 (1): 37 - 52.

[81] Pezzey J.. The symmetry between controlling pollution by price and controlling it by quantity [J]. The Canadian Journal of Economics, 1992, 25 (4): 983.

[82] Pizer W. A.. Combining price and quantity controls to mitigate global climate change [J]. Journal of Public Economics, 2002, 85 (3): 409 - 434.

[83] Pizer W., Burtraw D., Harrington W., et al.. Modeling economy - wide vs sectoral climate policies using combined aggregate - sectoral models [J]. Energy Journal, 2006, 27 (3): 135 - 168.

[84] Qian L., Huiping D.. Proceedings of International Conference on Low - carbon Transportation and Logistics, and Green Buildings, LTLGB 2012 [M]. Berlin Heidelberg: Springer - Verlag, 2013: 623 - 631.

[85] Ray S., Jewkes E. M.. Customer lead time management when both demand

and price are lead time sensitive [J]. European Journal of Operational Research, 2004, 153 (3): 769 - 781.

[86] Remko I., van Hoek. From reversed logistics to green supply chains [J]. Supply Chain Management: An International Journal, 1999 (3): 129 - 135.

[87] RosičH., Jammernegg W.. The economic and environmental performance of dual sourcing: A newsvendor approach [J]. International Journal of Production Economics, 2013, 143 (1): 109 - 119.

[88] Ryan J. K., Sun D., Zhao X. Y.. Coordinating a supply chain with a manufacturer - owned online channel: A dual channel model under price competition [J]. IEEE Transactions On Engineering Management, 2013, 60 (2): 247 - 259.

[89] Savaskan R. C., Bhattacharya S., Van Wassenhove L. N.. Closed - loop supply chain models with product remanufacturing [J]. Management Science, 2004, 50 (2): 239 - 252.

[90] Shi C. D., Bian D. X.. Closed - loop supply chain coordination by contracts under government subsidy [C]. Proceedings of the 2011 Chinese Control and Decision Conference, 2011.

[91] Shib S. S., Jaime A. C., Katherinne S. N.. A three layer supply chain model with multiple suppliers, manufacturers and retailers for multiple items [J]. Applied Mathematics and Computation, 2014, 229 (1): 139 - 150.

[92] Sijm J. P. M., Berk M. M., Den Elzen, et al.. Options for Post - 2012 EU burden sharing and EUETS allocation [R]. Bilthoven: Netherlands Environmental Assessment Agency, 2007.

[93] Song J. P., Leng M. M.. Analysis of the single - period problem under carbon emission policies [J]. International Series in Operations Research & Management Science, 2012, 176 (2): 297 - 312.

[94] Stavins R. N.. Addressing climate change with a comprehensive US cap - and - trade system [J]. Oxford Review of Economic Policy, 2008, 24 (2): 298 - 321.

[95] Stevens G. C.. Integrating the Supply Chain [J]. International Journal of Physical Distribution & Materials Management, 1989, 19 (8): 3 - 8.

[96] Sven B.. Multi - period emissions trading in the electricity sector - winners and losers [J]. Energy Policy, 2006, 34 (6): 680 - 691.

[97] Swami S., Shah J.. Channel coordination in green supply chain management: The case of package size and shelf - space allocation [J]. Technol. Oper. Manag, 2011, 2 (1): 50 - 59.

[98] Tiwari S.. Impact of carbon emission regulatory policies on the electricity market: A simulation study [J]. Massachusetts Institute of Technology, 2011: 112 – 115.

[99] Tsay A. A., Narendra A.. Channel conflict and coordination in the E – Commerce age [J]. Production and Operations Management, 2004, 13 (1): 93 – 110.

[100] Tsay S. N., N. Agrawal. Modelling supply chain contracts: a review, in: S. Tayur, R. Ganeshan, M. Magazine (Eds.), Quantitative Models for Supply Chain Management [M]. Kluwer Academic Publishers, Dordrecht, 1999: 299 – 336.

[101] Wang L. S., Zhao J.. Differential pricing under trading in old goods for new based on market segmentation [C]. Proceedings of the 31st Chinese Control Conference, 2012.

[102] Wang Y., Jiang I., Shen, Z. J.. Channel performance under consignment contract with revenue sharing [J]. Management Science, 2004, 50 (1): 34 – 47.

[103] Wei J., Zhao J., Li Y. J.. Pricing decisions for complementary products with firm's different market powers [J]. European Journal of Operational Research, 2013, 224 (3): 507 – 519.

[104] Wittneben B. B. F.. Exxon is right: Let us re – examine our choice for a cap – and – trade system over a carbon tax [J]. Energy Policy, 2009, 37 (6): 2462 – 2464.

[105] Wu Chong, Barnes D. Aliterature of decision – making models and approaches for partner selection in agile supply chains [J]. Journal of Purchasing & Supply Management, 2011, 17 (4): 256 – 274.

[106] Wu Chong, Barnes D.. An integrated model for green partner selection and supply chain construction [J]. Journal of Cleaner Production, 2016, 112 (3): 2114 – 2132.

[107] Wu Chong, Barnes D.. A dynamic feedback model for partner selection in agile supply chains [J]. International Journal of Operations and Product Management, 2012, 32 (1): 79 – 103.

[108] Wu H., Du S., Liang L., et al.. A DEA – based approach for fair reduction and reallocation of emission permits [J]. Athematical and Computer Modelling, 2013, 58 (5): 1095 – 1101.

[109] Xiao T. J., Shi J., Chen G. H.. Price and leadtime competition, and coordination for make – to – order supply chains [J]. Computers & Industrial Engineering, 2014, 68 (1): 23 – 34.

[110] Xie G., Yue W., Wang S.. Quality improvement policies in a supply chain with stackelberg games [J]. Journal of Applied Mathematics, 2014 (3): 1 – 9.

[111] Xu A., Zhou Z. Q.. A pricing model for governments' subsidy in the green supply chain [J]. International Journal of Networking and Virtual Organizations, 2014, 14 (12): 40-56.

[112] Xu Q., Xiao L. J.. A decision-making model of low-carbon supply chain based on government subsidy [J]. International Journal of Business & Management, 2016, 11 (2): 221-231.

[113] Xu X. Y., Xu X. P., He P.. Joint production and pricing decisions for multiple products with cap-and-trade and carbon tax regulations [J]. Journal of Cleaner Production, 2016 (112): 4093-4106.

[114] Yalabik B., Fairchild R. J.. Customer, regulatory, and competitive pressure as drivers of environmental innovation [J]. International Journal of Production Economics, 2011, 131 (2): 519-527.

[115] R. L., Wang J., Zhou B.. Channel integration and profit sharing in the dynamics of multi-channel firms [J]. Journal of Retailing and Consumer Services, 2010, 17 (5): 430-440.

[116] Yan R. L., Zhi P.. Retail services and firm profit in a dual-channel market [J]. Journal of Retailing and Consumer Services, 2009, 16 (4): 306-314.

[117] Yang H. J., Zhang J.. The strategies of advancing the cooperation satisfaction among enterprises based on low cvarbon supply chain management [J]. Energy Procedia, 2011 (5): 1225-1229.

[118] Yang S. H., Yu J.. Low-carbonization game analysis and optimization in a two-echelon supply chain under the carbon-tax policy [J]. Journal of Chinese Economic and Foreign Trade Studies, 2016, 9 (2): 113-130.

[119] Yang L., Zheng C. S., Xu M. H.. Comparisons of low carbon policies in supply chain coordination [J]. Journal of Systems Science and Systems Engineering, 2014, 23 (3): 342-361.

[120] Yao Z., Leung S. C. H., Lai K. K.. Manufacturer's revenue-sharing contract and retail competition [J]. European Journal of Operational Research, 2008, 186 (2): 637-651.

[121] Yeh W. C., Chuang M. C.. Using multi-objective genetic algorithm for partner selection in green supply chain problens [J]. Expert Systems with Applications, 2011, 38 (4): 4244-4253.

[122] Yin S. S., Nishi T., Zhang G. Q.. A game theoretic model to manufacturing planning with single manufacturer and multiple suppliers with asymmetric quality in-

formation [C]. Proceedings of 46th CIRP Conference on Manufacturing Systems, 2013.

[123] Yue J. F., Austin J., Huang Z. M., Chen B. T.. Pricing and advertisement in a manufacturer - retailer supply chain [J]. European Journal of Operational Research, 2013, 231 (2): 492 -502.

[124] Zakeri A., Dehghanian F., Fahimnia B., Sarkis J.. Carbon pricing versus emissions trading: A supply chain planning perspective [J]. International Journal of Production Economics, 2015 (164): 197 -205.

[125] Zhang B., Xu L.. Multi - item production planning with carbon cap and trade mechanism [J]. International Journal of Production Economics, 2013, 144 (1): 118 -127.

[126] Zhang C. T., Wang H. X., Ren M. L.. Research on pricing and coordination strategy of green supply chain under hybrid production mode [J]. Computers & Industrial Engineering, 2014, 72 (11): 24 -31.

[127] Zhang J. J., Nie T. F., Du S. F.. Optimal emission - dependent production policy with stochastic demand [J]. Journal International Journal of Society Systems Science, 2011, 3 (1): 21 -39.

[128] Zhang J., Chiang W. Y. K., Liang L.. Strategic pricing with reference effects in a competitive supply chain [J]. Omega, 2014 (44): 126 -135.

[129] Zhang J., Nie T., Du F.. Optimal emission - dependent production policy with stochastic demand [J]. International Journal of Society Systems Science, 2011, 3 (1): 21 -39.

[130] Zhao H. F., Lin B., Ye Y.. Differential game analyses of logistics service supply chain coordination by cost sharing contract [J]. Journal of Applied Mathematics, 2014, 11 (2): 412 -426.

[131] Zhao J. Y., Benjamin F. H., Pang J. S.. Long - Run Equilibrium Modeling of emissions allowance allocation systems in electric power markets [J]. Operations Research, 2010, 58 (3): 529 -548.

[132] 白春光. 可持续供应商管理的决策研究 [M]. 北京: 科学出版社, 2015.

[133] 白春光. 绿色供应商管理的关键问题研究 [M]. 大连: 东北财经大学出版社, 2013.

[134] 鲍健强, 苗阳, 陈锋. 低碳经济: 人类经济发展方式的新变革 [J]. 中国工业经济, 2008 (4): 153 -160.

［135］庇古．福利经济学［M］．北京：华夏出版社，2007.

［136］曹柬．绿色供应链决策机制设计——基于核心企业视角［M］．北京：科学出版社，2013.

［137］曹静．走低碳发展之路：中国碳税政策的设计及 CGE 模型分析［J］．金融研究，2009（12）：19－29.

［138］陈国权．供应链管理［J］．中国软科学，1999（10）：101－104.

［139］陈剑．低碳供应链管理研究［J］．系统管理学报，2012，21（6）：721－728，735.

［140］陈文颖，吴宗鑫．碳排放权分配与碳排放权交易［J］．清华大学学报（自然科学版），1998，38（12）：15－18.

［141］程会强，李新．四个方面完善碳排放权交易市场［J］．中国科技投资，2009（7）：42－44.

［142］程永宏，熊中楷．碳税政策下基于供应链视角的最优减排与定价策略及协调［J］．科研管理，2015，36（6）：81－91.

［143］程永宏．碳排放政策下供应链定价与产品碳足迹决策及协调研究［J］．科研管理，2015（36）．

［144］邓瑞，吴越，马华阳．国外碳税制度的实践与启示［J］．佳木斯教育学院学报，2013（8）：437－438.

［145］杜少甫，董骏峰，梁樑，等．考虑碳排放许可与交易的生产优化［J］．中国管理科学，2009，17（3）：81－86.

［146］方海燕，达庆利，朱长宁．政府不同研发补贴政策下的企业市场绩效［J］．工业工程，2012，15（2）：33－40.

［147］付加峰，庄贵阳，高庆先．低碳经济的概念辨识及评价指标体系构建［J］．中国人口·资源与环境，2010，20（8）：38－43.

［148］付允，马永欢，刘怡君等．低碳经济的发展模式研究［J］．中国人口·资源与环境，2008（3）：369.

［149］甘秋明，赵道致．基于碳税的制造商——供应商减排研发合作研究［J］．西北工业大学学报（社会科学版），2015，35（4）：57－63.

［150］葛鹏浩．欧洲国家碳税政策的实施及中国的选择［D］．大连：东北财经大学硕士学位论文，2012.

［151］勾杰．碳税背景下供应链纵向独立及联合减排博弈研究［D］．天津：天津大学硕士学位论文，2013.

［152］韩敬稳，赵道致．零售商主导型供应链绩效的行为博弈分析［J］．管理科学，2012，25（2）：61－68.

[153] 何慧，何俊，赵正佳．供应链协调机制与契约分析［J］．物流科技，2006，29（6）：130－132.

[154] 何龙飞，赵道致，刘阳．基于自执行契约设计的供应链动态博弈协调［J］．系统工程理论与实践，2011，31（10）：1864－1878.

[155] 胡本勇，彭其渊．基于广告研发的供应链合作博弈分析［J］．管理科学学报，2008，11（2）：61－70.

[156] 胡军，张镓，芮明杰．线性需求条件下考虑质量控制的供应链协调契约模型［J］．系统工程理论与实践，2013，33（3）：601－609.

[157] 黄光明，刘鲁．两阶段价格和需求变动产品的供应链协调［J］．中国管理科学，2008，16（1）：60－65.

[158] 黄海．发达国家发展低碳经济政策的导向及启示［J］．环境经济，2009（11）：19－21.

[159] 计国君，张茹秀．基于演化博弈的生态供应链采购管理研究［J］．生态经济，2010（1）：26－29.

[160] 蒋雨珊，李波．碳管制与交易政策下企业生产管理优化问题［J］．系统工程，2014，32（2）：150－153.

[161] 金永男．日本低碳经济政策践行及对我国的启示［D］．大连：东北财经大学硕士学位论文，2012.

[162] 兰涛，张晓瑜，武征．钢铁企业氮氧化物减排途径和措施研究［J］．安全与环境工程，2014，21（3）：51－54.

[163] 李桂陵，蔡菊珍．低碳产品价值对消费者低碳偏好的影响［J］．湖北工业大学学报，2015，30（3）：60－64.

[164] 李昊，赵道致．碳排放权交易机制对供应链影响的仿真研究［J］．科学学与科学技术管理，2012，33（11）：117－123.

[165] 李昊，赵道致．零售商主导型供应链动态定价模型［J］．统计与决策，2013（7）：50－52.

[166] 李剑，苏秦．考虑碳税政策对供应链决策的影响研究［J］．软科学，2015，29（3）：52－58，83.

[167] 李友东，赵道致，夏良杰．低碳供应链纵向减排合作下的政府补贴策略［J］．运筹与管理，2014，23（4）：1－11.

[168] 李友东，赵道致，谢鑫鹏．考虑消费者低碳偏好的两级供应链博弈分析［J］．内蒙古大学学报（哲学社会科学版），2013，45（5）：64－69.

[169] 李友东，赵道致．考虑政府补贴的低碳供应链研发成本分摊比较研究［J］．技术创新与管理，2014，28（2）：21－26.

［170］李友东．外力干预下供应链低碳化运营决策行为研究［D］．天津：天津大学博士学位论文，2013：34－52．

［171］李媛，赵道致，祝晓光．基于碳税的政府与企业行为博弈模型［J］．科学资源，2013，35（1）：125－131．

［172］李媛，赵道致．基于供应链低碳化的政府及企业行为博弈模型［J］．工业工程，2013，16（4）：1－6，27．

［173］李媛，赵道致．基于期权契约的低碳供应链协调［J］．工业工程，2013，16（3）：8－13．

［174］李媛，赵道致．考虑公平偏好的低碳化供应链两部定价契约协调［J］．管理评论，2014（1）：159－167．

［175］李媛，赵道致．考虑环境偏好的低碳化供应链协调［J］．西北农林科技大学学报（社会科学版），2014（2）：113－119．

［176］廖红英，孙志威．发达国家低碳政策对我国经济发展的启示［J］．生态经济，2011（5）：72－76．

［177］刘倩，王遥．碳金融全球布局与中国的对策［J］．中央财经大学财经研究院，2010，20（8）：64－69．

［178］刘伟平，戴永务．碳排放权交易在中国的研究进展［J］．林业经济问题，2004，24（4）：193－197．

［179］柳键，马士华．供应链合作及其契约研究［J］．管理工程学报，2004，18（1）：85－87．

［180］柳键，邱国斌．政府补贴情景下制造商和零售商博弈研究［J］．软科学，2011，25（9）：48－53．

［181］鲁力，陈旭．不同碳排放政策下基于回购合同的供应链协调策略［J］．控制与决策，2014，29（12）：2212－2220．

［182］鲁力．不同碳排放政策下的供应链决策及协调研究［D］．成都：电子科技大学博士学位论文，2014：40－60．

［183］马秋卓，宋海清，陈功玉．碳配额交易体系下企业低碳产品定价及最优碳排放策略［J］．管理工程学报，2014，28（2）：127－136．

［184］马士华，林勇．供应链管理（第4版）［M］．北京：机械工业出版社，2014．

［185］孟卫军．基于碳减排研发的补贴和合作政策比较［J］．系统工程，2010，28（11）：123－126．

［186］孟卫军．溢出率、减排研发合作行为和最优补贴政策［J］．科学学研究，2010，28（8）：1160－1164．

[187] 乔晗，宋楠，高红伟．关于欧盟航空碳税应对策略的斯坦克尔伯格博弈模型分析 [J]. 系统工程理论与实践，2014，34（1）：158－167.

[188] 邱国斌．不同政府补贴模式对制造商与零售商决策的影响 [J]. 科学决策，2013（7）：12－24.

[189] 邱若臻，黄小原．供应链收益共享契约协调的随机期望值模型 [J]. 中国管理科学，2006，14（4）：30－34.

[190] 饶清华，邱宇，许丽忠等．福建省 CO_2 排放及减排潜力分析 [J]. 安全与环境工程，2012，19（6）：84－87.

[191] 任志娟．碳税、碳交易与行政命令减排——基于 cournot 模型的分析 [J]. 贵州财经大学学报，2012，30（6）：1－7.

[192] 邵平．2012 年中国供应链管理调查报告 [M]. 北京：中国财富出版社，2013.

[193] 孙丹，马晓明．碳配额初始分配方法研究 [J]. 生态经济，2013（2）：81－85.

[194] 孙毅．发达国家与中国发展低碳经济的政策比较 [D]. 青岛：青岛大学硕士学位论文，2011.

[195] 唐宏祥，何建敏，刘春林．一类供应链的线性转移支付激励机制研究 [J]. 中国管理科学，2003，11（6）：29－34.

[196] 汪兴东，景奉杰．城市居民低碳购买行为模型研究——基于五个城市的调研数据 [J]. 中国人口·资源与环境，2012，22（2）：47－55.

[197] 王楚格，赵道致．考虑低碳政策的供应链企业减排决策研究 [J]. 工业工程，2014，17（1）：105－110.

[198] 王齐．政府管制与企业排污的博弈分析 [J]. 中国人口·资源与环境，2004，14（3）：119－122.

[199] 王芹鹏，赵道致，何龙飞．供应链企业减排投资策略选择与行为演化研究 [J]. 管理工程学报，2013，28（3）：181－189.

[200] 王芹鹏，赵道致．两级供应链减排与促销的合作策略 [J]. 控制与决策，2014，29（2）：307－314.

[201] 王文宾，赵学娟，周敏等．闭环供应链管理研究综述 [J]. 中国矿业大学学报（社会科学版），2015（5）：75－79.

[202] 魏庆坡．碳交易与碳税兼容性分析 [J]. 中国人口·资源与环境，2015，25（5）：35－43.

[203] 魏一鸣，米志付，张皓．气候变化综合评估模型研究新进展 [J]. 系统工程理论与实践，2013，33（8）：1905－1915.

［204］夏良杰，赵道致，李友东．基于转移支付契约的供应商与制造商联合减排［J］. 系统工程，2013，31（8）：39－46.

［205］夏良杰，赵道致，李友东．力量不对等供应链中的零售商—制造商广告研发博弈［J］. 西安电子科技大学学报（社会科学版），2013（3）：87－97.

［206］谢鑫鹏，赵道致．低碳供应链企业减排合作策略研究［J］. 管理科学，2013，26（3）：108－119.

［207］谢鑫鹏，赵道致．基于 CDM 的两级低碳供应链企业产品定价与减排决策机制研究［J］. 软科学，2013，27（5）：80－85.

［208］熊中楷，张盼，郭年．供应链中碳税和消费者环保意识对碳排放影响［J］. 系统工程理论与实践，2014，34（9）：2245－2252.

［209］徐春秋，赵道致，原白云．政府补贴政策下产品差别定价与供应链协调机制［J］. 系统工程，2014，32（3）：78－86.

［210］许建，田宇．基于可持续供应链管理的企业社会责任风险评价［J］. 中国管理科学，2014（22）：396－403.

［211］薛君，刘伟，游静．基于知识创新成本模型的多主体信息系统集成成本分担机制研究［J］. 管理工程学报，2010（2）：119－123.

［212］严帅，李四杰，卞亦文．基于质保服务的供应链契约协调机制［J］. 系统工程学报，2013，28（5）：677－685.

［213］杨红娟．低碳供应链管理［M］. 北京：科学出版社，2013.

［214］杨家威．低碳经济中政府补贴的博弈分析［J］. 商业研究，2010（8）：109－112.

［215］杨仕辉，范刚．基于转移支付契约的两级供应链低碳减排博弈分析［J］. 安全与环境工程，2016，23（2）：11－18.

［216］杨仕辉，付菊．基于消费者补贴的供应链碳减排优化［J］. 产经评论，2015，6（6）：104－115.

［217］杨仕辉，王平．基于碳配额政策的两级低碳供应链博弈与优化［J］. 控制与决策，2016，31（5）：924－928.

［218］杨仕辉，魏守道，胥然等．气候政策的经济环境效应分析与比较——基于碳税、许可交易和总量控制的动态微分博弈［J］. 数学的实践与认识，2014（22）：35－46.

［219］张汉江，张佳雨，赖明勇．低碳背景下政府行为及供应链合作研发博弈分析［J］. 中国管理科学，2015，23（10）：57－66.

［220］张美华．不对称合作关系中绩效衡量与契约主体行为选择［J］. 复杂系统与复杂性科学，2013，10（3）：11－19.

[221] 张荣杰，张健．可持续供应链管理研究现状综述 [J]. 生态经济，2012 (1)：90-93，97.

[222] 张中祥．排放权贸易市场的经济影响——基于 12 个国家和地区边际减排成本全球模型分析 [J]. 数量经济技术经济研究，2003 (9)：95-99.

[223] 赵道致，吕金鑫．基于博弈分析的供应链整体低碳化策略研究 [J]. 物流技术，2012，31 (12)：362-365.

[224] 赵道致，吕金鑫．考虑碳排放权限制与交易的供应链整体低碳化策略 [J]. 工业工程与管理，2012，17 (5)：65-72.

[225] 赵道致，焉旭．基于投入产出模型的低碳供应链减排策略 [J]. 物流技术，2012，31 (10)：157-160.

[226] 赵道致，原白云，徐春明．低碳供应链纵向合作减排的动态优化 [J]. 控制与决策，2014，29 (7)：1340-1344.

[227] 赵道致，原白云，徐春秋．考虑消费者低碳偏好未知的产品线定价策略 [J]. 系统工程，2014，32 (1)：77-81.

[228] 赵道致，原白云，徐春秋．考虑产品碳排放约束的供应链协调机制研究 [J]. 预测，2014 (5)：76-80.

[229] 周建发．碳税征收——丹麦的实践及启示 [J]. 中国经贸导刊，2012 (1)：50-51.

[230] 周永务，杨萍．弹性需求下带有技术革新补贴的供应链协调 [J]. 系统工程学报，2010，25 (1)：73-78.

[231] 朱庆华，窦一杰．基于政府补贴分析的绿色供应链管理博弈模型 [J]. 管理科学学报，2011，14 (6)：86-94.

[232] 庄贵阳．中国发展低碳经济的困难与障碍分析 [J]. 江西社会科学，2009 (7)：20-26.

后　记

本书是国家自然科学基金面上项目“环境倾销与环境管制的博弈分析、效应比较与策略选择”的阶段性成果，利用供应链分析框架从企业层面探讨环境管制下低碳供应链企业的策略选择，与从国家层面分析环境管制下国家应对策略的专著——《气候政策博弈及其效应分析》构成姊妹篇。该书获得暨南大学经济学院高水平大学建设专项经费——应用经济与产业转型升级（批准号：88015002002）和国家自然科学基金面上项目（批准号：71273114）的资助，在此表示感谢！

在本书创作过程中参阅了大量的中外文献，并从中受到启发，在此对他们表示由衷的感谢！暨南大学刘金山教授、郑英隆教授、刘德学教授及广东金融学院汪前元教授、魏守道副教授等给予了我无私的帮助，令我非常感动，这里一并向他们表示感谢！此外，还要向经济管理出版社的杨雅琳编辑等为本书出版付出的辛勤劳动表示敬意！

本书是集体创作的结晶。总体设计、模型构建和修改统稿由杨仕辉承担，各章分工如下：第一章由于珺承担，第二章由付菊和杨景茜承担，第三章由余敏承担，第四章、第八章和第九章由王平承担，第五章由孔珍珠承担，第六章、第七章和第十二章由周维良承担，第十章由肖导东承担，第十一章由范刚承担。全书校对由杨仕辉、蒋雅婷完成。

本书是为纪念一生辛勤、与世无争的父亲而写！愿父亲在天堂不再艰辛，一切安好！

谨将此书献给我伟大的母亲，祝愿母亲身体健康！

由于各种原因和作者水平有限，书中不免出现疏漏，欢迎读者批评指正！

杨仕辉

2016 年 9 月